Medizinisch=chemische Bestimmungsmethoden

Von

Dr. Karl Hinsberg

a. o. Professor
Vorsteher der Chemischen Abteilung des
Pathologischen Instituts der Universität Berlin

Zweiter Teil

Eine Auswahl von Methoden für
das klinische Untersuchungslaboratorium

Mit 48 Abbildungen

Berlin
Verlag von Julius Springer
1936

ISBN-13: 978-3-642-98569-0 e-ISBN-13: 978-3-642-99384-8
DOI: 10.1007/978-3-642-99384-8

Alle Rechte, insbesondere das der Übersetzung
in fremde Sprachen vorbehalten.
Copyright 1936 by Julius Springer in Berlin.

Vorwort.

Der vorliegende zweite Teil enthält jene chemischen Bestimmungsmethoden, die für das klinische Laboratorium überhaupt in Frage kommen. Ich habe mich bemüht, aus der großen Zahl von vorhandenen Methoden einfache und zuverlässige herauszufinden; es haben alle jene Berücksichtigung gefunden, die zur Unterstützung der Diagnose und Therapie gebraucht werden können. Vielfach wurde nicht der entscheidende Wert auf möglichste Genauigkeit gelegt, sondern auf einfache Handhabung, sofern die Resultate den praktischen Bedürfnissen entsprechen. Deshalb haben auch Verfahren, die nur eine Schätzung gestatten, Aufnahme gefunden. Qualitative Reaktionen, sowie rein physikalische Methoden wie Senkungsgeschwindigkeit u. dgl. sind meistens unberücksichtigt geblieben, weil sie nicht in den Rahmen des Buches gehören. Ich habe es aber nicht unterlassen können, bei einzelnen Stoffen wie Vitaminen auf die Unzulänglichkeit der augenblicklichen chemischen Methode hinzuweisen. Die am Ende des Buches befindliche Tabelle über Normalwerte erhebt in keiner Weise Anspruch auf Vollständigkeit, auch nicht bezüglich der Hinweise auf pathologische Veränderungen. Ebenso sind Literaturhinweise nur soweit es erforderlich schien aufgenommen und in keiner Weise vollständig, weil das Buch lediglich dem praktischen Gebrauch dienen soll.

Ein großer Teil der angeführten Methoden kann nicht erschöpfend beschrieben werden, sondern ist nur durch praktische Übung erlernbar. Dies gilt besonders für die Gasanalyse.

Der zweite Teil stellt die Ergänzung zu dem vor Jahresfrist erschienenen ersten Teil dar und bei der Handhabung der nötigen Apparate ist auf diesen Bezug genommen.

Der Verlagsbuchhandlung JULIUS SPRINGER bin ich für ihr Entgegenkommen bei der Herstellung und Ausstattung des Buches zu großem Dank verpflichtet.

Berlin, im April 1936.

K. HINSBERG.

Inhaltsverzeichnis.

I. Anorganische Bestandteile.

Seite

Natrium nach KRAMER und GITTLEMANN, modifiziert nach
ROURKE 1
Natrium nach FOLLING 3
Kalium............................ 5
Kalium modifiziert nach RAPPAPORT 6
Magnesium nach LANG 8
Magnesium als $MgNH_4PO_4$ 9
Eisen kolorimetrisch 10
Jod 11
Brom 15
Phosphorsäure kolorimetrisch 18
   a) Anorganische Phosphorsäure colorimetrisch 20
   b) Gesamt-säurelöslicher Phosphor colorimetrisch ... 21
   c) Gesamt-Phosphor colorimetrisch 21
   d) Lipoidphosphor colorimetrisch 22
Sulfate und Gesamt-Schwefel colorimetrisch 22
Manometrische Gasbestimmung im Blut: CO_2, O_2, N_2, CO. 24
Gasanalyse nach HALDANE 38
Grundumsatz nach DOUGLAS 43
READsche Formel..................... 44
Grundumsatz nach KROGH 45
Alveolarluft 45
Wassergehalt von Blut oder Serum 48

II. Organische Bestandteile.

1. Kohlehydrate und verwandte Stoffe außer Glucose, Fruktose,
Galaktose und Lactose 49
Glykogen.......................... 51
Dextrine und Stärke in Fäces 53
Gärprobe nach SCHMIDT 53
Milchsäure titrimetrisch.................. 54
Milchsäure colorimetrisch 57
Glucuronsäure 57
2. Stickstoffhaltige organische Stoffe.
Eiweiß, fraktioniert.................... 59
Refraktometrische Bestimmung von Eiweiß 62
Viscosität des Serums und Beziehung z.Abb./Globb. Quotient 65
Fibrinogen-Schätzung................... 67
Die Takata-Reaktion.................... 68
Liquor-Cerebrospinalis 69
Eiweiß im Liquor nach KAFKA............. 73

Inhaltsverzeichnis. V

	Seite
Aminosäuren	74
a) Colorimetrische Bestimmung der Aminosäuren nach Folin	76
b) Titration in Aceton	78
c) Formoltitration	79
Argininbestimmung	81
Nachweis von Cystin, Leucin und Tyrosin	82
Kreatin, Kreatinin	83
Urobilin, Urobilinogen	87
Hippursäure	90
Indikan	91
Harnfarbe	94
Uroroseinprobe	96
Melanin, Melanogen	96
Alkaptonurie	96
Porphyrine	97
Serumfarbstoffe	97

3. Untersuchung auf Lipoide, Fette und Medikamente, Rest-Kohlenstoff und Vacat-Sauerstoff ... 98

Lipoide und Fette	98
Jodbindung	104
Jodzahl	104
Lecithin	106
Fettsäuren in Fäces	106
Alkohol	108
Medikamente im Harn	112
Rest-Kohlenstoff	115
Vacat-Sauerstoff	119
Oxydationsquotient	121
Untersuchung von Gallensteinen	121

III. Fermente, Vitamine und Hormone.

Phosphatase	124
Lipase	126
Pepsin	129
Trypsin	131
Oxydasen und Peroxydasen	132
Katalasen	133
Vitamine und Hormone	133

IV. Bestimmung der Wasserstoff-Ionen (p_H).

a) gasanalytisch	141
b) colorimetrisch	143
c) elektrometrisch mit der Wasserstoff- und Chinhydron-Elektrode	145
Sachverzeichnis	160
p_H-Tabelle nach Ylppö	163

I. Anorganische Bestandteile.

Na-Bestimmung nach KRAMER-GITTLEMANN, modifiziert nach ROURKE. Von den Kationen des Körpers spielt mengenmäßig das Natrium die größte Rolle, merkwürdigerweise ist seine physiologische Bedeutung verhältnismäßig nur wenig erforscht, zum Teil sicher daher, weil es an einer guten und einfachen Methode zur Bestimmung des Natriums fehlt. Erst kürzlich ist von R. KELLER auf das Mißverhältnis der entsprechenden Untersuchungen hingewiesen worden; auf 1000 Chloranalysen kommen nur 5 bis 6 Natriumanalysen, und fast gleichzeitig wird von SIEDEK und ZUCKERKANDL berichtet, daß im akuten Stadium der Infektions-, Herz- und Nierenkranken, das Na bis doppelt so stark zurückgehalten wird als das Chlor, von dem die Retention schon lange bekannt war. Das Verhältnis des ausgeschiedenen Na:Cl ist normalerweise fast konstant 1, kann dagegen bei Ikterus auf 0,66 sinken, und dies ist auch bei kardialer Dekompensation der Fall. Während körperlicher Arbeit ist die Ausscheidung ebenfalls verschieden. Auch eine Abhängigkeit der Na-Aussetzung von dem Ausfall der Galaktoseprobe konnte festgestellt werden. Das Natrium spielt bei der Bildung des Ödems eine große Rolle, wenn auch noch nicht bekannt ist, wie es dazu kommt, daß die Na^+ das Blut verlassen und ins Gewebe wandern. Besonders gestört ist auch der Mineralstoffwechsel bei Morbus Addison. Normalerweise sind 90% der Kationen des Serums und Plasmas Na-Ionen, gebunden an Chlor oder CO_2 als $NaHCO_3$. Der Gehalt der Erythrocyten an Na ist geringer und wir finden als Norm

im Gesamtblut 170—200 mg-%
im Serum . . 280—320 mg-%.

Die Werte sind durch Nahrung usw. nur wenig beeinflußbar. Man findet einen erhöhten Natriumspiegel bei Infektions-, Herz- und Nierenkrankheiten, Menstruation, Schwangerschaft; weniger als normal bei Pneumonien, fieberhaften Erkrankungen, Meningitis, Diabetes insipidus, im Coma diabeticum (Azidose). Bei Pneumonie ist die NaCl-Ausscheidung stark vermindert.

Zur Bestimmung des Natriums hat man versucht teils mit dem BALLschen Reagens (Kalium-Caesium-Wismut-Nitrit) eine Fällung und anschließend eine colorimetrische Bestimmung zu machen, oder nach Fällung als Natrium-Magnesium-Uranylacetat, aus der colorimetrischen Bestimmung der Menge Uranyl (mit Ferrocyanid) das Na zu berechnen. Beide an sich brauchbare Methoden bieten gegenüber der alten titrimetrischen Bestimmung des gefällten Natriumpyroantimoniats keinen Vorteil, sie verlangen sogar Zerstörung der organischen Substanz oder Entfernung der Phosphorsäure.

Die gravimetrische Bestimmung als $H_2Na_2Sb_2O_7$ kommt nur für Einzelbestimmungen in Frage. Für die titrimetrische ist der Reaktionsverlauf folgender:

$$K_2H_2Sb_2O_7 + 2\ NaCl = 2\ KCl + Na_2H_2Sb_2O_7.$$
saures Kal-Pyro-antimonat   Na-Pyroantimonat unlöslich

$$Na_2H_2Sb_2O_7 + 12\ HCl + 4\ KJ = 2\ NaCl + 4\ KCl + 2\ SbCl_3 + 2\ J_2 + 7\ H_2O.$$

Das ausgeschiedene Jod wird titriert.

Reagenzien:

1. Kaliumpyroantimoniatlösung: 5 g $K_2H_2Sb_2O_7$ werden mit 1 l Wasser einige Minuten gekocht, abgekühlt, mit 15 ccm reiner und frischer Kalilauge 10% alkalisch gemacht und klar filtriert. Die Lösung muß in einer Flasche aufgehoben werden, die innen mit festem Paraffin überzogen ist.

2. 2%ige Kaliumjodidlösung in brauner Flasche mit 1 Tropfen Hg-Metall.

3. 0,25% Stärke.

4. $n/100$ Natriumthiosulfat. Titerstellung und Bereitung siehe Band 1.

5. Alkohol 95% und 30%.

6. Salzsäure 1,182 = etwa 35%.

Ausführung: Man nimmt 0,2 ccm Serum oder Plasma, die in ein spitzes Zentrifugenglas aus Jenaer Glas von 15 ccm Fassungsvermögen in 1 ccm Wasser eingeblasen werden und setzt 5 ccm Pyroantimoniatreagens zu. Dazu kommen tropfenweise unter Rühren 1,5 ccm 95% Alkohol und das zum Rühren benutzte Glasstäbchen wird mit einigen Tropfen Wasser in das Zentrifugenglas abgespült. Um ein Mitfällen von Eiweiß zu verhindern, erfolgt der Zusatz von Reagens und Alkohol am besten bei 10^0 C (Wichtig!). Man kühlt die Lösungen vorher entsprechend ab. Nach 1 Stunde wird zentrifugiert und die klare Flüssigkeit mit einem feinen Glasheber (Saughaken) (Abb. 1) vorsichtig abgesaugt. Der zurückbleibende Niederschlag wird zweimal mit je 5 ccm 30% Alkohol im Zentrifugenglas auf der Zentrifuge ausgewaschen, wobei jedesmal der Waschalkohol abgesaugt wird.

Der Niederschlag wird in 5 ccm Salzsäure (35%), die kein freies Chlor enthalten darf, gelöst, in ein kleines Becherglas gespült und das Zentrifugenglas mit dreimal 5 ccm Wasser nachgewaschen. Werden von vorneherein größere Zentrifugengläser von 25 bis 30 ccm Inhalt verwendet, so kann das Überspülen vermieden werden. Dann kommen 2 ccm der KJ-Lösung dazu und man titriert **rasch** mit $n/100$ Thiosulfat, bis das meiste Jod verschwunden ist und dann unter Zusatz von Stärke vorsichtig zu Ende.

Den eventuellen Verbrauch an Thiosulfat bei einem Blindversuch, der nur Salzsäure, KJ und Wasser enthält zieht man vom Hauptversuch ab. Dies dient gleichzeitig zur Kontrolle, ob die Reagenzien nicht verdorben sind.

Will man die Bestimmung im Vollblut ausführen, so hämolysiert man 1 ccm Vollblut mit 9 ccm Wasser, zentrifugiert die Stromata ab und nimmt von dem klaren roten Hämolysat 3—5 ccm entsprechend 0,3—0,5 ccm Vollblut. Von Harn, der klar sein muß, nimmt man Mengen, die 0,5—1,0 mg Na entsprechen.

Berechnung: Da durch die oxydierende Kraft des $Na_2H_2Sb_2O_7$ in Gegenwart von HCl für 2 Atome Na 4 Atome Jod frei werden, ergibt sich, daß 1 ccm $n/100$ Natrium-Thiosulfat = 0,115 mg Na sind (der Titer ist zu berücksichtigen).

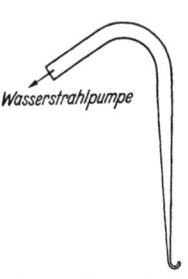

Abb. 1. Saughaken.

Werden 0,2 ccm Serum zur Analyse gebracht, so ist der Verbrauch an Thiosulfat multipliziert mit 0,115 und 500 (f = 57,5) gleich dem Gehalt an Na in 100 ccm Serum. Bei 0,4 ccm Blut ergibt sich der Faktor f = 28,75. Werden z. B. in letzterem Falle 6,00 ccm $n/100$ Natriumthiosulfat verbraucht, so ergeben sich 172,5 mg-% Na im Vollblut.

Eine andere sehr empfehlenswerte Methode ist von FOLLING angegeben worden.

Na-Bestimmung nach FOLLING, Skand. Arch. f. Physiol. 63, 30.
Gibt man eine Lösung von Uranylacetat und Zinkacetat zu Na-Ionen, so fällt ein Niederschlag, der der Zusammensetzung $(UO_2)ZnNa(CH_3COO)_9 \cdot 9 H_2O$ entspricht; er ist ziemlich löslich in Wasser, aber unlöslich in Alkohol. Man kann diesen Niederschlag mit Alkohol auswaschen, darauf in heißem Wasser lösen und mit Natronlauge titrieren. Dabei tritt folgende Reaktion ein:
$$(UO_2) ZnNa(CH_3COO)_9 + 8 NaOH = 3 UO_3 + H_2O + Zn(OH)_2 + 9 CH_3COONa.$$
Theoretisch entsprechen 8,00 ccm $n/10$ NaOH $1/10$ Milliäquivalent Na = 2,3 mg, da aber das gebildete UO_3 als schwache Säure auch etwas NaOH verbraucht ist der Faktor *8,77*.

Anorganische Bestandteile.

Reagenzien. Uranylreagens. 27 g Uranylacetat (Na-frei) werden mit 3 ccm Eisessig ad 1000 ccm gelöst.

Na-Reagens. 20 g Uranylacetat + 40 g krystallisiertes Zn-acetat + 7 ccm Eisessig werden in 180 ccm Wasser gelöst. Das Reagens muß *vor Gebrauch 2 Tage stehen*, wird dann filtriert und darf auf Zusatz von demselben Volumen Alkohol *keinen* Niederschlag geben.

$n/_{10}$ NaOH; Alkohol 96%; Phenolphthalëin 1% in Alkohol.

Ausführung: Zu 5 ccm Harn werden 5 ccm Uranylreagens zugesetzt, wobei die Phosphate ausfallen. Nach 15 Minuten filtriert man und nimmt für jede Probe 2 ccm in ein Reagensglas, gibt 4 ccm Reagens, weiter noch 6 ccm Alkohol zu und mischt. Es entsteht augenblicklich ein feiner krystallinischer Niederschlag, der nach 20 Minuten auf einer kleinen Glasnutsche G 3 abgesaugt wird. Man wäscht den Niederschlag und das Reagensglas dreimal mit je 3 ccm Alkohol aus und löst dann den Niederschlag auf der Nutsche und den Rückstand im Reagensglas quantitativ mit heißem Wasser in eine Saugflasche von 100 ccm Inhalt, wozu etwa 25 ccm nötig sind. Hierzu setzt man die Nutsche mit Niederschlag auf eine passende Saugflasche und gießt langsam heißes Wasser auf, mit welchem man vorher das Reagensglas, in welchem die Fällung stattgefunden hat, ausspült. Die Wasserstrahlpumpe ist nur wenig aufgedreht, damit das Durchsaugen langsam geht und der Niederschlag Zeit hat sich aufzulösen. Die Titration erfolgt dann direkt in der Saugflasche. Zu der Lösung gibt man 5 Tropfen Phenolphthalëin und titriert mit Natronlauge bis zum Umschlag in rot. Zuerst trübt sich die Lösung durch ausfallendes Zinkhydroxyd und wird weißlich. Der Umschlag nach rot ist sehr gut zu erkennen. Je 8,77 ccm $n/_{10}$ NaOH entsprechen 2,3 mg Na in der Probe. Diese entspricht in dem angeführten Falle 1 ccm nativem Harn. Die Mengen, die zur Analyse verwendet werden, richten sich natürlich weitgehend nach der Konzentration des Harnes.

Für Blut, Serum oder Plasma kann man in folgender Weise verfahren. 5 ccm Blut werden mit 10 ccm Wasser und nach einigen Minuten tropfenweise mit 5 ccm Uranylreagens versetzt. Man erwärmt in einem Wasserbad oder über freier Flamme bis der Niederschlag koaguliert ist, filtriert und nimmt vom klaren Filtrat 4 ccm (= 1 ccm Blut) gibt 4 ccm Na-Reagens und 8 ccm Alkohol zu, läßt 20 Minuten stehen und behandelt weiter wie oben. Titration entweder mit $n/_{25}$-Natronlauge oder besser aus einer Mikrobürette mit $n/_{10}$-Lauge. Der Umrechnungsfaktor ist derselbe. Mitunter tritt keine Trübung durch ausfallendes $Zn(OH)_2$

auf. Dann setzt man eine Messerspitze NaCl zu, worauf sofort der Niederschlag erscheint und titriert zu Ende. Das Serumfiltrat muß stets auf Eiweißfreiheit geprüft werden, nach Bedarf ist die Menge Uranylreagens zu vergrößern.

Kaliumbestimmung. Das Kalium ist im Organismus sehr ungleich verteilt, am wenigsten enthält das Serum, 16—18 mg-%, mehr die Erythrocyten und die Gewebe (vgl. Band 1, Seite 64). K wird leichter ausgeschieden als Na und für den Organismus ist es wichtig, daß beide Alkalimetall-Ionen gleichzeitig und in dem richtigen Verhältnis vorhanden sind. Es sind erhöhte und erniedrigte K-Werte bei verschiedenen Krankheiten gefunden worden, ohne daß den Befunden bis jetzt eine klinische Bedeutung beizumessen wäre. Eine Ausnahme macht vielleicht der Morbus Addison, bei dem ein besonders starker Verlust der Mineralstoffe beobachtet wird.

Methodik: Das Kalium läßt sich durch Natriumkobaltinitrit quantitativ ausfällen. Der Niederschlag wird in Säure gelöst und die salpetrige Säure mit Kaliumpermanganat oder Cerisulfat titrimetrisch ermittelt und daraus der Kaliumgehalt berechnet. Reaktionsverlauf:

$$Na_3[Co(NO_2)_6] + 2\ KCl = K_2Na[Co(NO_2)_6] + 2\ NaCl$$
$$2\ K_2NaCO(NO_2)_6 + 6\ H_2SO_4 = 2\ K_2SO_4 + Na_2SO_4 + CO_2(SO_4)_3 + 12\ HNO_2$$
$$12\ HNO_2 + 12\ O = 12\ HNO_3$$

stammend aus Kaliumpermanganat oder Cerisulfat.

Reagenzien:

1. Kobaltnitritreagens. Man löst 12,0 g Natriumnitrit in 18,0 ccm Wasser und gibt hiervon 21,0 ccm zu einer Lösung von 2,5 g Kobaltnitrat, 5,0 ccm Wasser und 1,25 ccm Eisessig. Durch die Mischung wird durch Wasser gewaschene Luft so lange durchgesaugt, bis die braunroten Dämpfe verschwunden sind. Die Lösung ist im Eisschrank 4—6 Wochen haltbar und muß vor Gebrauch filtriert werden.

2. $n/50$ Kaliumpermanganat.

3. 20% Schwefelsäure.

4. $n/100$ Natriumoxalat oder Oxalsäure.

Ausführung: Von möglichst frischem Serum oder Plasma, jedenfalls ohne jede Spur von Hämolyse, — in altem Blut diffundiert das Kalium aus den Erythrocyten in das Serum — wird 1,00 ccm in ein Zentrifugenglas von 15—20 ccm Inhalt gegeben und tropfenweise mit 2 ccm Kobaltnitritreagens versetzt. Besser ist noch Serum mit der gleichen Menge Trichloressigsäure 10%

zu enteiweißen und vom Filtrat 2 ccm zur Bestimmung zu verwenden. Nach 45 Minuten wird scharf zentrifugiert und das überschüssige Reagens mit dem Saughaken möglichst weitgehend abgesaugt (siehe Seite 3 bei Natrium), ohne daß von dem Niederschlag etwas verloren geht. Hierauf läßt man aus einer Pipette unter Drehen 5 ccm *eiskaltes* Wasser an den Wänden des Zentrifugenglases herablaufen und zentrifugiert wieder, saugt ab und wiederholt dies noch 2—3mal, bis das Waschwasser völlig farblos ist und eine Probe die Kaliumpermanganatlösung in der Wärme nicht mehr entfärbt. Dann erst ist das überschüssige Reagens vollkommen entfernt. Der Niederschlag wird jetzt mit genau 2,00 ccm $n/50$ $KMnO_4$ am besten aus einer Mikrobürette überschichtet und darauf 1 ccm Schwefelsäure zugesetzt. Das Gläschen kommt für etwa 1½ Minuten in ein siedendes Wasserbad, wobei an der roten Farbe erkenntlich sein muß, daß ein Überschuß von $KMnO_4$ vorhanden ist. Ist dies bei großen Mengen Kalium nicht der Fall, so kann man nochmals 2 ccm $n/50$ $KMnO_4$ zusetzen, aber es sind schon Verluste an salpetriger Säure zu befürchten. Man gibt jetzt genau abgemessen 1—2 ccm der $n/100$ Oxalatlösung bis zur völligen Entfärbung zu und titriert alsdann mit der Permanganatlösung unter gutem Rühren in der Wärme, bis eine eben erkennbare Rotfärbung zu sehen ist, wenn man in der Längsachse durch das Gläschen sieht.

Berechnung: 1 ccm einer $n/100$-$KMnO_4$-Lösung entspricht wie in vielen Versuchen festgestellt ist 0,071 mg K. Da mit $n/50$-Lösung titriert wurde, muß man die verbrauchte Menge unter Berücksichtigung des Titers mit 2 multiplizieren (1 ccm $n/50 = 2$ ccm $n/100$) und davon die Menge $n/100$-Oxalsäure abziehen.

Z. B.: Im ganzen verbraucht
2,00 + 0,685 ccm $n/50$-$KMnO_4$ = 5,370 ccm $n/100$ -zur Entfärbung zugesetzt 2,000 ccm $n/100$-Oxallösung.
Mithin verbraucht für Nitrit 3,370 ccm $\times 0,071 = 0,239$ mg K in 1 ccm Serum oder 23,9 mg-%.

RAPPAPORT, Klin. Wschr. **1933,** 1774 hat eine Modifikation der Titration angegeben. Er oxydiert anstatt mit Permanganat mit Cerisulfat und bestimmt den Überschuß an Ceri··· jodometrisch.

Reagenzien:

2. $n/100$ Cerisulfat: 10 g fein gepulvertes Cerisulfat werden in einem Erlenmeyerkolben von 1 l mit doppelt durchbohrtem Stopfen auf dem siedenden Wasserbad so lange in einem trockenen Luftstrom erhitzt bis aller Geruch nach Essigsäure verschwunden ist. Dann wird das Salz in 100 ccm Wasser suspendiert, mit 30 ccm reiner konzentrierter Schwefelsäure in Lösung gebracht und auf

etwa 750 ccm Wasser aufgefüllt. Genau 2 ccm dieser Lösung werden mit einem Körnchen Jod versetzt, mit $n/100$ Thiosulfat titriert und darauf soweit verdünnt, daß die Lösung etwa $n/100$ ist. Der genaue Titer wird jeweils vor dem Versuch festgestellt. Die Lösung ist lange haltbar.

3. 1% Kaliumjodidlösung frisch hergestellt.
4. 0,25% Stärkelösung.
5. $n/100$ Thiosulfat.

Ausführung: Nachdem der Niederschlag wie vorstehend beschrieben ausgewaschen ist, werden 5 ccm Cerireagens zugesetzt, der Niederschlag unter Umrühren gelöst und 2 Minuten in ein kochendes Wasserbad gestellt. Nach dem Abkühlen werden ein paar Tropfen Kaliumjodid zugegeben und das durch das überschüssige Reagens in Freiheit gesetzte Jod mit Stärke und Thiosulfat titriert. Ist das Zentrifugenglas zu klein, muß vorher mit Wasser in ein Becherglas oder dgl. übergespült werden. Als Leerwert wird der Thiosulfatverbrauch von 5 ccm $n/100$ Cerisulfat bestimmt. Die Differenz zwischen Leerversuch und Hauptversuch multipliziert mit 0,071 gibt die mg K in 1 ccm Serum.

Z. B. Thiosulfatverbrauch des Leerversuches 4,73 ccm
des Hauptversuches . . . . 2,23 ccm

Differenz . . . . 2,50 ccm $\times 0,071$
= 0,1775 mg K = 17,75 mg-%.

Vollblut wird hämolysiert, mit Trichloressigsäure enteiweißt und vom Filtrat jene Menge genommen, die 0,1 ccm Blut entspricht. Z. B. 0,2 ccm Blut + 2,8 ccm Wasser + 1,0 ccm Trichloressigsäure zentrifugiert oder filtriert und vom Filtrat 2 ccm behandelt wie oben beschrieben. Da Ammonium-Ionen stören, ist stets auf ganz frisches unzersetztes Blut zu achten. Im Harn ist immer so viel Ammoniak vorhanden, daß dieses vor der Bestimmung erst entfernt werden muß. Zu diesem Zweck gibt man 2 ccm Harn mit etwa 10 ccm Wasser in einen 20 ccm-Meßkolben, macht mit etwas $n/10$-Natronlauge gegen Lackmus deutlich alkalisch und stellt für 5—10 Minuten in ein kochendes Wasserbad, indem man gleichzeitig das entweichende NH_3 durch ein eingeführtes dünnes Glasrohr mit der Wasserstrahlpumpe absaugt. Man macht nun mit etwa 0,1%iger Schwefelsäure wieder vorsichtig lackmussauer und füllt nach dem Abkühlen bis zur Marke auf. Von dem jetzt 10mal verdünnten Harn kommen je nach Konzentration 1—3 ccm in ein Zentrifugenglas und werden wie weiter oben beschrieben behandelt.

Der oben angegebene Faktor von 0,071 ist empirisch gefunden. Der Niederschlag entspricht nicht ganz der theoretisch geforderten

Zusammensetzung. Man soll Niederschläge, die den Forderungen der Theorie entsprechen, erhalten, wenn man nicht das fertige Kobaltreagens, sondern die einzelnen Komponenten nacheinander zusetzt. Die Lösungen sind auch einzeln länger haltbar. Die genauen Angaben finden sich bei JENDRASSIK und SZÉL: Biochemische Zeitschrift 267, 124 (1933). Der Faktor ist dann 0,065.

Magnesium. Das normale Serum enthält 2—3 mg-% Mg, das Vollblut bis 4 mg-%. Der Gehalt ist nur geringen Schwankungen unterworfen und auch bei pathologischen Zuständen kaum verändert. Nur bei progressiver Paralyse wurde von FLEISCHHACKER und SCHEIDERER [Dtsch. Z. Nervenheilk. 128, 270 (1932)] der abnorm hohe Werte von 2—24 mg-% gefunden. Eine wesentliche Rolle spielt das Magnesium im Muskelstoffwechsel. Es überwiegt das Ca nur im Muskel und Thymus und ist in rachitischen Knochen vermehrt. Bei der Tetanie findet man vermehrte Ausscheidung von Magnesium. Die Methode gründet sich entweder auf der Fällung als NH_4MgPO_4 und nachfolgender Bestimmung der PO_4''' oder Fällung mit Oxychinolin und bromometrischer Bestimmung. Die einfachste Methode ist die von K. LANG, der im eiweiß- und calciumfreien Filtrat das Mg als unlösliches Salz mit Tropäolin 00 fällt und später direkt colorimetriert. Letztere sei, weil sie am einfachsten und schnellsten geht, hier zuerst beschrieben.

Reagenzien:
1. Gesättigte Lösung von Tropäolin 00, vor Gebrauch frisch filtriert. Das käufliche Tropäolin wird vor Gebrauch umkrystallisiert.
2. Ammoniumoxalatlösung gesättigt.
3. 10% Na-Wolframat und 3% H_2SO_4.
4. Konzentrierte H_2SO_4.

Ausführung: 2 ccm Serum in 1 ccm Wasser werden mit 1 ccm Ammoniumoxalat gefällt, nach 1 Stunde zentrifugiert und 3 ccm des klaren Zentrifugates in einem 10 ccm-Meßkolben mit je 2 ccm Na-Wolframat und Schwefelsäure gefällt und aufgefüllt. Nach dem Filtrieren werden 4 ccm Filtrat in ein kleines spitzes Zentrifugenglas getan und in einem kochenden Wasserbad mit 2 ccm Tropäolinlösung gefällt. Man kühlt mit Eiswasser, zentrifugiert nach 1 Stunde, saugt die überstehende Flüssigkeit ab und wäscht in der üblichen Weise 3—4mal mit je 4 ccm Wasser bis das Waschwasser nur mehr strohgelb. Dann wird der Niederschlag unter gutem Rühren in 4 ccm konzentrierter H_2SO_4 gelöst und die rotviolette Lösung in einen 50 ccm-Meßkolben mit Wasser quantitativ übergespült. Nachdem aufgefüllt ist, wird die Probe entweder im Colorimeter von DUBOSQ mit einer Standardprobe, die ebenso behandelt war, verglichen, oder im Stufenphotometer mit Filter S 53 photometriert. Der Extinktionskoeffizient beträgt für 24,3 g Mg 2,593, woraus die übrigen Konzentrationen zu berechnen sind oder aus einer Eichkurve (vgl. Bd. 1, Seite 31 ff.) entnommen werden. Die Grenze der Methode liegt bei 1—2 γ im Kubikzentimeter.

Magnesium als MgNH$_4$PO$_4$. *Prinzip:* Fällung als unlösliches NH$_4$MgPO$_4$, Bestimmung der Phosphorsäure im Niederschlag und daraus Berechnung des Mg. Da $\overset{..}{Ca}$ in ammoniakalischer Lösung ebenfalls die PO$_4'''$ fällen, wird das Ca zuerst als Calciumoxalat gefällt. In dem Niederschlag kann, nachdem er ausgewaschen ist (vgl. Bd. 1, Seite 49) das Ca bestimmt werden. Die Methode läßt sich gut mit einer Ca-Bestimmung vereinigen.

Reagenzien:
1. Ammoniumoxalat gesättigt.
2. Ammoniumphosphatlösung 2%.
3. Konzentriertes und verdünntes Ammoniak.
4. Schwefelsäure etwa 35%.
5. Reagenzien zur kol. Phosphorsäurebestimmung (vgl. Seite 19).

Ausführung: 2 ccm Serum werden im Zentrifugenglas mit 3 ccm reinstem destilliertem Wasser und 1 ccm Ammoniumoxalat gut gemischt und *frühestens* nach 6 Stunden zentrifugiert. Der Niederschlag besteht aus Ca-Oxalat. Von der klaren Lösung nimmt man 5 ccm in ein zweites Zentrifugenglas, mischt mit 1 ccm Ammoniumphosphatlösung und 2 ccm konzentriertem NH$_3$ und stellt für kurze Zeit in ein heißes Wasserbad. Die Probe bleibt verschlossen bis zum nächsten Tag stehen, dann wird zentrifugiert, die Flüssigkeit mit dem Saughaken entfernt und mit je 4 ccm verdünntem Ammoniak so lange auf der Zentrifuge gewaschen (vgl. Seite 3) bis sich im Waschwasser kein Phosphat mit Ammoniummolybdat + HNO$_3$ mehr nachweisen läßt. Der aus NH$_4$MgPO$_4$ bestehende Niederschlag wird in 1 ccm der 35%igen Schwefelsäure gelöst und die Phosphorsäure nach Seite 20 bestimmt. 1 Mol der gefundenen H$_3$PO$_4$ entspricht 1 Atom Magnesium oder auf 1 Mol P$_2$O$_5$ kommen 2 Atome Magnesium. Die verarbeiteten 5 ccm Lösung entsprechen 1,67 ccm Serum. Die Berechnung ergibt, wenn in dieser Menge z. B. 0,122 mg P$_2$O$_5$ gefunden wurden, 0,04175 mg Mg = 2,5 mg-%.

Umrechnungsfaktor.

Gefundene mg P$_2$O$_5$ $\times$ 0,3422 = mg Mg. Um das Mg im Harn zu bestimmen verfährt man analog. 2 ccm des klaren möglichst frischen Harnes (eventuell ist mit wenigen Tropfen Eisessig anzusäuren, das ausgefallene Phosphat unter Erwärmen zu lösen! und dann zu filtrieren) werden mit 3 ccm H_2O und 1 ccm Ammoniumoxalat gefällt, zentrifugiert und von der klaren Lösung 5 ccm wie beim Serum beschrieben weiter verarbeitet.

Eine weitere Methode, Fällung als $NH_4 Mg PO_4$ und colorimetrische Bestimmung des Phosphors. (DENIS. J. of biol, Chem. 52, 411, (1922). RAPPAPORT, Mikrochemie des Blutes, 1935). Die Fällung mit Oxychinolin und anschließende Titration ist von BOMSKOW [H. S. 202, 32 (1931)] beschrieben. Hierbei braucht das Ca nicht entfernt zu werden.

Eisen. Der Eisengehalt des Blutes geht dem Hämoglobingehalt parallel. Die geringen Mengen Fe, die im Serum vorhanden sind spielen keine Rolle. Das Blut enthält etwa 50 mg-% Eisen, was 100% Hgb. entsprechen soll. Man kann also aus dieser Zahl durch Multiplikation mit 2 den Hämoglobingehalt errechnen und umgekehrt.

Eine gute, aber umständliche, Methode zur titrimetrischen Bestimmung hat RAPPAPORT [Klin. Wschr. 12, 1810. (1933)] angegeben. Einfacher sind die colorimetrischen, von denen jene mit Sulfosalicylsäure [URBACH, Mikrochemie N. F. 9, 207, (1934) nach LAPIN und KILL Z. Hyg. 112, 719, (1931)] für biologisches Material noch nicht genügend ausgearbeitet sind. Deshalb bleibt in ihrer einfachen Ausführung die Methode von BERMANN [J. of biol. Chem. 35, 231, (1918)] empfehlenswert.

Es wird die rote Farbe colorimetrisch bestimmt, die von Ferri-Ionen mit Rhodan-Ionen gegeben wird.

Reagenzien:

1. 0,3% $KMnO_4$.

2. Bromwasserstoffsäure (HBr) etwa 35%.

3. Eisenstandardlösung, die käuflich ist, gewöhnlich eine Lösung von Ferrichlorid in verdünnter HCl, von der man eine Verdünnung herstellt, die 0,01 mg Fe pro Kubikzentimeter enthält.

4. Etwa 38% Ammoniumrhodanid.

5. Etwa 0,35% Salzsäure.

6. Reines Aceton.

Ausführung: 0,040 ccm Blut aus der Fingerbeere oder dem Ohrläppchen werden genau entnommen, in 2 ccm Wasser, die sich in einem reinen Jenaer Reagensglas befinden, eingeblasen und die Pipette mit dem Wasser durchgespült. Da 0,040 ccm Blut nur schwer abmeßbar sind, nimmt man 0,5 ccm Blut ad 25 ccm mit Wasser und davon wieder 2,0 ccm = 0,040 Blut. Dazu kommen 0,2 ccm HCl und 2 ccm $KMnO_4$, woraufhin das Ganze in einem Wasserbad 2—3 Minuten gekocht wird. Es entsteht ein bräunliches Koagulum; man gibt dann 2 Tropfen HBr zu, worauf eine klare Lösung mit wenig Flocken entstehen soll. Eventuell ist noch ein 3. Tropfen HBr zuzugeben, der alsdann aber ebenfalls der Standardlösung zugesetzt werden muß, bzw. bei der Photometrie zu berücksichtigen ist. Man filtriert durch ein sehr kleines Analysenfilter in einen 20 ccm-Meßzylinder mit Stopfen (Mischzylinder), wäscht bis auf 5 ccm mit Wasser nach, füllt dann mit der Ammoniumrhodanidlösung auf 10 ccm auf, indem man am besten Reagensglas und Filter mit dieser Lösung nachspült. Alsdann wird mit Aceton auf 20 ccm aufgefüllt, verschlossen, gut gemischt und nach 5 Minuten im Absolutcolorimeter gemessen oder im gewöhnlichen Colorimeter mit einer gleichartig behandelten Standardlösung verglichen. Die Menge der Standardlösung richtet sich nach der zu erwartenden Eisenmenge. Während der colorimetrischen Messung sind die Tröge tunlichst gegen Verdunsten zu schützen. Es versteht sich von selbst, daß alle Reagenzien, einschließlich des Wassers, eisenfrei sein müssen. Eine leichte Gelb-Rosa-Färbung der Rhodanammoniumlösung ist meist nicht zu vermeiden.

In den Fäces bestimmt man das Eisen gleichartig in dem alkoholisch-essigsauren und salzsauren Extrakt.

Jod. Von den Halogenen Cl, Br, J kommt das Jod in den geringsten Mengen im Organismus vor. Trotzdem ist es das wichtigste und die Änderung des normalen Jodspiegels ist bei Basedow und Myxödem von hervorragender Bedeutung. Hierbei spielt die Schilddrüse die beherrschende Rolle, da dort das jodhaltige Hormon, Thyreoglobulin gebildet wird, welches seine Wirksamkeit dem Thyroxin

$$HO-\underset{J\ H}{\overset{J\ H}{\bigcirc}}-O-\underset{J\ H}{\overset{J\ H}{\bigcirc}}-CH_2CH(NH_2)COOH$$

verdankt. Gleichzeitig entsteht in der Schilddrüse das antagonistisch wirkende Dijodtyrosin. Der Thyroxingehalt einer Flüssigkeit bzw. eines Präparates läßt sich auf biologischem Wege, z. B. durch die Kaulquappenmethamorphose bestimmen, oder durch die gesteigerte Resistenz der weißen Maus gegen Acetonitril. Den Jodgehalt des Blutes beurteilt man klinisch nach dem Gesamtjod, woraus hervorgeht, daß vor der Bestimmung die organische jodhaltige Substanz zerstört (verascht) werden muß.

Der mittlere Jodgehalt des Blutes ist:

erhöht	normal	erniedrigt
über 20 γ % durch exogene Jodzufuhr (anorganisch oder als Thyroxin) bei Basedow	12—14 γ %	unter 8 γ % nach Entfernung der Schilddrüse Myxödem Kretinismus

Bei der Bestimmungsmethode ist die Schwierigkeit:
1. absolut jodfreie Reagenzien zu erhalten,
2. bei der Veraschung kein Jod zu verlieren,
3. die anderen Halogene nicht ganz oder teilweise mitzubestimmen.

Die ursprünglich von FELLENBERG ausgearbeitete Methode, womit die grundlegenden Arbeiten über den Jodgehalt des Blutes ausgeführt wurden, ist heute überholt und es ist schwierig aus der Unzahl von neuen Verfahren ein gutes und nicht zu kompliziertes auszusuchen. Ein solches ist von LEIPERT [Biochem. Z. 261, 436 (1933)] beschrieben; die organische Substanz wird mit Chromschwefelsäure zerstört, das Jod wird dabei in *nicht flüchtige* Jodsäure übergeführt. Diese wird mit arseniger Säure zu Jod reduziert, gleichzeitig im Vakuum destilliert und nachfolgend das Jod der Vorlage titriert.

Spezialapparatur siehe Abb. 2.

Reagenzien, alle auf Jodfreiheit geprüft:
1. Konzentrierte H_2SO_4 p. a.
2. 250 g Chromsäure werden in 150 ccm jodfreiem Wasser (über Pottasche oder reinster Soda redestilliert) gelöst.
3. Cerisulfat pulverisiert.
4. Arsentrioxyd reinst. 50 g werden in 20 ccm gesättigter Pottaschelösung, die nach FELLENBERG mit Alkohol ausgeschüttelt war, und 180 ccm jodfreiem Wasser in der Hitze gelöst und nach dem Erkalten von geringen unlöslichen Teilen abfiltriert.
5. 20% Natriumhydroxyd e natrio.

Prüfung der Reagenzien auf Jodfreiheit im Alkoholextrakt, nachdem mit Pottasche alkalisch gemacht ist, siehe unten: Die Chromsäure wird vor der Prüfung mit gasförmigem SO_2 reduziert, mit gesättigter Pottaschelösung neutralisiert, filtriert und eingedampft. Der Rückstand wird mit Alkohol extrahiert. Muß die Schwefelsäure entjodet werden, so erhitzt man 1 l in einem 2000 ccm-Kjeldahlkolben mit 0,5 ccm Chromsäure im Sandbad auf 120° (Thermometer innen) reduziert mit 0,75 g Arsentrioxyd, worauf die Schwefelsäure grün wird. Man saugt etwa 1 Stunde lang einen mit verdünnter Lauge gewaschenen Luftstrom hindurch, worauf die Säure fertig ist.

6. Schweflige Säure.
7. Bromwasser.
8. KJ reinst.
9. Methylorange-Indikator.
10. $n/500$-Thiosulfatlösung.

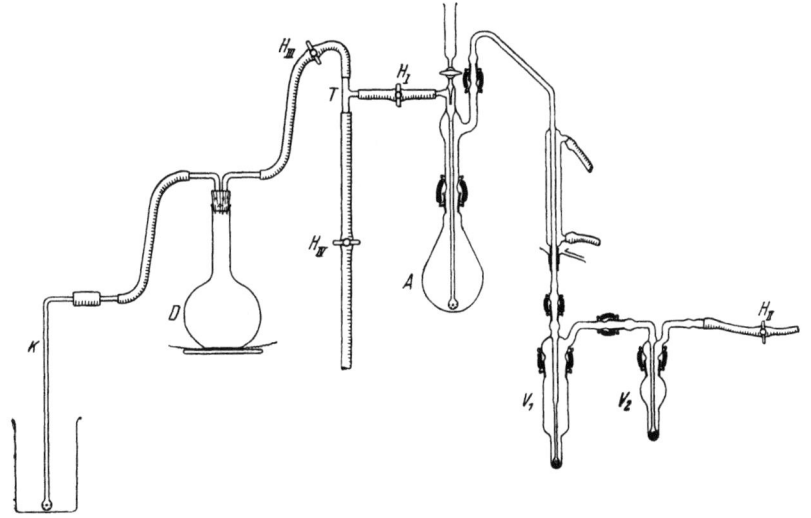

Abb. 2. Apparat zur Jodbestimmung nach LEIPERT.

Ausführung: Man gibt in den Kolben A, der von der Apparatur abgenommen ist und etwas Cerisulfat enthält, 10—20 ccm Vollblut, welches am besten keine Zusätze enthält und 20—35 ccm Chromsäure, schwenkt um und läßt die erste Reaktion abflauen. Dann kommen *langsam nach und nach* 100—150 ccm konzentrierte H_2SO_4 dazu, wobei es meist zum Sieden kommt und ein Teil des Wassers verdampft. Durch Erwärmen auf einem Baboblech wird die Oxydation zu Ende geführt, wobei das Chlor vollständig ausgetrieben wird und ein Teil des Chromtrioxyds unter O_2-Entwicklung zersetzt wird. Man kühlt ab und gibt etwa 50 ccm Wasser dazu. (Dauer 20 Minuten.) Jetzt wird der Kolben an den Apparat angeschlossen, der Schliff mit Wasser gedichtet.

Der Dampfkolben D ist angeheizt; der Dampf entweicht durch K und Hahn H III—IV. Hahn H I ist geschlossen. Die Vorlagen V_1 und V_2 sind mit je 2 ccm 20% NaOH und 8 ccm Wasser beschickt. Durch den Kühler läuft Wasser und der mit der Wasserstrahlpumpe verbundene Hahn II wird so weit geöffnet, daß lebhaft Luft durch die Vorlagen perlt. Das Vakuum soll *allmählich* bis 50—60 mm Hg sinken, mehr ist unerwünscht. Wird jetzt Hahn IV geschlossen und Hahn I vorsichtig geöffnet, so gerät der Kolbeninhalt bald ins Sieden und die Destillation beginnt. Man regelt den Dampfstrom so, daß das Destillat in V_1 kalt bleibt. Jetzt werden durch den Tropftrichter 20—30 ccm Lösung 4 mit 2—3 Tropfen pro Sekunde zugesetzt und man beobachtet, daß der Kolbeninhalt rein grün wird, wobei das Jod plötzlich entweicht, was bei Mengen von 150 γ als violette Wolke zu erkennen ist. Die Reduktion der Chromsäure muß volkommen sein, ein Überschuß von As_2O_3 schadet nichts. Ist die Reduktion beendet, so wird Hahn I kurz ganz geöffnet, bis das ganze Kühlerrohr heiß ist, dann geschlossen; die Natronlauge steigt bis zum Kühlermantel und dann wird Hahn I wieder normal reguliert und das Kühlerrohr durch das Kondenswasser ausgespült. Ist der Prozeß beendet wird Hahn IV geöffnet, Hahn I und dann Hahn II geschlossen, und das System durch den Tropftrichter mit Luft gefüllt. Die Vorlagen werden entfernt, die Rohre abgespült und Vorlagen und Waschwasser gesammelt (50—80 ccm) und auf 5 ccm eingeengt. Man gibt $1/2$ Tropfen Methylorange und etwas schweflige Säure zu und darauf verdünnte H_2SO_4, bis der Indikator eben umschlägt. Dazu kommen 5 Tropfen frisches Bromwasser, worauf 4 Minuten gekocht wird (Bimsstein als Siedestein). Verdampftes Wasser wird ersetzt. Das Jod ist jetzt zu Jodat oxydiert, das überschüssige Brom verkocht. Durch ein Kryställchen KJ wird Jod in Freiheit gesetzt (vgl. Band 1, S. 13), welches aus einer Mikrobürette (Ablesung in cmm) mit $n/500$-Thiosulfat titriert wird.

Berechnung. Der Titer oder Wirkungswert der Thiosulfatlösung ergibt sich aus einer bekannten KJ-Lösung, die z. B. in 1 ccm 5 γ Jod enthält und ebenfalls zu Jodat oxydiert wird usw.

Es seien z. B. verbraucht für 5 γ Jod 122 cmm Thiosulfatlösung. Für das Destillat aus 20 ccm Blut 70 cmm Thiosulfatlösung. Dann sind in 20 ccm Blut $\dfrac{5 \times 70}{122} \gamma$ Jod $= 2{,}87 \gamma$, in 100 ccm also 14,35 γ.

Die Methode ist brauchbar von 700 bis 1 γ, man titriere aber bei großen Jodmengen nur einen aliquoten Teil der Vorlagen.

Für Harn verwendet man 20—40 ccm und 10 ccm Chromsäure. Auch Organe sind auf dieselbe Weise veraschbar.

Die Alkoholextrakte der Reagenzien, wenn sie auf Jodfreiheit geprüft werden, werden mit etwas Pottaschelösung eingedampft, mit H_2SO_4 eben angesäuert, mit 5 Tropfen Brom 4 Minuten gekocht und weiter wie die Vollprobe titriert.

KJ Mol. Gew. 166,02 (2,22016) Log.
100 γ Jod = 0,1308 mg KJ.

Die in biologischem Material gefundene Jodmenge ist abhängig von der Methode und die Werte verschiedener Autoren sind vielfach nicht untereinander vergleichbar.

Brom. Nach den zahlreichen bisher vorliegenden Untersuchungen ist anzunehmen, daß das Brom ein regelmäßiger Bestandteil des Organismus ist und daß man von einem „Bromspiegel" sprechen kann. Besonders die Psychiater haben sich für den Bromgehalt des Blutes interessiert, weil ein gewisser Zusammenhang zwischen Psychosen und dem Bromgehalt des Blutes zu bestehen scheint. So wird von Ucko und Bernhardt [Biochem. Z. **155**, 174 (1925); **170**, 459 (1926)] zuerst über Untersuchungen über den Bromgehalt von Organen berichtet, allerdings sind die Resultate noch mit unvollkommener Methodik gewonnen. Das Blut soll danach 1,0—1,5 mg-% Brom enthalten.

1934 hat Ucko[1] diese Untersuchungen nach der Methode von Guareschi und Baubigny fortgesetzt. Er findet Brom in allen Geweben und Flüssigkeiten, im Blut 1,4—2,2 mg-%. Leipert und Watzlawek [H. S. **226**, 114 (1934)] finden in Menschenblut 3,2 mg-%. Bei einer Basedowkranken wurden 3,9 mg-% beobachtet und eine tägliche Ausscheidung von 1—25 mg in Abhängigkeit von der Chlormenge und der Konzentration des Harnes. Die Ergebnisse von Zondek und Bier, die bei manisch depressivem Irresein eine Verminderung des Blutbroms um 40—60%, bezogen auf einen Normalwert von 1 mg-%, finden, sind nicht unwidersprochen geblieben. Der Liquor cerebrospinalis soll völlig frei von Brom gewesen sein, obwohl der Liquor von Normalen 0,1—0,15 mg-% enthält. Auch bei Schizophrenie wurde in rund $1/3$ der Fälle eine Erniedrigung des Bromspiegels gefunden.

Besonders die Blut-Liquorschranke für Brom ist eingehend studiert worden und man hat versucht die Veränderungen nach Brombelastung diagnostisch auszunützen.

Weiterhin sind die meisten Organe einer Bromuntersuchung unterworfen worden. Den größten Gehalt weist die Hypophyse

---

[1] C. r. Soc. Biol. Paris **116**, 48, **1934**.

bei Männern im Alter von 45—60 Jahren auf (15 mg-% Br), gleichaltrige Frauen nur 5 mg-% und über 75 Jahre sollen sich nur noch Spuren finden. Viel Brom (1,4—1,8 mg-%) enthalten auch die Nebennieren und die Aorta (2,0—2,5 mg-%).

Es ist zu bemerken, daß dieses Zahlenmaterial, welches sich zum Teil auf alte Untersuchungen stützt, nicht absolut zuverlässig ist, weil die Methoden zu wünschen übrig ließen. Dies geht schon aus der großen Divergenz der Normalwerte der verschiedenen Autoren nach verschiedenen Methoden hervor.

Reagenzien: Eine genaue Prüfung auf Brom ist bei allen Reagenzien unerläßlich. Auch reinste Reagenzien sind mitunter bromhaltig.

1. Chromsäure: 250 g Chromtrioxyd werden in 150 ccm destilliertem Wasser gelöst und 2 Stunden durch einen mit Natronlauge gewaschenen Luftstrom gelüftet.
2. Silbersulfatschwefelsäure: Man löst in einem 2 l-Kolben 20 g Silbersulfat in 1000 ccm konzentrierter H_2SO_4, gibt 3 ccm Chromsäure zu, erhitzt auf 130^0 und lüftet wie oben.
3. Krystallisierte Borsäure.
4. NaCl. Eine gesättigte Lösung wird mit *gasförmiger* HCl gesättigt. Das ausgefallene Salz wird auf einer Glasnutsche gesammelt, mit *wenig* Wasser gewaschen, scharf getrocknet und pulverisiert. 2—3 γ Br in 5 g NaCl sind unbedenklich, ebenso geringe Mengen HCl.
5. 4% NaOH aus NaOH e Natrio!
6. Na-Formiat, 10%.
7. Ammoniummolybdat, 5%.
8. Gesättigte NaCl-Lösung.
9. KJ in Substanz.
10. 7% HCl (etwa 2 n).
11. $n/_{100}$ Thiosulfat.
12. 0,25% Stärkelösung.

Bei der Brombestimmung in biologischem Material ist das wesentlichste die Trennung von Chlor und Jod, und es erscheint fraglich, ob dieses Problem schon vollkommen gelöst ist. Jedenfalls ist es ratsam, sich genau an die Vorschrift zu halten. Am geeignetsten scheint mir die Vorschrift von LEIPERT [H. S. **226,** 108 (1924)] der auch die Fehlerquellen untersucht und folgende Arbeitsweise vorschlägt.

Prinzip: Die organische Substanz wird in geschlossener Apparatur mit Chromschwefelsäure verbrannt. Die frei werdenden Halogene Chlor und Brom werden in vorgelegter Natronlauge gebunden, das gebildete Bromid und Hypobromit mit unterchloriger Säure (HOCl) zu Bromat oxydiert und jodometrisch bestimmt. Dadurch erlangt man die Vorteile des Multiplikationsprinzips (1 Br = 6 J), die Titration wird genauer. Das überschüssige Hypochlorit wird durch Ameisensäure zerstört, d. h. zu HCl reduziert.

Apparatur siehe Abb. 3.

Ausführung: Das Veraschungsgefäß faßt 150—170 ccm und wird mit 100 ccm Silbersulfatschwefelsäure und 8—10 ccm Chromsäure beschickt. Beides wird im Wasserbad vorgewärmt und dann in das Paraffinbad von 100° versenkt. Die Temperatur soll während des Versuches langsam auf 130° steigen. Der Schliff ist mit konzentrierter H_2SO_4 gedichtet, der Tropftrichter enthält 5 ccm Blut. Der Zusatz erfordert 20 Minuten, dabei wird jeder Blutstropfen durch den bei R_1 eintretenden Teilluftstrom durch das Oxydationsgemisch getrieben und das freiwerdende Halogen durch den durch R_2 aus der Sinterplatte G_3 austretenden freien Luftstrom fortgeführt. K ist ein Glasrohr mit Sinterplatte, 9 cm lang, und mit einer 2 cm hohen Schicht von Glasscherben, die mit verdünnter H_2SO_4 befeuchtet sind, versehen.

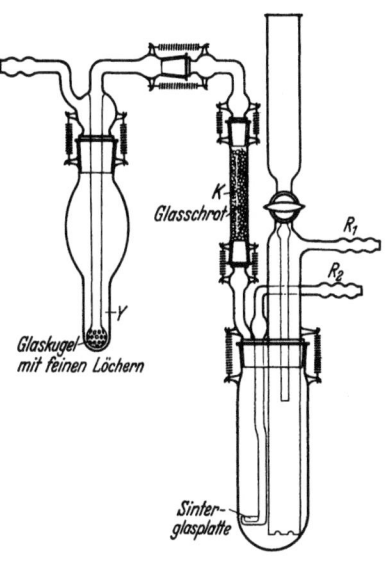

Abb. 3. Apparat zur Brombestimmung nach LEIPERT und WATZLAWEK.

Dort wird etwa gebildetes Chromylchlorid zurückgehalten. Die Vorlage V faßt 10 ccm n-Lauge, das Einleitungsrohr endet in einer Sinterplatte G_2. Sind die 5 ccm Blut aus dem Tropftrichter ausgeflossen, wird nochmal mit 5 ccm Wasser, dann mit 5 ccm Wasser + 0,5 ccm gesättigter NaCl-Lösung nachgespült. Der Gasstrom wird durch die Quetschhähne so reguliert, daß durch R_1 alle 3 Sekunden eine große Blase und durch R_2 ein lebhafter Gasstrom entweicht. Die Veraschung dauert 90 Minuten, nach deren Beendigung zuerst der Schliff der Vorlage, ohne die Pumpe abzuschalten, und dann der übrige Apparat auseinandergenommen wird. Zur Brombestimmung in der Vorlage ist ein Hypochloritzusatz überflüssig, da der Chloridgehalt des biologischen Materials und der Chloridzusatz beim Nachspülen des Tropftrichters einen großen Überschuß an Hypochlorit liefert. Die Oxydation wird direkt im Vorlagegefäß durchgeführt, nachdem Schliff und Einleitungsrohr vorsichtig abgespült waren. Man gibt 0,5 g Kochsalz + 1,0 g Borsäure (Handwaage) zu der Vorlage, erhitzt 10 Minuten im Wasserbad auf 100^0, sorgt für völlige Lösung und spült alsdann sorgfältig in einen Erlenmeyerkolben von 50—100 ccm. Nach Zusatz von 2 ccm Formiatlösung wird 5 Minuten auf dem Drahtnetz gekocht, abgekühlt und unter Zugabe von KJ, Stärke und 1 Tropfen Ammoniummolybdat mit 3 ccm etwa 7% HCl angesäuert und mit $n/100$ Thiosulfat aus einer möglichst feinen Mikrobürette titriert.

Eine Blaufärbung *vor* dem Ansäuern ist ein Zeichen für die unvollständige Zerstörung des Hypochlorits, was meistens eintritt, wenn der Borsäurezusatz zu gering ist. Man titriert alsdann *vor* dem Ansäuern mit Thiosulfat bis farblos, säuert dann an und führt die Jod(Brom)-Titration durch.

Je geringer die Brommengen, desto kleiner kann die NaOH-Vorlage sein, und desto kleiner ist auch die erforderliche Menge Borsäure. Auch wird man dann mit $n/250$-Thiosulfat titrieren.

Normalharn wird in derselben Weise verarbeitet, auf je 5 ccm verbraucht man 3—5 ccm Chromsäure. Von Milch werden 5 ccm mit 7—10 ccm Chromsäure verbrannt.

Berechnung: Das Br in der Vorlage wird durch die HOCl zu $HBrO_3$ oxydiert. Die überschüssige HOCl mit Formiat wieder reduziert, während Bromat ($NaBrO_3$) nicht angegriffen wird. Deshalb wirkt auf das zugesetzte Jodid nur das Bromat ein, indem nach folgender Gleichung Jod entsteht:

$$HBrO_3 + 6\ HJ = HBr + 6\ J + 3\ H_2O.$$

Das Jod wird mit Thiosulfat titriert und es entspricht 6 Mol Jod = 1 Mol Br. Daher 1 ccm $n/100$-Thiosulfat = 0,1332 mg Br.

1 ccm $n/250$-Thiosulfat = 0,0532 mg Br.

0,0532 mg = 53,2 γ.

Werden z. B. aus 5 ccm Blut titriert 2,09 ccm $n/250$-Thiosulfat, so entspricht dies 111,2 γ oder 2,224 mg-% Br.

Phosphorsäure. Es kommt wohl kein Stoff in so mannigfachen Verbindungen im Organismus vor, wie die Phosphorsäure. Abgesehen von Schwankungen bei der Verdauung und Erhöhung bei Niereninsuffizienz kommt die Hypophosphatämie bei der Rachitis und im Gegensatz dazu normale Werte bei der Tetanie (5 mg-% anorganischer Phosphor) vor. Betrachten wir nur das Blut, so kann man unterscheiden:

1. PO$_4$-haltige Verbindungen, die zusammen mit den Proteinen ausgefällt werden.

2. Die sogenannte säurelösliche Phosphatfraktion. In dieser ist enthalten der anorganische Phosphor, die Kohlehydratphosphorsäureester der verschiedensten Art, Glycerinphosphorsäure, die Kreatinphosphorsäure und die Adenosintriphosphorsäure.

3. Wird das Blut mit Alkohol-Äther enteiweißt, so kann man noch eine ätherlösliche Phosphatfraktion finden, den sogenannten Lipoidphosphor.

4. Dem ist noch hinzuzufügen der gesamte Phosphor, der nach Zerstörung der organischen Substanz bestimmt wird.

Es ist nicht die Aufgabe hier die Bestimmung aller Phosphatfraktionen anzuführen, es genügt die Bestimmung vom gesamten Phosphor, gesamten *säurelöslichen* Phosphor, vom anorganischen Phosphor und Lipoidphosphor.

Für alle Fraktionen kommt nur eine colorimetrische Bestimmung in Frage, von welcher sich diejenige von FISKE und SUBBAROW [J. of biol. Chem. **66**, 375 (1925)] in der Modifikation von LOHMANN und JENDRASSIK [Biochem. Z. **178**, 419 (1926)] bestens bewährt hat. Das Prinzip der Methode ist folgendes: Aus H$_3$PO$_4$ und Ammoniummolybdat (NH$_4$)$_2$MoO$_4$ bildet sich in saurer Lösung eine gelbe, schwer lösliche Komplexverbindung (NH$_4$)$_3$PO$_4$. 12 MoO$_3$. 12 H$_2$O. Die Verbindung fällt in sehr verdünnten Lösungen nicht aus, wird aber von Reduktionsmitteln im Gegensatz zu dem überschüssigen Ammoniummolybdat leicht zu einer kolloiden Lösung von Molybdänblau reduziert. Die auftretende Farbe ist der Menge Phosphorsäure proportional.

Lösungen: 1. 10% Trichloressigsäure.

2. 2,5% Ammoniummolybdat in 5 n-Schwefelsäure oder 12,5% Am. Molybdat in Wasser.

3. Eikonogenlösung: 0,5 g Eikonogen in 195 ccm NaHSO$_3$ 15% + 5 ccm Na$_2$SO$_3$ 20%.

Das käufliche Eikonogen muß vor Gebrauch umkrystallisiert werden. Man erwärmt 1000 ccm Wasser auf 90° C und löst darin 150 g NaHSO$_3$ und 10 g Na$_2$SO$_3$. Dazu kommen 15 g Eikonogen.
Na-Bisulfit   Na-Sulfit
Nach der fast völligen Lösung filtriert man in einen eisgekühlten Kolben, gibt 10 ccm reinste konzentrierte HCl dazu und läßt in Eis verschlossen über Nacht stehen. Die Krystalle werden abgesaugt und auf der Nutsche mit 300 ccm *eiskaltem* Wasser gewaschen, im *Dunkeln* an der Luft getrocknet, rasch pulverisiert und gut verschlossen in brauner Flasche aufbewahrt. Von

E. MÜLLER (Hoppe-Seylers Z. 237, 35 (1935)] wird Amidol (Agfa), 2-2-Diamidophenolchlorhydrat an Stelle von Eikonogen empfohlen.

4. Standardlösung: 0,95834 g reinstes trockenes primäres *Kalium*phosphat KH_2PO_4 ad 500; enthält 500 mg P_2O_5 in 500 ccm = 100 mg-% P_2O_5, hieraus bereitet man sich durch Verdünnen die nötigen Lösungen.

5. 5 n-H_2SO_4, 139 ccm konzentrierte H_2SO_4 ad 1000 ccm. (Man gießt die Schwefelsäure in das Wasser, nicht umgekehrt.) Die Proben werden im Absolutcolorimeter mit dem Filter S 57 gemessen.

Es ist möglich die Zusammensetzung der Molybdatlösung und der Schwefelsäure zu variieren; wichtig ist nur, daß in den Proben bzw. Vergleichslösungen die zur Colorimetrie kommen, dieselbe Konzentration an Molybdat und H_2SO_4 herrscht. Wir setzen alle Proben so an, daß die Endkonzentration an H_2SO_4 1 n ist, und daß auf je 25 ccm Lösung 5 ccm der 2,5%igen oder 1 ccm der 12,5%igen Molybdatlösung kommen, d. h. die Endkonzentration an Molybdat beträgt 0,5%. Die ursprüngliche Konzentration des Reagens hat auf die Endfarbe keinen Einfluß, sofern die verschiedenen Proben *gleichmäßig* erwärmt und gekühlt werden: Z. B. das eiweißfreie Trichloressigsäurefiltrat wird in einem 25 ccm Meßkolben mit 5 ccm der 2,5%igen Molybdatlösung und 1 ccm Eikonogen versetzt und auf 25 ccm aufgefüllt und gemischt. Dann kommt der Kolben für 7 Minuten (Stoppuhr) in ein Wasserbad von 37^0 und darauf genau ebenso lange in eines von Zimmertemperatur. Danach wird die blaue Farbe colorimetrisch bestimmt. Eine Eichkurve für das Absolutcolorimeter legt man sich an, indem man trichloressigsäurehaltige Phosphatlösungen aus obiger Stammlösung herstellt, sodaß je 5 ccm 0,05—0,5 mg P_2O_5 als KH_2PO_4 enthalten. Diese werden mit Molybdat und Eikonogen im 25 ccm-Meßkolben zusammengebracht und gemessen. Aus dieser Kurve lassen sich alle Phosphatfraktionen ablesen, weil der Bestimmung des Phosphatanteils der einzelnen Fraktionen immer eine Umwandlung in H_3PO_4 (Orthophosphorsäure) vorausgeht. Da die absolute Konzentration der einzelnen Fraktionen natürlich stark differiert, hat man dies durch entsprechende Materialmengen auszugleichen.

Anorganische Phosphorsäure. *Lösungen:*

1. Magnesiamixtur: 50 g Magnesiumchlorid und 105 g Ammoniumchlorid und 1 ccm HCl werden ad 1000 ccm gelöst.

2. Konzentriertes Ammoniak p. a.

3. Verdünntes Ammoniak.
4. 5 n-H_2SO_4.
6. 12,5% Ammoniummolybdat in Wasser.

Ausführung: 2 ccm ungerinnbares oder ganz frisches Vollblut kommen zu 8 ccm eiskalter Trichloressigsäure 10%ig, werden gemischt und durch ein aschefreies und phosphatfreies Filter filtriert; vom Filtrat nimmt man 5 ccm in ein konisches graduiertes Zentrifugenglas und gibt 1 ccm Magnesiamixtur und 1 ccm konzentriertes Ammoniak langsam unter Rühren mit einem feinen Glasstab zu. Der Glasstab wird mit einigen Tropfen verdünnten Ammoniaks in das Zentrifugenglas abgespült. Es beginnt sehr bald eine feine *krystalline* Abscheidung des unlöslichen NH_4MgPO_4, wodurch nur die anorganische PO_4''' nicht aber organisch gebundene Phosphorsäure gefällt wird; man läßt über Nacht im Eisschrank, mindestens aber 6 Stunden stehen und kratzt dann mit einem Glasstab, über dessen Ende ein Stückchen Gummischlauch gezogen ist, die Wände des Zentrifugenglases ab, spült mit ein paar Tropfen Wasser anhängende Krystalle in das Glas und zentrifugiert. Die klare Flüssigkeit wird mit dem Saughaken abgesogen, mit 10 ccm verdünnten NH_3 aufgewirbelt, zentrifugiert, abgesaugt und dasselbe nochmal wiederholt. Dann löst man mit 3,0 ccm 5 n-H_2SO_4, setzt 0,66 ccm 12,5%iges Molybdat in Wasser und 0,66 ccm Eikonogen zu, füllt ad 15 ccm auf und setzt wie oben beschrieben in ein Wasserbad von 37° C usw. Die gefundene Menge Phosphat entspricht 1 ccm Blut.

Gesamtsäurelöslicher Phosphor. Man nimmt 2—4 ccm Trichloressigsäurefiltrat (wie oben) in einen Kjeldahlmeßkolben (vgl. S. 70, Bd. 1) von 15 ccm, gibt 3,0 ccm 5 n-Schwefelsäure hinzu und dampft mit zwei kleinen Glasperlen ein. Noch heiß gibt man in kleinen Tropfen konzentrierte Salpetersäure zu und die Veraschung ist bald beendet, der Rückstand farblos. Man läßt abkühlen, gibt 5 ccm Wasser und 2 ccm einer 2% Harnstofflösung zu und verkocht fast alles Wasser wieder, damit die salpetrige Säure entfernt wird. Man nimmt mit Wasser auf, gibt 0,66 ccm Molybdat und 0,66 ccm Eikonogen hinzu, füllt im Kjeldahlmeßkolben ad 15 ccm auf und colorimetriert nach den üblichen weiteren Vorbereitungen. 2 ccm Filtrat = 0,4 ccm Blut.

Gesamt-Phosphor. 0,5 ccm Serum oder Blut werden mit 7,5 ccm 10 n-H_2SO_4, wie oben beschrieben, in einem Kjeldahlmeßkolben verascht und die klare Lösung auf 15 ccm aufgefüllt und gemischt. Hiervon nimmt man zur colorimetrischen Bestimmung 5 ccm bei Serum, 3 ccm bei Blut in einen Meßkolben von 25 ccm und 2 ccm 5 n-H_2SO_4, 1 ccm Molybdat 12,5%, 1 ccm Eikonogen und colorimetriert wie üblich.

5 ccm veraschte Lösung = 0,166 ccm Serum
3 ccm   ,,   ,, = 0,100 ccm Blut
2 ccm   ,,   ,, = 0,666 ccm   ,,

Lipoidphosphor. *Lösungen:* 1. Alkohol-Äther. 300 ccm Alkohol und 100 ccm Äther, beide destilliert, werden gemischt.

Ausführung: In einem 25 ccm-Meßkolben befinden sich etwa 15 ccm Alkohol-Äther. In diese läßt man 1,00 ccm Blut unter Schütteln eintropfen und erwärmt in einem Wasserbad für kurze Zeit zum gelinden Sieden. Es wird nach dem Abkühlen mit Alkohol-Äther aufgefüllt und filtriert. Vom Filtrat werden etwa 10 ccm eingedampft, in Äther gelöst, filtriert, wieder eingedampft und verascht; der Rückstand wird ad 25 ccm mit Wasser gelöst und ein aliquoter Teil zur colorimetrischen Bestimmung verwendet.

Berechnung: Aus der Kurve des Kolorimeters entnimmt man die absolute Menge P_2O_5, die in der Probe enthalten ist. Rechnet man aus wieviel Blut dem jeweils angewandten Material entspricht, so ist es leicht den Gehalt in 100 ccm Blut bzw. Serum zu errechnen.

Berechnung: Z. B. Lipoidphosphor: 1 ccm Blut ad 25 ccm mit Alkohol-Äther gefällt, davon 10 ccm verascht und aufgefüllt ad 25 ccm und davon 10 ccm zur colorimetrischen Bestimmung. Diese 10 ccm entsprechen 0,16 ccm Blut und enthalten z. B. 0,1425 mg P_2O_5 = 8,9 mg-% P_2O_5 als sogenannten Lipoidphosphor.

Über die Umrechnung von P_2O_5 in P oder H_3PO_4 vgl. Band 1, Seite 4.

Die Normalwerte können folgend gelten:

	Blut	Serum
ges. Phosphor	32—37 mg %	13 mg %
anorganischer Phosphor	3 ,, ,,	3—7 ,, ,,
säurelöslicher Phosphor	19—24 ,, ,,	3—4 ,, ,,
Lipoid-Phosphor	10 ,, ,,	9 ,, ,,

Sulfate. Die Menge der Sulfate im Harn ist besonders wegen des veresterten Anteils wichtig, der ein Maß dafür ist, wieviel Phenole, Kresol, Indol, Skatol und verwandte Stoffe als Esterschwefelsäuren ausgeschieden werden. Daneben kommt noch in Betracht die Menge der Glucuronsäure und Hippursäure. Die Menge der Ätherschwefelsäure ist abhängig von der Eiweißfäulnis im Darm und sie beträgt im Mittel etwa 0,18 g pro Tag. Das Verhältnis der Sulfatschwefelsäure:Esterschwefelsäure ist etwa 10:1 mit großen Schwankungen. Gesteigert ist der Anteil der Ätherschwefelsäure bei Stauungen des Darminhaltes, diffuser Peritonitis mit Atonie des Darmes oder tuberkulöser Enteritis, nicht bei einfacher Obstruktion.

Die Bestimmung der Sulfate nach der alten Benzidinmethode ist nicht gut, da das Benzidinsulfat zu löslich ist. Besser ist das von K. LANG [Biochem. Z. 213, 469 (1929)] vorgeschlagene Prinzip, die Sulfate mit einer sauren Lösung von Bariumchromat zu fällen (als $BaSO_4$) dann durch Alkalisieren das überschüssige $BaCrO_4$ ebenfalls zu fällen, wobei die dem gefällten Sulfat äquivalente Menge H_2CrO_4 in Lösung bleibt. Diese wird dann colorimetrisch mit Diphenylcarbazid bestimmt, oder kann auch nach den jüngsten Angaben von HANSEN-SCHMIDT [Arch. f. Hyg. 112, 63 (1934)] titrimetrisch bestimmt werden. Die besten Resultate erzielt man wenn 30—80% des vorgelegten Chromats verbraucht werden. Die Vorschrift lautet folgendermaßen:

Reagenzien:

1. $n/100$ Bariumchromat in $n/10$ HCl. 1,2670 g $BaCrO_4$ werden in 100 ccm n.-HCl gelöst und ad 1000 aufgefüllt. (Das Äquivalentgewicht beträgt hier $BaCrO_4/2$.)

Darstellung: 24,4 g Bariumchlorid und 14,7 g $K_2Cr_2O_7$ werden in je 500 ccm Wasser heiß gelöst und die siedenden Lösungen ineinander gegossen. Der Niederschlag wird abgesaugt, mehrmals mit schwach essigsaurem Wasser ausgekocht, dekantiert und schließlich so lange mit destilliertem Wasser ausgewaschen, bis das Waschwasser mit Carbazidreagens farblos bleibt. Das Produkt ist reines $BaCrO_4$, es wird bei 110° getrocknet.

2. Carbazidreagens. 2 g Diphenylcarbazid werden in 10 ccm Eisessig gelöst und dann 90 ccm 96% Alkohol zugesetzt.

Das käufliche Produkt ist eventuell aus heißem Wasser umzukrystallisieren. Es soll den Schmelzpunkt 164° haben.

3. Calciumhydroxyd pro analysi.

Ausführung: A. Anorganisches Sulfat im Harn:

1 ccm Harn wird im Zentrifugenglas mit 9,0 ccm $n/100$ $BaCrO_4$ versetzt und wenn der entstehende Niederschlag von $BaSO_4$ sedimentiert kommt eine Spatelspitze reines $Ca(OH)_2$ hinzu, man mischt gründlich, prüft ob die Reaktion alkalisch und filtriert nach 5 Minuten. 1 ccm klares Filtrat kommen mit 10 ccm Wasser in ein Reagensglas, dazu 1 ccm Carbazidreagens, wonach gut gemischt wird. Es entwickelt sich eine rotviolette Färbung die nach 20 Minuten colorimetriert wird. Vergleicht man im gewöhnlichen Colorimeter, so benutzt man einen Standard aus 1,0 bzw. 0,5 ccm $n/100$ $BaCrO_4$ und 10,0 bzw. 10,5 ccm H_2O und 1,0 ccm Carbazidreagens. Je 1,0 ccm $BaCrO_4$ der im Vollversuch wieder

gefunden wird entspricht 0,4904 mg H_2SO_4 oder 0,4803 mg SO_4 oder 0,1603 mg S. Die gefundene Menge muß mit 10 multipliziert werden um auf die Menge in 1 ccm Harn zu kommen.

Beispiel: Standard 0,5 ccm $n/100$ $BaCrO_4$, Schichtdicke 10 mm. Schichthöhe der Probe 28,3 mm im Mittel. Demnach in der Probe $\dfrac{0,5 \times 10,0}{28,3}$ ccm $n/100$ $BaCrO_4 = 0,1769$ ccm $= 0,0866$ mg H_2SO_4 in 1 ccm Harn 0,866 mg.

Bequemer ist die Messung im Stufenphotometer oder Polaphot [vgl. URBACH, Mikrochemie 8, 321 (1934)] mit dem Filter S 53; hier ist auch eine kleine Modifikation angegeben; es wird mit Ammoniak statt $Ca(OH)_2$ alkalisiert. Wird nach den Angaben von HANSEN-SCHMIDT titriert, so verwendet man möglichst große Mengen Filtrat, z. B. 5 ccm, die nach dem Ansäuern und Zusatz von KJ mit $n/200$ Thiosulfat titriert werden. Da aber die $BaCrO_4$ nur bezüglich der Ba-Ionen, *nicht* aber bezüglich der Oxydationswirkung $n/100$ ist, so folgt, daß 1 ccm $n/200$ Thiosulfat $= 0,16347$ mg H_2SO_4 entspricht.

Zur Bestimmung der Gesamtsulfate wird der Harn in einem Meßkolben mit dem doppelten Volumen 2,5% HCl verdünnt und 1 Stunde im Wasserbad gekocht, danach mit Chromatlösung auf das $10 \times$ Volumen aufgefüllt, z. B. 2,5 ccm Harn $+$ 5 ccm HCl 1 Stunde 60^0 und dann mit $n/100$ Bariumchromat ad 25 ccm aufgefüllt. Die weitere Behandlung ist wie oben. Die organisch gebundene Schwefelsäure stellt die Differenz der beiden Bestimmungen dar.

Zur Bestimmung des **Gesamtschwefels** im Harn oder Serum wird z. B. 0,5 ccm Serum mit 2 ccm rauchender Salpetersäure (sulfatfrei!) vorsichtig unter tropfenweisem Zusatz von Perhydrol (sulfatfrei!) in einem 10 ccm-Meßkolben verascht. Die Kjeldahlmeßkolben nach Band 1, Seite 70, sind besonders praktisch in diesem Fall. Man verdampft bis fast zur Trockne, um alles Perhydrol zu zerstören. Nach dem Erkalten füllt man mit $n/100$ Chromatlösung bis zur Marke auf und behandelt weiter wie oben. Tritt bei Zusatz der Chromatlösung eine blaue Farbe auf (Perchromsäure), weil noch Perhydrol vorhanden war, so ist die Probe zu verwerfen. Der Gesamtschwefel im Serum beträgt etwa 115 mg-%.

Manometrische Gasbestimmung im Blut. CO_2 O_2 N_2 CO. Das Blut enthält stets drei Gase, Kohlensäure, Sauerstoff und Stickstoff. Letzterer ist nur physikalisch gelöst, d. h. seine Menge ist nur abhängig von dem Partialdruck des gasförmigen Stickstoffs (vgl. hierzu Band 1, Seite 41—44) in den Lungen, der Temperatur und der Menge der im Blut *gelösten* Moleküle. Daraus ergibt sich, daß der Stickstoffgehalt bei einem Partialdruck von 0 mm = 0 Vol.-% ist und z. B. bei 760 mm Hg (bei gleicher Temperatur von 38^0) am größten für reines Wasser 1,22 Vol.-%, für Plasma 1,20 Vol.-%, für Blut 1,10 Vol.-% und schließlich für die Blutzellen 1,00 Vol.-% ist. Für einen Druck von 380 mm wäre er also die Hälfte, für 76 mm $1/10$ usw. Die Größe der *physikalischen* Löslichkeit ist charakteristisch für jedes Gas und wird als Absorptionskoeffizient bezeichnet. Folgende Tabelle nach LOEWY enthält die wichtigsten Daten.

Absorptionskoeffizient *).

für	Sauerstoff		Stickstoff		Kohlensäure	
	15^0	38^0	15^0	38^0	15^0	38^0
Wasser . . .	—	0,0237	—	0,0122	—	0,555
Blutplasma	0,033	23	0,017	12	0,994	0,541
Blut	31	22	16	11	934	0,511
Blutzellen .	25	19	14	10	825	0,450

*) Entspricht der Gasmenge in 1 ccm Flüssigkeit und bei 760 mm Druck.

Kohlensäure und Sauerstoff sind im Blut außerdem noch chemisch gebunden, der Sauerstoff an das Hämoglobin, die Kohlensäure an die Kationen, Eiweiß und das Hämoglobin. Da nun das reduzierte Hämoglobin mehr Kohlensäure zu binden vermag als das O_2-Hämoglobin, ergibt sich eine Abhängigkeit des CO_2 und O_2-Gehaltes des Blutes von einander. Dadurch werden die Verhältnisse wesentlich kompliziert und es ist nötig, will man den Gehalt des einen Gases bestimmen, das andere zu berücksichtigen. So kommt es, daß für denselben CO_2-Druck in dem Gas über dem Blute, bei Abwesenheit von O_2 mehr CO_2 gebunden wird als wenn das Blut vollständig mit O_2 gesättigt ist. (Für Plasma fällt diese Komplikation fort.) Bestimmt man so den CO_2-Gehalt eines und desselben Blutes bei verschiedenem CO_2-Gehalt der Gasphase und mit und ohne O_2, so bekommt man zwei charakteristische Bindungskurven, wenn man in einem Diagramm den CO_2-Gehalt auf der Ordinate, die CO_2-Spannung auf der Abszisse aufträgt (Abb. 4).

Das gleiche gilt für den Sauerstoff, wo sich folgendes Bild in Abhängigkeit von dem Kohlensäuregehalt ergibt (Abb. 5).

Weitere Beziehungen zum p_H usw. siehe ABDERHALDEN, Handbuch. d. biol. Arbeitsmethoden Abt. V, Teil 8, Heft 2.

HENDERSON-MURRAY: Nomographische Methoden zur Untersuchung von Blut und Kreislauf.

Die Folge ist, daß für eine klinische Blutgasanalyse niemals venöses Blut der Armvene direkt verwendet werden kann, dessen CO_2- und O_2-Gehalt stark wechselt, sondern nur arterielles Blut, bzw. venöses Blut, welches unter bestimmten Bedingungen mit CO_2 und O_2 gesättigt worden ist. Hierzu gehört:

1. Eine Vorrichtung um ein beliebiges Gasgemisch herstellen zu können.
2. Ein Tonometer, um das Blut bei 38^0 mit dem betreffenden Gasgemisch zu sättigen.

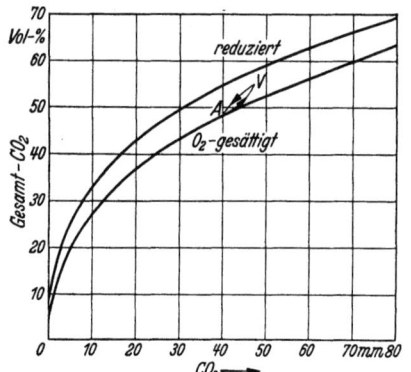

Abb. 4. Kohlensäuredissoziationskurven von reduziertem und oxydiertem Blut. A= arteriell, V= venös.

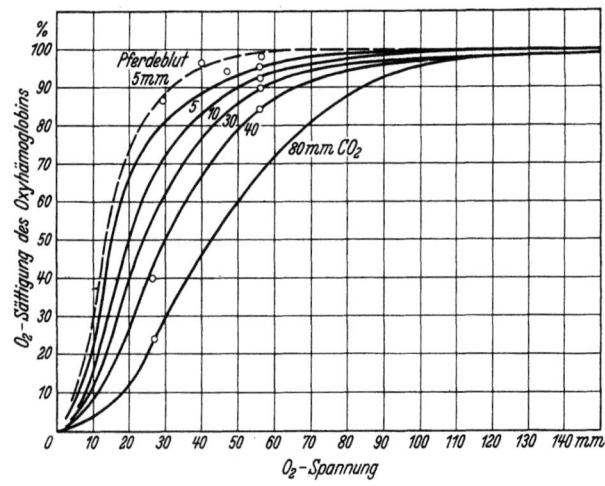

Abb. 5. Verlauf der Dissoziation des Oxyhämochroms des Hundeblutes bei 38^0.

3. Ein manometrischer Blutgasanalysenapparat nach v. SLYKE um die Blutgase zu bestimmen.

1. *Gasmischvorrichtung:* Sie besteht aus einer 3 l fassenden oben möglichst konischen, unten tubulierten Flasche, deren

Inhalt graduiert ist. Die Gradation kann man selbst auf einem aufgeklebten Leukoplaststreifen anbringen. Der Gummistopfen trägt 3 Löcher mit einem Tropftrichter, dessen Rohr bis zum Boden der Flasche geht und 2 Glasröhren. Das eine dient zur Gasentnahme, das andere ist durch einen Dreiweghahn mit je einem KIPPschen Apparat zur Entwicklung von CO_2 und H_2 verbunden (Abb. 6). Der untere Tubus der Flasche ist mit einem weiteren Hahn armiert und steht über einem Abfluß. In den Scheidetrichter hängt ein Glasrohr, welches mit einem Wasserhahn verbunden ist. Soll nun z. B. eine Mischung von 3% CO_2 in Luft hergestellt werden, so füllt man zuerst die ganze Flasche mit Wasser vom Scheidetrichter aus, schließt alle Hähne bis auf den Abflußhahn unten, läßt aus dem KIPPschen Apparat 90 ccm CO_2 einströmen, darauf durch das Gasentnahmerohr Luft bis auf 3 l. Wird jetzt der Ablaßhahn geschlossen, kurz geschüttelt und der Hahn des wassergefüllten Scheidetrichters geöffnet, so kann man das fertige Gemisch aus

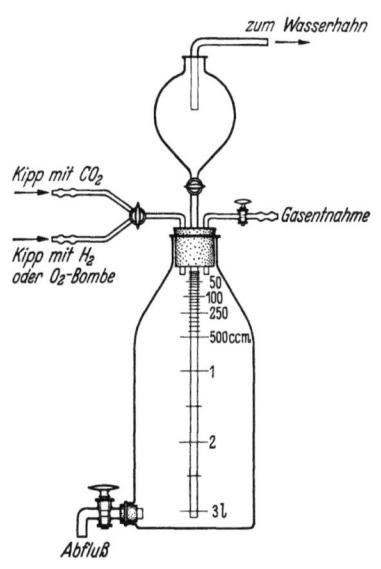

Abb. 6. Gasmischvorrichtung.

dem Gasentnahmerohr entnehmen. Soll die Mischung O_2-frei sein, so läßt man statt Luft H_2 nachströmen. Wird das Wasser aus Bequemlichkeitsgründen direkt der Wasserleitung entnommen, so entsteht ein kleiner Fehler durch die im Wasser gelösten Gase, der aber bei einer Kontrolle der Gasphase nach HALDANE nicht ins Gewicht fällt. Er läßt sich vermeiden, wenn man als Absperrflüssigkeit ausgekochte konzentrierte NaCl-Lösung oder 50% Glycerin verwendet.

2. *Tonometer.* Das zu untersuchende Blut wird mit einer *neutralen* Mischung von Na-Oxalat + Na-Fluorid versetzt und gut gemischt. Es muß aus einer ungestauten Vene entnommen sein. Man gibt davon 3 ccm in das Tonometer (Abb. 7) und füllt durch das Capillarrohr mit dem vorbereiteten Gasgemisch, indem man ungefähr 1,5 l Gasgemisch durchstreichen läßt. Es werden nun beide Quetschhähne geschlossen und das Tonometer in einem Wasserbad

von 38⁰ befestigt, wobei es gleichmäßig um seine Längsachse rotieren kann. Zu dem Zweck kommt es mit dem Stiel in ein Stück Druckschlauch der sich an einer langsam drehenden Welle befindet und mit dem Hals in eine feste Drahtschlinge (Haken) damit das Tonometer in horizontaler Lage festgehalten wird (Abb. 8). Man läßt jetzt 10 Minuten rotieren, etwa 30mal pro Minute, wobei das Blut als dünner Film auf der Wand des Glases verteilt ist. Es findet während dieser Zeit Aufnahme bzw. Abgabe von CO_2 und O_2 aus dem Gasgemisch statt, die Konzentrationen ändern sich also. Um nun eine Sättigung des Blutes unter den *gewünschten* Bedingungen zu bekommen, läßt man wie oben den Rest des Gasgemisches durch das Tonometer streichen und darauf weitere 10 Minuten im Wasserbad rotieren. Es findet jetzt kein weiterer Gasaustausch zwischen Blut und Gas mehr statt. Will man eine Bindungskurve nach Abb. 4 oder 5 anlegen, so kontrolliert man die Gaszusammensetzung mit einer Analyse nach HALDANE (siehe weiter unten), für klinische Zwecke sind die Abweichungen von den gewünschten Werten unwesentlich. Über die Berücksichtigung der Wasserdampfspannung und die Berechnung des Partialdruckes vgl. Bd 1, Seite 41 ff. Es ergibt sich noch folgende Besonderheit. Da das Gas bei Zimmertemperatur eingefüllt und dann auf 38⁰ erwärmt wird, dehnt es sich aus, der Druck steigt. Deshalb ist der Druck im Tonometer größer als außen, und man mißt den Überdruck dadurch, daß man das gebogene Rohr an ein kleines Quecksilbermanometer

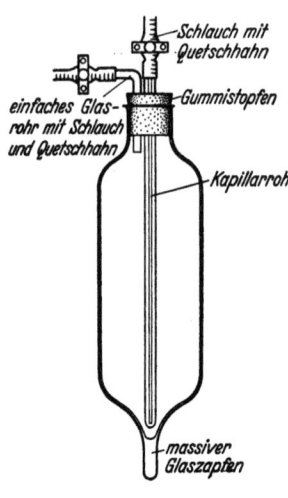

Abb. 7. Tonometer.

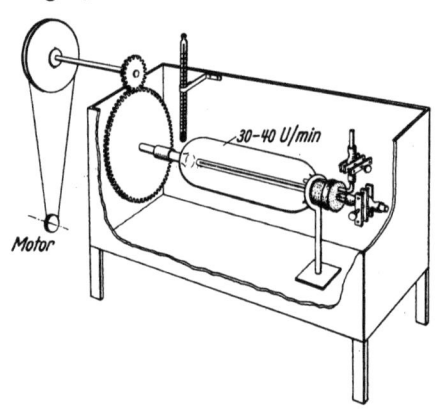

Abb. 8. Wasserbad mit Tonometer.

anschließt, den Quetschhahn kurz öffnet und den Überdruck abliest. Er sei z. B. 36 mm, Barometer abgelesen 747 mm, dann ist der Gasdruck im Tonometer $= 747 + 36 - 47$ mm $= 736$ mm. 47 mm werden für die Wasserdampfspannung bei 38^0 abgezogen.

Das eben geschilderte Verfahren kann selbstverständlich auch für Serum verwendet werden und ist dann wesentlich genauer, wie die in Band 1 zur Bestimmung der Alkalireserve beschriebene Methode. Dort liegt die Ungenauigkeit in der fraglichen Zusammensetzung der zum Sättigen der Serumprobe benutzten „Al-

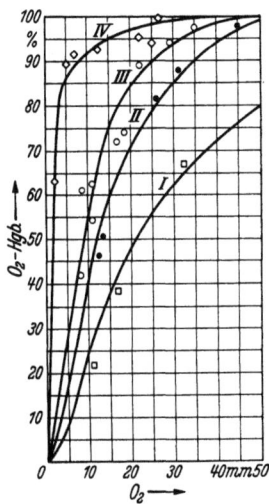

Abb. 9. O_2-Sättigung einer Hgb-Lösung bei verschiedenen Temperaturen. I bei 38^0, II bei 32^0. III bei 26^0, IV bei 14^0.

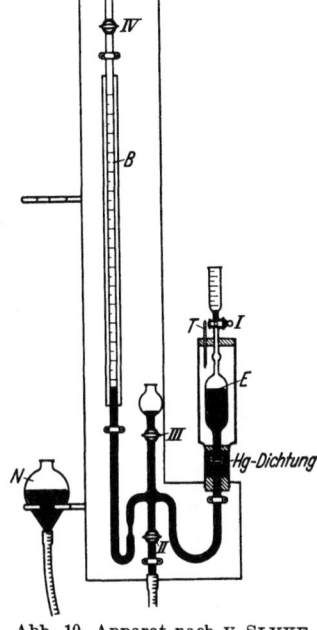

Abb. 10. Apparat nach V. SLYKE.

veolarluft" und darin, daß die Sättigung nicht bei Körpertemperatur erfolgt. Aus der Abb. 9 ist ersichtlich, welchen Einfluß die Temperatur auf die Kohlensäurebindung hat.

Ausführung: Für die manometrische Blutgasanalyse ist der in Abb. 10 dargestellte Apparat mit geschlossenem Manometer am besten zu empfehlen. Er besitzt im Gegensatz zu anderen Konstruktionen den Vorteil, daß alle zu bedienenden Teile sich in Augen- bzw. Schulterhöhe befinden. Die einzelnen Teile sind:

$N =$ Niveaugefäß, durch langen Druckschlauch mit dem Apparat verbunden.

B = Barometerrohr (geschlossen). In dem oberen Teil des Barometerrohres ist etwas konzentrierte Schwefelsäure, um den Wasserdampf zu absorbieren. Statt Schwefelsäure kann man vorteilhaft Glycerin nehmen. Es genügen die geringen Mengen, die die Glaswand befeuchten um den Wasserdampf vollkommen zu absorbieren.

E = Extraktionskammer, die auf einem Brett befestigt ist, welches in dem Gelenk G beweglich ist. Die Extraktionskammer wird von rückwärts durch einen kleinen Motor mittels Vorgelege und Riemen etwa 60mal pro Minute geschüttelt. Die Umdrehungszahl des Motors muß durch einen Widerstand regulierbar sein.

Die genaue Einteilung der Extraktionskammer ist in Abb. 11 zu sehen. Wesentlich sind die Marken bei 0,5, 2,0 und 50 ccm.

An *Hilfsapparaten* sind notwendig:

1. Hahnpipetten mit 2 Marken wie in Band 1, Seite 59 abgebildet. Hiervon hat man am besten mehrere Stück vorrätig.

2. Gefäße zum Aufbewahren der entgasten Reagenzien. Hierzu eignet sich entweder für kleine Mengen die Form nach Abb. 12, Luftabschluß (unvollkommen) durch Paraffin, oder nach Abb. 12a Luftabschluß (vollkommen) mit Quecksilber.

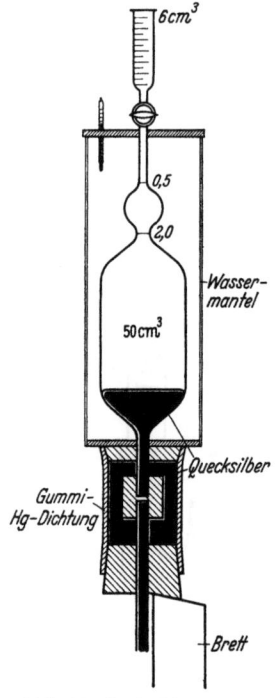

Abb. 11. Extraktionskammer des VAN SLYKE-Apparates.

3. Eine Abfangvorrichtung für das abgesaugte Quecksilber nach Abb. 13 mit Saugrohr.

4. Eine von RAPPAPORT angegebene sehr praktische Einrichtung um kleine Quecksilbermengen schnell und sicher abzugeben (Hg-Tropfer) Abb. 14.

Vorbereitung des Apparates. Durch Heben des Niveaugefäßes (Hahn II offen, Abb. 10) wird die Extraktionskammer und das Barometerrohr mit Hg gefüllt, die Hähne I und IV wieder geschlossen. Durch Hahn III läßt man etwaige Luftblasen entweichen. Die Hähne müssen alle mit erstklassigem Fett geschmiert

Apparatur nach VAN SLYKE.

sein und in der Durchsicht klar erscheinen. Jetzt senkt man das Niveaugefäß bis das Hg zur Marke 50 der Extraktionskammer (EK) gefallen ist und läßt es möglichst rasch wieder steigen. Es muß dann an den Hahn I mit hartem Klang anschlagen. Ist dies nicht der Fall, so entfernt man die kleine Luftblase und wiederholt den Versuch aufs neue. Ist auch jetzt wieder Luft ein-

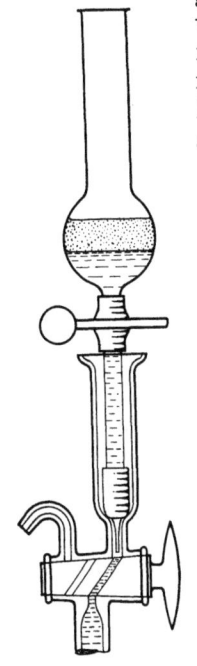

Abb. 12.

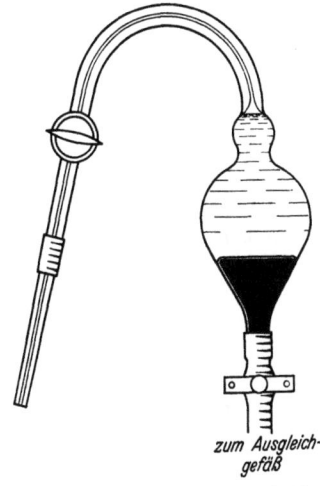

Abb. 12a. Vorratsgefäß für die Gas analyse nach VAN SLYKE.

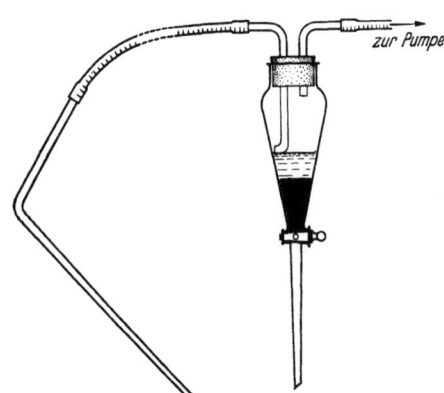

Abb. 13. Abfangvorrichtung für das abgesaugte Quecksilber nach RAPPAPORT.

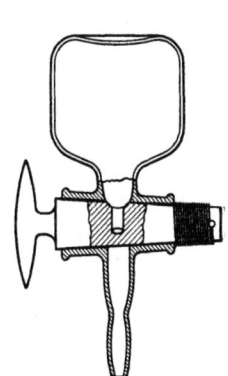

Abb. 14. Tropfvorrichtung für Quecksilber nach RAPPAPORT.

getreten, so muß Hahn I neu geschmiert werden. Die Hähne III und IV bleiben während des Analysenganges ständig geschlossen.

Reagenzien:

1. Etwa $n/10$-Milchsäure (0,9%), die auf je 100 ccm 2—3 ccm Kaprylalkohol enthält. Vor Gebrauch gut schütteln.

2. Saponinlösung: 3 g Ferricyankalium, 3 g Saponin (Merck), 40 ccm 0,9% Milchsäure, 3 ccm Kapryl- oder Oktylalkohol werden mit destilliertem Wasser ad 1000 ccm gelöst.

RAPPAPORT gibt neuerdings folgende Zusammensetzung:

A. Ferricyankalium . . . . 3,3 g
   Saponin . . . . 3,3 g
   Harnstoff . . . . 450,0 g
   Oktylalkohol . . . . 5 ccm
   Aqua dest ad . . . . 1000 ccm

B. n-Milchsäure (9%).

Vor dem Entgasen werden 6 ccm A mit 0,66 ccm B gemischt. (Letztere Mischung soll vermeiden, daß sich koagulierte Eiweißreste im oberen Teil der Kammer festsetzen.)

3. 2%ige und 4%ige Natronlauge.

4. Hydrosulfit-Reagens: 2 g pulverisiertes Natriumhydrosulfit und 0,2 g β-Anthrachinonsulfosaures Na werden in 10 ccm 2%iger NaOH gelöst, filtriert und unter Luftabschluß aufgehoben. Am besten, man filtriert direkt in die EK, entgast wie weiter unten beschrieben, und hebt in Apparat nach Abb. 12 auf. Das Reagens absorbiert Sauerstoff auch ohne das Anthrachinonpräparat, aber langsamer.

Entgasen: Da sowohl Natronlauge wie Hydrosulfit zu Gasabsorbtion unter vermindertem Druck gebraucht werden, müssen sie vor Gebrauch von dem physikalisch gelösten Gas befreit sein. Zu diesem Zweck füllt man je nach Bedarf bis zu 10 ccm luftfrei in die Kammer, dichtet den Hahn I, indem man aus dem Hg-Tropfer einen Tropfen in den Trichter fallen läßt und evakuiert, indem man das Hg durch Öffnen von Hahn II und tiefes Senken des Niveaugefäßes bis zur Marke 50 fallen läßt und dann 2 Minuten schüttelt. Danach läßt man das Hg langsam steigen, entfernt das ausgetriebene Gas durch Hahn I (Niveaugefäß oben, Hahn II und I offen), dichtet wieder mit einem Hg-Tropfer und evakuiert und schüttelt von neuem. Jetzt läßt man die Flüssigkeit wieder bis zur Marke 2 ccm in der EK steigen, liest den Manometerstand ab, entfernt die winzige Gasspur wie oben, auch wenn sie nicht sichtbar ist, und wiederholt den Prozeß so lange bis sich bei Einstellung auf Marke 2 ccm der Manometerstand nicht mehr ändert. Die solcher Weise entgasten Lösungen bringt man in Vorratsgefäße (Abb. 12 oder 12 a) in folgender Weise: Das untere Glasrohr der Vorratsgefäße wird mit einem Stück Gummi armiert und fest in den Trichter hineingepreßt (Abb. 12), Hahn bzw. Quetschhahn geöffnet. Das Niveaugefäß hängt oben, Hahn II ist geöffnet und nun wird auch Hahn I langsam geöffnet. Dann treibt der Überdruck in der EK die Flüssigkeit in die Aufbewahrgefäße. Verwendet man Modell Abb. 12 a, so muß das Niveaugefäß entsprechend hoch stehen, um den Quecksilberdruck in Gefäß 12 a zu überwinden.

Die Saponinlösung wird in Mengen von 6 ccm unmittelbar vor Gebrauch durch 3 Minuten langes Schütteln entgast und dann 4,5 ccm in den Trichter geschoben (1,5 ccm bleiben in der Kammer) und das Niveaugefäß wieder gesenkt, Hahn II bleibt offen, Hahn I geschlossen.

Analysengang: Das durch Tonometrieren vorbereitete oder aus der Arterie unter Luftabschluß gewonnene ungerinnbare Blut wird aus dem Tonometer bzw. Glas durch das gerade Rohr (Abb. 7) in die OSTWALDsche Pipette hochgesaugt und auf die obere Marke genau eingestellt. Die Spitze wird mit einem Gummischlauch armiert (Band 1, Seite 59) und in den Trichter fest eingesetzt. Die Saponinlösung befindet sich über dem abdichtenden Gummischlauch. Der Hahn der Pipette wird geöffnet, dann Hahn I langsam und vorsichtig, damit das Blut in regelmäßigem Strahl in die EK rinnt. Ist die untere Pipettenmarke erreicht, wird erst Hahn I, dann der Pipettenhahn geschlossen und die Pipette *vorsichtig* entfernt. Jetzt läßt man von der Saponinlösung in die EK noch 1 ccm bis zur Marke 3,5 ccm der Bürette nachfließen, schließt Hahn I, dichtet mit einem Tropfen Hg aus dem Hg-Tropfer, füllt auch die Hahnbohrung mit Hg und entfernt die überschüssige Saponinlösung, die mit der Luft in Berührung war, mit dem Sauger. Dann wird durch Senken des Niveaugefäßes das Hg auf Marke 50 eingestellt, Hahn II geschlossen und 3 Minuten geschüttelt. Die Saponinlösung treibt alle Gase aus dem Blut aus, sie sammeln sich in der EK, die unter sehr geringem Druck steht. Läßt man, nachdem das Schütteln beendigt ist, die Flüssigkeit bis zur Marke 2 ccm steigen, so stellt sich andererseits das Barometer auf einen bestimmten Druck p_1 ein, der für die Gesamtgasmenge in dem Raum von 2 ccm der EK charakteristisch ist. Der Druck p_1 wird an der Skala B abgelesen und notiert. Die Flüssigkeit soll in der EK so langsam steigen, daß die Marke 2 ccm nicht überschritten wird, sonst muß ein zweites Mal vollständig bis Marke 50 ccm evakuiert und von neuem auf Marke 2 eingestellt werden. Ist der

Druck p_1 notiert, so läßt man den Flüssigkeitsspiegel bis etwa zur Hälfte der EK fallen und gibt in den Trichter 1 ccm gasfreier 4%iger Natronlauge. Diese soll langsam in genau 90 Sekunden und in Portionen herabrinnen, ohne daß eine Spur Luft mitkommt, dichtet danach Hahn I wieder ab, mischt den Inhalt der EK durch leichtes Schütteln mit der Hand, stellt die Flüssigkeit wieder auf Marke 2 ccm ein und liest den Barometerdruck p_2 ab, der jetzt gefallen ist, da die CO_2 absorbiert wurde.

Jetzt läßt man aus dem Trichter, in den man 1 ccm gasfreie Hydrosulfitlösung eingefüllt hat, durch entsprechende Drehung von Hahn I sehr langsam innerhalb 3 Minuten, 0,5 ccm Hydrosulfitlösung herabrinnen, um den Sauerstoff zu absorbieren und nach Beendigung dieses Vorganges dichtet man den Hahn I. Jetzt oder auch schon während das Hydrosulfit zufließt, kann das Hg langsam hochsteigen bis nur noch eine kaum wahrnehmbare Gasblase sichtbar ist, alsdann stellt man den Flüssigkeitsspiegel wieder auf 2 ccm ein und notiert den abermals gesunkenen Barometerstand p_3. Die Einstellung des Flüssigkeitsspiegels erfolgt stets von unten in der gleichen Weise. In der EK besteht das Restgas jetzt nur noch aus Stickstoff, Edelgasen und falls vorhanden aus Kohlenoxyd, die beide nicht absorbiert worden sind. Um die Menge dieses Gases kennen zu lernen hebt man das Niveaugefäß und öffnet Hahn I so lange bis etwas Flüssigkeit austritt, dann ist der kleine Gasrest entfernt. Man dichtet den Hahn I wieder mit Hg und stellt die Flüssigkeit in der EK auf Marke 2 ccm ein und notiert den Barometerstand p_4. Nebenbei ist es wichtig, jedesmal wenn der Barometerstand am Apparat abgelesen wird, auch die Temperatur im Wassermantel der EK festzuhalten, weil der Druck des Gases von der Temperatur abhängig ist und bei den feinen Messungen schon Temperaturdifferenzen von $1/2^0$ C ins Gewicht fallen.

Ist die Analyse beendet, so treibt man die restliche Flüssigkeit in den Trichter, saugt sie ab und spült die Kammer bei geöffnetem Hahn I mit Wasser durch, indem man das Niveaugefäß senkt und hebt, dann gibt man etwa 10 ccm etwa 2% Natronlauge in die Kammer und läßt Hg unter stetem Schütteln fallen, wobei sich die koagulierten Eiweißreste lösen. Dasselbe wiederholt man mit 1—2%iger Milchsäure und zuletzt mit Wasser. Danach ist der Apparat zum nächsten Versuch vorbereitet.

Allgemein ist zur Analyse noch zu bemerken, daß die Zeit des Schüttelns möglichst gleichmäßig sein soll und am besten mit der Stoppuhr kontrolliert wird. Wird der Manometerstand abgelesen, so wird das Glasrohr mit dem Fingerknöchel betupft um eine genaue Einstellung des Quecksilbermeniskus zu erreichen.

Hat man Übung, so genügt es 4 ccm Saponinlösung zu entgasen, davon 3,5 ccm in den Trichter zu schicken (½ ccm in der Kammer) und sonst die Analyse gleichartig fortzusetzen. Soll *nur* die Kohlensäure bestimmt werden, so kann die Saponinlösung durch $n/_{10}$-Milchsäure (Reagens 1) ersetzt werden.

Berechnung: Das Prinzip, welches der Berechnung zugrunde liegt, ist folgendes: Die Menge eines Gases ist charakterisiert bei konstantem Volumen durch Druck und Temperatur, d. h. man kann die Menge eines Gases bestimmen, wenn man diese 3 Größen kennt. Bleiben 2 konstant (in diesem Fall Volumen = 2 ccm und Temperatur), so lassen sich Mengenänderungen aus der Änderung des Manometerdruckes berechnen. So läßt sich in unserem Falle aus der Druckänderung p_1-p_2 das Volumen der durch die Natronlauge absorbierten Kohlensäure berechnen. Hierfür ist es notwendig, daß man einen *Korrekturfaktor* wegen der Löslichkeit der Gase in Flüssigkeiten anbringt, der aber in der nachstehenden Tabelle bereits berücksichtigt ist (z. B. i für $CO_2 = 1{,}014$, für die anderen Gase wegen der geringeren Löslichkeit = 1,00). Der Barometerdruck wird jeweils in Millimeter bis auf $^1/_{10}$ mm abgelesen. Verwendet man 1 ccm Blut (am häufigsten), so muß die für das betreffende Gas gefundene Barometerdifferenz mit dem Faktor der Tabelle Abb. 15 mulipliziert werden, um direkt Volumenprozente (Vol.-%) zu erhalten, was angibt wieviel Kubikzentimeter des betreffenden Gases, auf 0^0 und 760 mm reduziert, sich aus 100 ccm Blut gewinnen lassen. Bei der Tabelle bedeutet:
Probe = 1 ccm = 1 ccm Blut oder Serum zur Analyse.

S = 3,5 ccm. Das Volumen Blut + Saponinlösung muß 3,5 ccm betragen.

a = 2,0 ccm. Das Gasvolumen wird auf 2 ccm in der EK eingestellt.

i = 1,014. Der Rückresorbtionsfaktor für CO_2 ist mit 1,014 berücksichtigt.

Es ist nun noch ein zweiter *Korrektionsfaktor* C nötig, der dadurch entsteht, daß durch die Absorptionsflüssigkeiten das Flüssigkeitsvolumen in der EK ständig vermehrt wird. Dadurch ändert sich die Manometerablesung um Beträge von 0,5—4,0 mm Hg, um die also die Differenzen falsch sind und zwar würden sie zu groß sein. Dieser Fehler ist für jeden Apparat konstant, solange nichts an den Mengen der Reagenzien usw. geändert wird. Man bestimmt diese Korrektur für CO_2 und O_2 ein- für allemal in folgender Weise:

6 ccm Saponinlösung werden vollständig unter den üblichen Vorsichtsmaßregeln entgast und 3,5 ccm in der EK gelassen,

Abb. 15.

Faktor für Berechnung von Vol.-% aus Gasdruck. 50 ccm Apparat.

Tempe-ratur C.°	Faktor für CO₂				Faktor für O₂			
	Probe = 0,2 ccm S = 2,0 ,, a = 0,5 ,, i = 1,03 ,,	Probe = 1,0 ccm S = 3,5 ,, a = 2,0 ,, i = 1,014,,	Probe = 2,0 ccm S = 7,0 ,, a = 2,0 ,, i = 1,00 ,,	Probe = 0,2 ccm S = 2,0 ,, a = 0,5 ,, i = 1,00 ,,	Probe = 0,5 ccm S = 3,5 ccm a = 0,5 ccm i = 1,00 ccm	Probe = 1 ccm S = 3,5 ccm a = 2,0 ccm i = 1,00 ccm	Probe = 0,5 ccm i = 1,00 ccm	Probe = 2 ccm S = 7 ccm a = 2,00 ccm i = 1,00 ccm
15	0,335	0,2725	0,1483	0,312	0,0623	0,2493	0,0317	0,1251
16	0,333	0,2711	0,1470	0,310	0,0621	0,2485	0,0315	0,1246
17	0,331	0,2697	0,1459	0,309	0,0619	0,2478	0,0314	0,1242
18	0,330	0,2683	0,1449	0,308	0,0617	0,2468	0,0312	0,1237
19	0,328	0,2669	0,1439	0,307	0,0615	0,2459	0,0311	0,1232
20	0,327	0,2655	0,1429	0,307	0,0613	0,2450	0,0309	0,1228
21	0,326	0,2640	0,1419	0,306	0,0610	0,2441	0,0308	0,1224
22	0,324	0,2626	0,1410	0,305	0,0608	0,2432	0,0306	0,1219
23	0,323	0,2613	0,1401	0,303	0,0606	0,2423	0,0305	0,1215
24	0,322	0,2600	0,1391	0,302	0,0604	0,2414	0,0303	0,1210
25	0,320	0,2588	0,1382	0,301	0,0602	0,2406	0,0302	0,1206
26	0,318	0,2575	0,1373	0,300	0,0600	0,2398	0,0301	0,1202
27	0,317	0,2562	0,1364	0,299	0,0598	0,2390	0,0299	0,1198
28	0,316	0,2549	0,1356	0,298	0,0596	0,2382	0,0298	0,1193
29	0,314	0,2537	0,1349	0,297	0,0593	0,2374	0,0296	0,1189
30	0,313	0,2526	0,1341	0,296	0,0592	0,2366	0,0295	0,1185
31	0,312	0,2515	0,1333	0,295	0,0590	0,2358	0,0294	0,1181
32	0,311	0,2504	0,1325	0,294	0,0588	0,2350	0,0292	0,1177
33	0,310	0,2493	0,1318	0,293	0,0586	0,2342	0,0291	0,1173
34	0,308	0,2482	0,1310	0,292	0,0583	0,2333	0,0290	0,1169

die Flüssigkeit auf die Marke 2,0 ccm eingestellt und das Manometer p_1' abgelesen. Dann läßt man wie bei der Vollanalyse 1 ccm n-NaOH einlaufen und notiert wieder den Manometerstand p_2'. Alsdann werden 0,5 ccm Hydrosulfit zugesetzt und der Manometerstand p_3' notiert. Die Korrektur für CO_2 ist dann $C_{CO_2} = p_1' - p_2'$ und für O_2 ist sie $C_{O_2} = p_2' - p_3'$, die natürlich nur bei einem Gasvolumen von 2,00 ccm gelten.

Beispiel: Angenommen, es seien folgende Werte abgelesen worden:

$p_1 = 524{,}1 \quad p_2 = 338{,}7 \quad p_3 = 287{,}3 \quad p_4 = 282{,}5$
$C_{CO_2} = 1{,}30 \quad C_{O_2} = 1{,}40$
$t = 20{,}0^0$ C.

Für die CO_2 errechnet sich dann:

$p_1 - p_2 - C_{CO_2} = 524{,}1 - 338{,}7 - 1{,}3 = 184{,}1$.

Faktor aus Tabelle Seite 36 für CO_2,
Probe 1 ccm und 20^0 f = 0,2655
Vol.-% $CO_2 = 184{,}1 \times 0{,}2655 = \mathbf{48{,}9}$ Vol.-% CO_2.

Für Sauerstoff:

$p_2 - p_3 - C_{O_2} = 338{,}7 - 287{,}3 - 1{,}4 = 50{,}0$

Faktor aus Tabelle Seite 36 für O_2,
Probe 1 ccm und 20^0 f = 0,2450
Vol.-% $O_2 = 50{,}0 \times 0{,}2450 = \mathbf{12{,}25}$ Vol.-% O_2.

Für Stickstoff:

$p_3 - p_4 = 287{,}3 - 282{,}35 = 4{,}95$

Faktor aus Tabelle Seite 36 ist derselbe wie für O_2.
Vol.-% $N_2 = 4{,}95 \times 0{,}2450 = \mathbf{1{,}212}$ Vol.-% N_2.

Die Menge Stickstoff ist nur sehr geringen Schwankungen unterworfen und wird allgemein mit 1,2 Vol.-% angenommen. Änderungen treten auf bei großer Höhe und langer reiner Sauerstoffatmung.

Soll etwa noch CO aus klinischen oder experimentellen Gründen mitbestimmt werden, so ist natürlich die Differenz $p_3 - p_4$ größer z. B. 25,0.

Dann errechnet sich das Gasvolumen für $N_2 + CO$

$\quad = 25{,}0 \times 0{,}2450$
$\quad = 6{,}11$ Vol.-%.

Davon sind abzuziehen 1,21 Vol.-% Stickstoff
es bleiben also . . 4,90 Vol.-% CO.

Zu der Tafel Seite 36 ist noch zu bemerken, daß die Analyse ebenfalls mit größeren oder kleineren Blutmengen ausführbar ist, je nachdem ob viel oder weniger Gas zu erwarten ist. Hierfür sind die Faktoren C_{CO_2} und C_{O_2} gesondert zu bestimmen, weil sich auch die Flüssigkeitsmengen usw. ändern. Die Angaben der Tabelle sind sinngemäß zu verwerten.

Will man die *prozentuale Sauerstoffsättigung* von Arterienblut bestimmen so analysiert man zuerst das unmittelbar aus der Arterie unter Luftausschluß gewonnene Blut. Dann sättigt man von demselben Blut eine zweite Probe im Tonometer mit reiner Luft und analysiert wieder. Der jetzt gefundene O_2-Gehalt stellt eine 100%ige Sättigung mit O_2 dar, er sei z. B. 19,85 Vol.-%. Im Arterienblut seien gefunden 19,21 Vol.-% O_2, demnach ist das arterielle Blut zu $\dfrac{19,21 \times 100}{19,85} = 96,9\%$ gesättigt. Ferner ergibt sich aus der Tatsache, daß 1 g Hämoglobin 1,34 ccm Sauerstoff zu binden vermag, daß die Blutprobe $\dfrac{19,85}{1,34} = 14,72$ g Hgb in 100 ccm enthält. Auch weitere Analysen sind mit der manometrischen Gasanalyse ausgearbeitet worden, die aber an dieser Stelle nicht erwähnt werden sollen.

Reinigen von Hg: Eine wichtige Arbeit ist die Wiedergewinnung des Quecksilbers, welches von dem Sauger mitgerissen wird und in der Sammelflasche mit Blut und Reagensresten stark verunreinigt zurückbleibt. Man schüttelt diese Quecksilberrückstände am besten in einem Scheidetrichter mit verdünnter Natronlauge um die Eiweißstoffe in Lösung zu bringen, dann zweimal mit alkoholischer NaOH, um Oktylalkohol und Fette zu entfernen, schließlich mehrmals mit Wasser, dann mit verdünnter Salpetersäure und zuletzt wieder mit Wasser, bis dieses neutral bleibt. Dann trennt man vorsichtig vom Wasser, entfernt die oberflächlichen Tropfen durch Betupfen mit Fließpapier und filtriert schließlich durch ein dickes trockenes Filter, in welches man mit einer Nadel ein feines Loch gestoßen hat. So gereinigtes Quecksilber ist wieder brauchbar.

Gasanalyse nach HALDANE. Um größere Mengen Gas auf CO_2 und O_2 zu analysieren, verwendet man den Apparat nach HALDANE, in der nach Abb. 16 modifizierten Form[1]):

I ist die Meßbürette in einem Wassermantel, der gleichzeitig das Thermo-Barometerrohr einschließt. Es hat den Zweck Temperaturschwankungen während der Analyse, die sich sonst als Volumenänderung auswirken würden, zu kompensieren.

II ist die Absorptionspipette für CO_2 mit 30%iger KOH gefüllt. Die Pipette selbst hat einen Inhalt von 10 ccm und ist mit

---

[1]) Von BLECKMANN und BURGER, Berlin N 24, Ziegelstr.

dem Vorratsgefäß durch zwei Röhren mit einem Ventil so verbunden, daß die gesamte KOH in der Pipette beim Arbeiten zirkuliert. Ein Natronkalkrohr verhindert den CO_2-Zutritt der Luft.

III ist die Absorptionspipette für O_2, ebenso konstruiert wie II, der Inhalt beträgt nur 9 ccm und die Absorptionsflüssigkeit (13 g

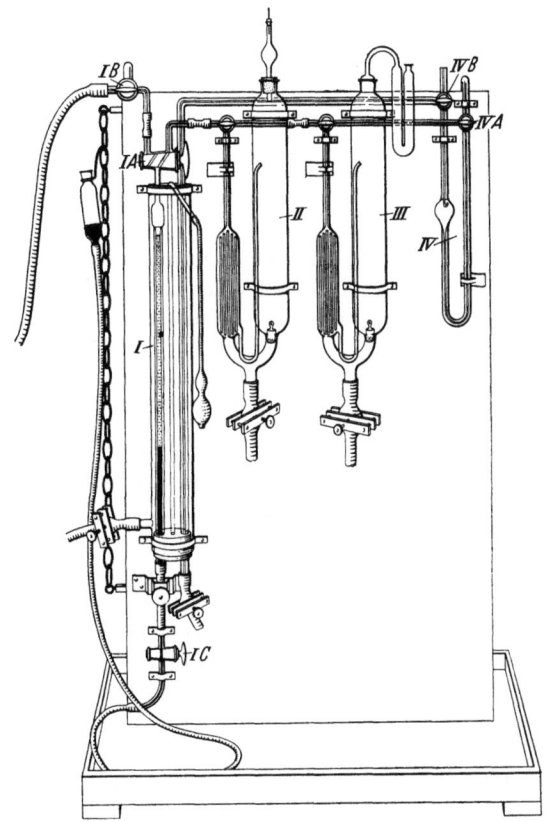

Abb. 16. Gasanalysenapparat nach HALDANE.

Pyrogallol resublimatum in etwa 150 ccm 30%iger KOH) ist gegen den Luftsauerstoff durch einen Wasserabschluß abgeschlossen.

IV ist das Differentialmanometer, welches mit seinem linken Schenkel mit der Meßbürette, mit dem rechten mit dem Thermo-Barometerrohr verbunden ist. Das Manometer ist mit 0,1%iger Na-Cholatlösung und etwas Farbstoff (Trypanblau) gefüllt. Hahn IVa ist da, um den Apparat auf Dichtigkeit zu prüfen, und IVa und IVb, um Überdruck aus dem Apparat entfernen zu können. Durch IVa können auch die Restgase nach der Analyse entfernt werden. Die Meßbürette trägt am oberen Teil einen Parallelhahn IA, wodurch ihr Inhalt wahlweise entweder durch den Dreiweghahn IB mit dem Gasrezipienten oder mit den Absorptionspipetten bzw. dem Differentialmanometer verbunden werden kann. Der Dreiweghahn trägt nach hinten ein kleines Wasserventil als Abschluß. Die *Einstellmarken* an den beiden Absorptionspipetten und dem Manometer sind beweglich aus Celluloid nach Abb. 17 angebracht. Das Niveaugefäß ist mit der Meßbürette durch einen hinreichend langen Druckschlauch verbunden und durch einen Hahn Ic absperrbar. Die Einstellung des Hg in der Bürette kann durch einen Quetschhahn sehr fein geregelt werden. Vor der Analyse wird der Apparat, Bürette bis zum Manometer von Sauerstoff und Kohlensäure befreit. Hierzu wird die Bürette mit Luft gefüllt und dann durch entsprechende Hahnstellung die Verbindung mit Hahn III hergestellt. Darauf wird durch abwechselndes Heben und Senken des Niveaugefäßes das Gas nach III getrieben und wieder in die Bürette gesaugt. Dabei darf das Hg nicht den Hahn IA, die Pyrogallollösung nicht den Hahn III berühren. Ist etwa ,,20mal geschwenkt,, worden, so wird die Luft in der Bürette gesammelt und Verbindung mit Hahn II hergestellt. (Hahn III kann in seiner Stellung bleiben.) Es wird jetzt etwa 5mal geschwenkt, damit die geringe Luftmenge, die sich zwischen Hahn II und der Kalilauge befand, sich mit der relativ großen Menge des schon sauerstoffreien Gases mischt und so ebenfalls O_2-frei wird. Dann wird auf die Marke eingestellt, neuerdings Gefäß II abgeschlossen und noch etwa 10—15mal nach III geschwenkt. Nun geht man mit dem Niveaugefäß langsam herunter, bis das Pyrogallol im Hals von III steht, sperrt Hahn Ic ab, dann Hahn III und stellt nun *alle* Marken auf den untersten sichtbaren Meniskus der Flüssigkeiten ein. Durch den Wassermantel von I bläst man mit dem Gummigebläse Luft und rückt die Marke des Thermobarometers so lange nach, wie sich der Meniskus verschiebt. *Von nun an dürfen die Marken nicht mehr verschoben werden.* Man *notiert* die Ablesung in der Bürette, verbindet mit III und schwenkt von neuem 10mal. Dann kommt das Hg in die Bürette zurück, und wenn die Pyrogallol-

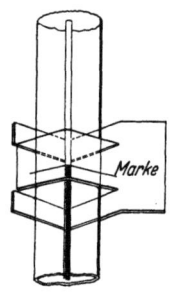

Abb. 17. Bewegliche Einstellmarke aus Celluloid.

lösung ungefähr an der Marke steht, wird Hahn I c geschlossen und die Feineinstellung auf die Marke mit dem Quetschhahn bewirkt. Danach wird Hahn III abgeschlossen und wieder mit dem Quetschhahn die Feineinstellung auf die Marke des Manometers vorgenommen, indem man gleichzeitig Luft durch den Wassermantel bläst. Die Einstellung der Menisken wird dadurch erleichtert, daß man den Schlauch über I c mit den Fingern wiederholt kurz zusammenpreßt. Hat sich das Volumen in der Bürette nicht geändert, so ist der Apparat O_2-frei und dicht, anderenfalls muß der Vorgang bis zur konstanten Ablesung wiederholt werden, bzw. die Undichtigkeit, die meist an einem Hahn liegt, beseitigt werden. Um einen Druckausgleich innerhalb des Apparates herbeizuführen, werden jetzt die Verbindungen nach II und III nach dem Manometer nacheinander geöffnet, und die Marken wieder auf die Menisken der Flüssigkeiten eingestellt. Dann kommen die Hähne in Ruhestellung, I A wird nach I B hin geöffnet, I c geöffnet, das Niveaugefäß gehoben und die Restgase durch das Wasserventil hinter I B entfernt. Das Hg in der Bürette steigt bis fast an I A.

Soll jetzt eine Analyse eingefüllt werden, so wird an den linken Schenkel von I B der Gasrezipient angeschlossen und die Verbindung nach I A freigegeben. Wird darauf der Hahn des Gasrezipienten (siehe Abb. 19) geöffnet, so drückt das Hg des Rezipienten etwas Gas in die Bürette. Dreht man jetzt den Hahn I B so, daß die Verbindung zum Wasserventil frei ist, so drückt das Hg des Niveaugefäßes das Gas aus der Bürette. Wird I B wieder zurückgedreht, so strömt wieder Gas in die Bürette und so fort, bis der tote Raum zwischen Rezipient und Bürette durch 3—4malige Wiederholung ausgewaschen ist. Jetzt senkt man das Niveaugefäß bis etwas unter die 10 ccm Marke, wodurch die Bürette gefüllt wird. Nun wird I B langsam nach dem Wasserventil geöffnet, wobei der Überdruck aus der Bürette verschwindet; I c wird geschlossen und der Hg-Meniskus in der Bürette auf genau 10,00 ccm mit dem Quetschhahn eingestellt. Dann wird I A um 180° zum Manometer gedreht, Temperaturausgleich im Wassermantel herbeigeführt und die Marke im Manometer auf den Meniskus eingestellt, wo sie für die Dauer der Analyse bleibt. *Im Verlauf einer Analyse darf keine Marke irgendwie verschoben werden.* Das Volumen der Probe beträgt genau 10,00 ccm. Es wird Verbindung mit II hergestellt und in der oben beschriebenen Weise etwa 15mal geschwenkt, und die CO_2-Absorption fortgesetzt, bis Volumenkonstanz erreicht ist. Hierzu wird jedesmal zuerst durch Senken des Niveaugefäßes die KOH bis an die Marke gebracht, Hahn I c geschlossen, die Feineinstellung durch den Quetschhahn bewirkt, Hahn II geschlossen, d. h. die Verbindung zum Manometer hergestellt und auch hier der Meniskus durch Drehen des Quetschhahnes auf die Marke eingestellt und darauf, sobald Temperaturausgleich eingetreten ist, das Volumen in der Bürette abgelesen.

In gleicher Weise verfährt man zur Bestimmung des Sauerstoffs. Hahn III wird geöffnet, etwa 20mal geschwenkt, dann der Luftrest aus II gemischt (siehe oben), wieder 10mal nach III geschwenkt und schließlich die Ablesung vorgenommen.

Werden die Ablesungen nicht konstant, so liegt dies meistens an Undichtheiten der Hähne. Man prüft sie am besten, indem man die Bürette mit einer gemessenen Menge Gas füllt und I A zum Manometer öffnet, aber IV A gegen die Meßbürette absperrt und dann das Niveaugefäß an der höchstmöglichen Stelle befestigt; nach etwa 5 Minuten wird kontrolliert, ob sich die Flüssigkeitsmenisken verschoben haben, oder ist dies nicht der Fall, ob das Gasvolumen in der Bürette, nachdem wieder auf die Manometermarke des Thermobarometers eingestellt war, abgenommen hat. Hat sich eine Undichtigkeit gezeigt, so muß der betreffende Hahn neu geputzt und geschmiert werden, oder falls alles dicht ist, müssen die Absorptionsflüssigkeiten erneuert werden. Hähne sind in jedem Fall neu zu schmieren, wenn sie mit KOH oder Pyrogallol in Berührung gekommen sind.

Die Gasanalyse nach HALDANE ist eine Kunst, die viel Übung erfordert und man schwenke deshalb zuerst langsam und vorsichtig, bis man Gefühl dafür hat, wie hoch das Niveaugefäß gehoben bzw. gesenkt werden darf.

Auch die Handgriffe für die richtige Einstellung der verschiedenen Hähne ist nach kurzer Zeit erlernt.

Neben der Gasanalyse bei der Blutgasbestimmung wird der Gasanalysenapparat nach HALDANE noch gebraucht zur Bestimmung des Gasstoffwechsels, sei es in der Ruhe (Grundumsatz nach DOUGLAS oder SIMONSEN), sei es des Arbeitsstoffwechsels. Die Apparatur (DOUGLAS) besteht:

1. Aus einer luftdicht abschließenden Gasmaske mit Ein- oder Ausatmungsventil oder einem entsprechenden Mundstück mit Nasenklemme. Erstere wird vielfach vorgezogen, weil dabei die Mundatmung vermieden wird.

2. Gasdichten Säcken von 100—200 ltr., in welchen die Exspirationsluft aufgefangen wird.

3. Einem großen Dreiweghahn, welcher es gestattet den Strom der Ausatmungsluft zu beliebiger Zeit abzustoppen bzw. auf einen anderen Sack umzuschalten.

4. Einer Gasuhr, um das Volumen der Exspirationsluft messen zu können.

5. Gasrezipienten nach Abb. 18, je 6 in einem Holzgestell mit einer Niveaukugel verbunden. Die Rezipienten können nacheinander benutzt werden, da sie einzeln gegen das Niveaugefäß durch einen Hahn absperrbar sind.

6. Dem oben beschriebenen Analysenapparat.

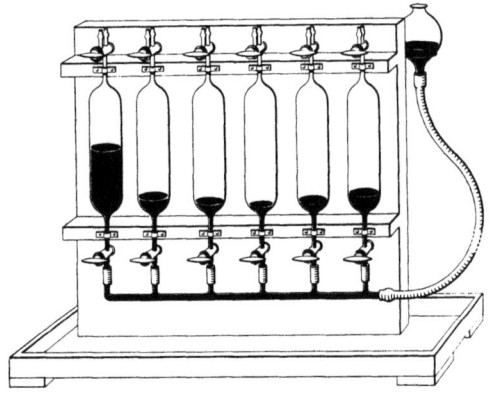

Abb. 18. Glasrezipienten zum Aufbewahren von Gasproben.

7. Einer einfachen Ölpumpe, um den Inhalt der Gassäcke durch die Gasuhr zu treiben. Eine Wasserstrahlpumpe ist auch verwendbar

Für die **Grundumsatzbestimmung** sind die allgemein gültigen Bedingungen über Kost, Ruhe usw. zu beachten. Von der mit der Gasmaske aufgefangenen Exspirationsluft wird ein kleiner Teil in dem Rezipienten gesammelt, indem der tote Raum der Verbindungsschläuche gut ausgewaschen und unter Druck aufbewahrt wird. Dann wird das Volumen der Exspirationsluft, die für einen genau gemessenen Zeitabschnitt von 10—20 Minuten gewonnen wurde, mit der Gasuhr gemessen und sowohl Temperatur wie Druck registriert, woraus sich dann das reduzierte Volumen bei 0^0—760 mm Hg errechnen läßt (vgl. Band I, S. 43). Die Probe im Rezipienten wird analysiert und nun aus Volumen und Zusammensetzung der Gasumsatz berechnet.

Beispiel: Versuchsdauer 10 Minuten, Temperatur 20^0, Bar. 760 mm, Wasserdampfspannung 20 mm (Band I, S. 42), Reduktionsfaktor für 20^0 C und

$$760-20 = 740 \text{ mm} \ldots = 0{,}90748$$
$$\text{Gasvolumen gemessen} . = 63{,}8 \text{ l}$$
$$\text{reduziert} \ldots \ldots = 57{,}9 \text{ l}.$$

Analyse gefunden . . 3,36% CO_2 16,67% O_2
Atmosphäre . . . . 0,03% CO_2 20,93% O_2
Mithin werden . . . 3,33% CO_2 und 4,26% O_2

ausgeschieden resp. verbraucht und in 10 Minuten

$$\frac{3{,}33 \times 57{,}9 \text{ l}}{100} CO_2 = 1{,}93 \text{ l} \text{ und } \frac{4{,}26 \times 57{,}9 \text{ l}}{100} O_2 = 2{,}47 \text{ l}.$$

Der respiratorische Quotient, d. h. das Verhältnis von

$$\frac{CO_2}{O_2} = \frac{1{,}93}{2{,}47} = 0{,}782 \text{ RQ}.$$

Solange der respiratorische Quotient nicht wesentlich von 0,8 abweicht, ist man berechtigt anzunehmen, daß für jedes Liter O_2, welches pro Tag verbraucht wird, 4,9 Cal frei werden, so daß sich der Grundumsatz in Calorien pro Tag ausdrücken läßt. Er wäre im obigen gleich

$$0{,}247 \times \underbrace{60 \times 24 \times 4{,}9}_{0{,}247 \times 7050} = 1740 \text{ Calorien}$$

Der Sollumsatz, d. h. die für den normalen Menschen gültige Größe, die abhängig ist von Alter, Geschlecht, Größe, Gewicht und Körperoberfläche, kann aus den Tabellen von BENEDIKT errechnet werden. Die Abweichungen von dieser Größe werden mit $+$ und $-$ bezeichnet und in % des Normalwertes ausgedrückt.

Wir finden gesteigerte Werte bei Basedow, Thyreotoxikosen und dekompensierten Herzkranken, zu kleine Werte bei Myxödem und besonders Hypophysenerkrankungen (SIMMONDsche Kachexie), bei Schizophrenie und einigen Formen der Fettsucht.

Für die ähnliche Methode nach SIMONSEN muß auf die Spezialliteratur verwiesen werden.

READsche Formel. Außer durch gasanalytische Untersuchungen kann der Grundumsatz nach READ und BARNETT [Proc. Soc. exper. Biol. a. Med. **31**, 723 (1934)] auch aus Pulszahl und Blutdruck berechnet werden. Die Formel lautet zur Berechnung des Calorienbedarfs pro Stunde und Quadratmeter Oberfläche

$$\text{für Männer} = \frac{\text{Pulszahl} \times \text{Blutdruckamplitude}}{200} + 27,$$

für Frauen $= \dfrac{3 \times \text{Pulszahl} \times \text{Blutdruckamplitude}}{700} + 24.$

Bezogen auf den Calorienbedarf lautet die Formel
G U. $= 0{,}75$ (p $+ 0{,}74$ A) $- 72$
(p $=$ Pulszahl, A $=$ Amplitude).

Im allgemeinen wird im Vergleich mit gasanalytischen Methoden eine befriedigende Übereinstimmung gefunden, nur bei Basedow mit einer Grundumsatzsteigerung über 45% liefert die Formel zu kleine Werte. Auch sind kardiale und renale Dekompensationen, Arrhytmien und Hypertonien mit mehr als 160 mm Blutdruck auszuschließen (UMBER, Dtsch. med Wschr. 1932 II, 1279). Von HABS (Dtsch. med. Wschr. 1933 I, 333) ist ein einfaches Nomogramm entworfen worden, welches jede Rechnung erspart. Man benutzt es, indem man durch einen Faden die gefundene Pulszahl auf der linken Kurve mit der Zahl der Blutdruckamplitude der rechten Skala verbindet. Der Schnittpunkt mit der mittleren Skala zeigt die prozentuale Grundumsatzsteigerung oder Senkung an (Abb. 19, S. 46).

Die klinisch einfachste Grundumsatzbestimmung ist die nach KROGH. Allerdings kann die CO_2-Abgabe und damit der Respirationsquotient nicht bestimmt werden, was aber in den meisten Fällen ohne Bedeutung ist. Der Apparat stellt mit den Lungen ein geschlossenes, mit Sauerstoff gefülltes System dar, in welchem die bei jedem Atemzug erfolgte Volumenverminderung durch O_2-Aufnahme mechanisch registriert wird, da die gebildete CO_2 gleichzeitig von Natronkalk absorbiert wird. Eine genaue Beschreibung liegt jedem Apparat bei und ist deshalb hier überflüssig. Ein handliches Modell ist mir von LEITZ-BERGMANN, Berlin NW 7, Luisenstraße bekannt.

Stellt schon die Methode von DOUGLAS bei den Patienten gewisse Anforderungen an die Atemtechnik, besonders Hyperventilation ist zu vermeiden, so in noch erhöhtem Maße bei der Methode von KROGH, weil hier eine absolut gleichmäßige Atmung erforderlich ist. Nur dann lassen sich die kurvenförmig aufgezeichneten Diagramme ausmessen und zur Grundumsatzbestimmung verwerten.

Alveolarluft. Die Bestimmung der Zusammensetzung der Alveolarluft ist ein Mittel, um den Gasaustausch der Lunge zu prüfen, insbesondere um festzustellen, ob irgendwelche Störungen im Diffusionsaustausch des Gases zwischen dem Inhalt der Alveolen und dem Blut vorliegen. Im normalen Zustand ist die dünne Wand der Alveolen ohne merklichen Widerstand für die

Gasdiffusion, d. h. zwischen der in den Alveolen gefundenen Gasspannung und der aus den Sättigungswerten des arteriellen Blutes errechneten Spannung ist nur eine Differenz von 1 mm Hg für O_2. Für CO_2 kommt eine Differenz wegen der bedeutend größeren Diffusionsgeschwindigkeit nicht in Betracht (vgl. hierzu Handb.

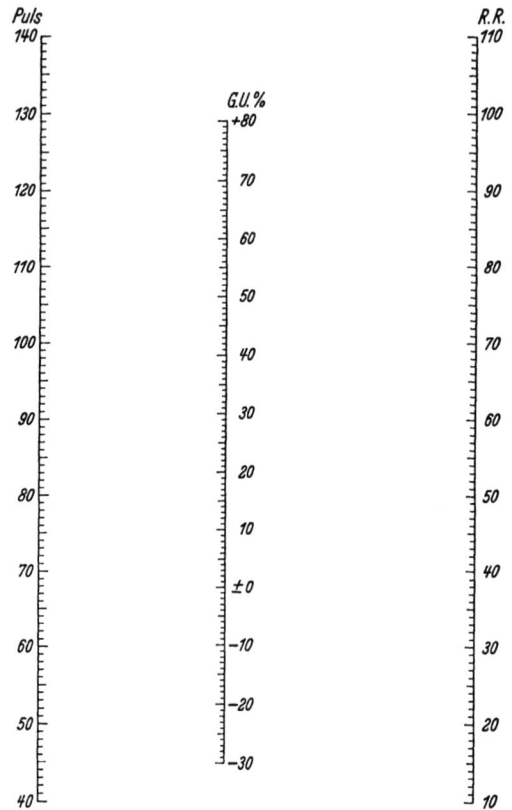

Abb. 19. Nomogramm nach HABS zur Bestimmung des Grundumsatzes.

der biol. Arbeitsmethoden Abt. V, Teil 8, Heft 2, S. 318). Überall dort, wo der Diffusion Widerstände entgegentreten, ist diese Differenz für O_2 größer und kann bis zu 5 mm betragen. Hierher gehören Stauungslunge, Ödem und ähnliche Zustände. Bei acidotischen Zuständen ist die CO_2 der Alveolarluft entsprechend der verminderten Alkalireserve herabgesetzt.

Die Schwierigkeit der Bestimmung liegt in der Alveolarluftgewinnung. Die einfachste Apparatur ist von HENDERSON angegeben. Sie ist in Abb. 20 dargestellt und es ist darauf zu achten, daß Schlauch und Glasrohre genügend weit sind, damit sie der Ausatmung keinen großen Widerstand entgegensetzen. Das innere Gefäß wird zuerst durch Ansaugen mit Wasser gefüllt. Dann nimmt der Patient den Schlauch in den Mund und atmet ruhig durch die Nase ein und aus. Am Ende einer normalen Ausatmung hält er sich am besten selbst mit der linken Hand die Nase zu und öffnet gleichzeitig die Klemme am Schlauch, dann atmet er nochmal tief aus. Auf solche Weise werden etwa 500ccm Exspirationsluft durch den Apparat geblasen, der tote Raum der Trachea und des Mundes mit Alveolarluft ausgewaschen und wenn am *Ende* der tiefen Exspiration die Klemme wieder schnell geschlossen wird, ist das innere Gefäß mit Alveolarluft gefüllt. Da der ganze Vorgang nur wenige Sekunden dauert, kann man mehrere Proben entnehmen und aus der analytischen Übereinstimmung nach HALDANE prüfen, ob die Werte mit etwa 0,05% übereinstimmen. Nur dann ist mit Sicherheit anzunehmen, daß man wirklich Alveolarluft gewonnen hat.

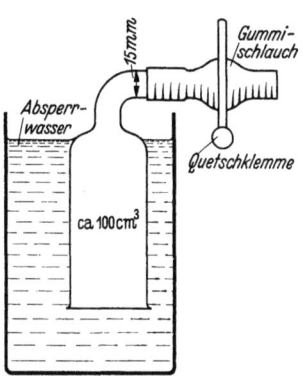

Abb. 20.
Apparat zur Gewinnung von Alveolarluft nach HENDERSON.

Eine zweite praktisch sehr brauchbare Methode ist ebenfalls von Y. HENDERSON angegeben und vermeidet vor allem den „Exspirationsstoß". Die Konstruktion geht von dem Gedanken aus, daß die letzten Kubikzentimeter einer normalen Exspiration immer Alveolarluft sind und wenn man diese letzten Reste der Ausatmungsluft unmittelbar vor dem Mund in einer großen Reihe von Einzelatemzügen kontinuierlich absaugt, gelingt es eine zur Analyse hinreichende Probe Alveolarluft in 5—10 Minuten zu sammeln. Die ursprüngliche Apparatur ist zuletzt von BAUMANN und LAUTER [Arch. f. exper. Path. **132**, 253 (1928)] modifiziert worden, und verlangt von dem Patienten nichts anders als ein ruhiges und gleichmäßiges Atmen für 10 Minuten [vgl. auch MOBITZ, Klin. Wschr. S. 209 (1927)]. Die Übereinstimmung der Kontrollen ist sehr gut. Das Atmungsventil ist so gebaut, daß bei der Inspiration durch Drosselung des Inspirationsschlauches in dem Mittelstück ein geringer Unterdruck entsteht, wodurch mit Hilfe der Glasgefäße 6—8 eine Spur der Exspirationsluft, die sich *unmittelbar* vor dem bei der Einatmung geschlossenen Ausatmungsventil befindet, in das Gefäß 6 (Abb. 21) gesaugt wird. Da sich der Vorgang in 10 Minuten etwa 150mal wiederholt, ist nach dieser Zeit reine Alveolarluft in 6, die dann zur Analyse direkt in den HALDANEschen Gasanalysenapparat übernommen wird.

Mitunter ist es wichtig, den **Wassergehalt von Blut oder Serum** kennenzulernen, um entscheiden zu können, ob es sich bei geänderter Konzentration eines Stoffes um eine Änderung des Gehalts oder um eine allgemeine Wasserverschiebung handelt. Die einfachste und zuverlässigste Methode ist die Trocknung bei Gewichtskonstanz. Man wägt in einem kleinen geschlossenen Wägeglas einen oder mehrere Streifen Filtrierpapier bis auf $1/10$ mg genau ab, nachdem sie vorher in einem Trockenschrank bei etwa 80^0 in dem Wägeglas getrocknet worden waren. Hat man das genaue Trockengewicht (Gewicht A) gefunden, so gibt man 0,5—1 ccm Blut oder Serum auf das Fließpapier und wägt bei geschlossenem Deckel wieder (Gewicht B). Dann stellt man das Gläschen mit geöffnetem Deckel in den Trockenschrank (80^0). Durch das Fließpapier ist die Oberfläche stark vergrößert und die Verdunstung des Wassers geht schnell vor sich. Man wiegt nun zurück, bis zwei aufeinanderfolgende Wägungen höchstens $1/10$ mg Gewichtsdifferenz geben (Gewicht C). Die Zeit, die zur Trocknung notwendig ist, hat man bald gefunden.

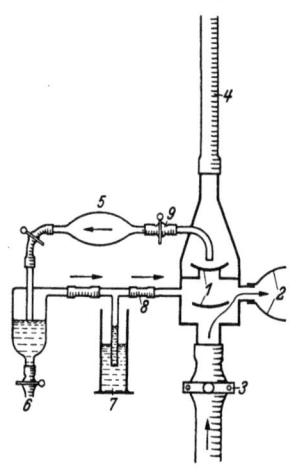

Abb. 21. Apparat zur Gewinnung von Alveolarluft nach MOBITZ.
1 Ventilgummiklappen
2 ZUNTZsches Gummimundstück
3 Schraubenklemme am Inspirationsschlauch
4 Exspirationsschlauch
5 Alveolarluftsammeltube
6 MÜLLERsches Ventil
7 Wassermanometer
8, 9 Verbindungsrohre. Pfeile in Richtung des Gasstromes bei Inspiration.

Es ist dann Gewicht B—A = Blutmenge
,, B—C = Wassermenge
,, C—A = Rückstand.

$$\text{Wassergehalt} = \frac{(B-C) \cdot 100}{(B-A)} \%.$$

Beispiel. Gewicht A = 5,0390 g
,, B = 5,5700 g
,, C = 5,0887 g.
B—C = 0,4813 g
B—A = 0,5310 g

$$\text{Wassergehalt} = \frac{0{,}4813 \cdot 100}{0{,}5310} = 90{,}5\,\%.$$

Benutzt man die rechteckigen dicken Filtrierpapierstückchen wie sie früher zur Analyse nach BANG üblich waren, oder sonstiges perforiertes Papier, welches sich aufhängen läßt, so ist auch die Torsionswaage benutzbar und erleichtert die Bestimmung wesentlich.

II. Organische Bestandteile.

1. Kohlehydrate und verwandte Stoffe außer Glucose.

Kohlehydrate außer Glucose.

Die Fructose (*Lävulose*),

Galaktose

und *Lactose* (Milchzucker)

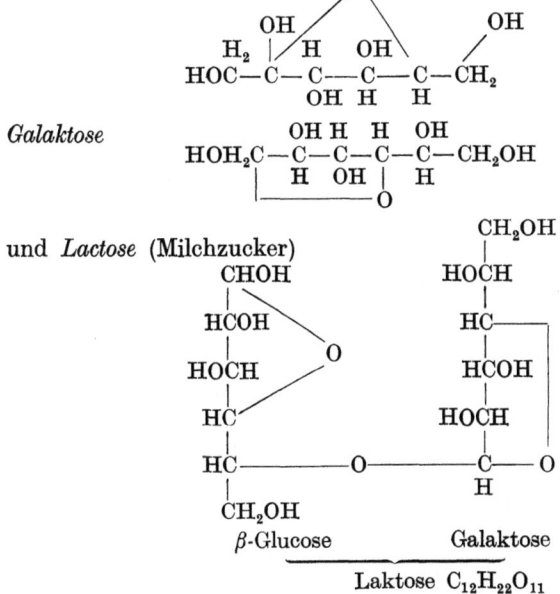

sind diejenigen Kohlehydrate, deren Auftreten außer der Glucose von diagnostischem Interesse ist. Die Bestimmung im Blut ist von untergeordneter Bedeutung bei der sogenannten Leberfunktionsprüfung, da es in den meisten Fällen nur darauf ankommt, den Toleranzgrad festzustellen, d. h. jene Menge von Fructose oder Galaktose, die die Leber noch vollständig bewältigen kann, wenn eine bestimmte Menge der beiden erstgenannten Kohlehydrate peroral gegeben wird. Selbstverständlich bieten die Blutzuckerkurven bei Lebererkrankungen ebenso charakteristische Abweichungen von der Norm, wie beim Diabetes mellitus nach Glucosebelastung. In jedem Falle ist außergewöhnliches Ansteigen der Blutzuckerkurve ein Zeichen für eine mangelnde Glykogensynthese, deren Ursache beim Diabetes mellitus in dem Mangel an Insulin liegt, und bei Lebererkrankungen in einer Insuffizienz der Leberzellen.

Die Bestimmung der Fructose im Blut vollzieht sich ähnlich wie die der Glucose nach HAGEDORN-JENSEN, mit einem speziell zusammengesetzten Oxydationsmittel, welches auf Fructose (Methylglyoxal, Dioxyaceton usw.) einwirkt, nicht aber auf Glucose [vgl. STÖHR, Klin. Wschr. 179 (1934); vgl. auch ROE, J. of biol. Chem. 107, 15 (1934)].

Bei der Bestimmung der Galaktose im Blut wird das Blut vergoren, dadurch verschwinden Glucose und eventuell Fructose und die übrigbleibende nach HAGEDORN-JENSEN zu bestimmende Reduktion entfällt auf die Galaktose, abzüglich einer Restreduktion, die auf die Anwesenheit von Harnsäure, Kreatinin usw. zurückzuführen ist. Die als Glucose in mg-% auf der Tabelle abgelesenen Werte sind mit 0,80 zu multiplizieren, da die Galaktose stärker reduziert als die Glucose.

Von wesentlich größerer praktischer Bedeutung ist der Nachweis im Harn durch eine Reduktionsprobe und die Bestimmung durch Polarisation (vgl. Bd. 1, Seite 36 u. 83). Die Lävulose dreht links, die Galaktose rechts aber nicht in demselben Maße wie Glucose. Mißt man mit dem Rohr von 189,4 mm Länge und liest die Drehung am Teilkreis in % Glucose d. h. Graden ab, so bedarf es einer Korrektur, um auf Lävulose bzw. Galaktose umzurechnen. Dieser Faktor ergibt sich aus dem Verhältnis der Länge der Polarisationsrohre zueinander. Die spezifische Drehung beträgt bei 20^0 C für die wichtigsten Zucker

Glucose	Fruktose	Galaktose	Lactose
+ 52,74	− 93,78	+ 80,7	+ 55,3
Saccharose	Invertzucker	Rhamnose	Arabinose
+ 66,67	− 20,59	+ 8,6	+ 104,4^0

Diese Konstanten sind abhängig von der Konzentration und Temperatur. 1 g des betr. Zuckers in 100 ccm verursacht unter Anwendung eines 200 mm-Rohres eine Drehung in Kreisgraden:

Glucose	Fructose	Lactose	Galaktose
+ 1,054	— 1,876	+ 1,106	+ 1,615°

so daß bei einer Ablesung von —4,75° (200 mm-Rohr) sich $\frac{4{,}75}{1{,}876} = 2{,}535\%$ Fructose ergeben, oder bei Verwendung des Glucoserohres von 189,4 mm muß die Ablesung in Graden noch mit $\frac{200}{189{,}4} = 1{,}056$ multipliziert werden.

Voraussetzung ist, daß sich im Harn keine anderen optisch aktiven Substanzen befinden.

Ist gleichzeitig Fructose und Glucose im Harn, so ergibt sich eine Diskrepanz zwischen der Drehung und dem Reduktionswert, erstere ist verhältnismäßig viel kleiner als letztere und dieser Befund würde eine genauere Untersuchung erfordern.

Eine colorimetrische Methode zur gleichzeitigen Bestimmung von Lactose und Glucose im Harn ist von KLEINER u. TAUBER [J. of biol. Chem. 100, 749 (1933)] mit Hilfe von Spezialreagenzien angegeben. [Ähnliche Methoden siehe DISCHE, Bioch. Z. 175, 371 (1926).]

Die Pentosurie ist eine harmlose Erkrankung, sie hat mit dem Diabetes nichts zu tun; die Menge der Pentosen im Harn ist nicht größer als 1%, sie sind endogenen Ursprungs und es genügt in den weitaus meisten Fällen den qualitativen Nachweis mit den bekannten Methoden zu führen.

Glykogen. Das Glykogen ist im Organismus in fast allen Organen vorhanden und repräsentiert die Kohlehydratreserve. Besonders wichtige Funktionen hat das Glykogen in der Leber und den Muskeln, aber auch in Niere, Lunge, Blut, Haut, ja selbst im Fettgewebe kommt es vor. Das weitaus meiste Glykogen ist in der Leber gestapelt und bei einem eintretenden Kohlehydratbedarf wird dort das Glykogen durch die Diastase in Glucose umgewandelt und vom Blut zu Orten des Verbrauchs gebracht. Dabei ist zu beachten, daß der Gehalt der Leber an Glykogen sehr abhängig von dem Ernährungszustand, der Ernährungsart und der Arbeitsleistung ist und daß deshalb die Normalzahlen in weiten Grenzen schwanken. Der Gehalt ist erniedrigt bei Diabetes mellitus und bedingt dadurch gleichzeitig die Ketonurie.

Als normalen Lebergehalt kann man 2—4% annehmen. Darüber hinaus kann die Leber übernormale Mengen an Glykogen bei Kohlehydrat-Mastkuren bis 18% enthalten. Bei Kindern kommt eine Glykogenspeicherkrankheit vor.

Im Muskel sind Werte von 0,3—0,9% bei Amputationen beobachtet worden.

Das Glykogen ist in der Leber bei allen schweren Lebererkrankungen, Vergiftungen und bei Fettlebern zum Teil sehr stark vermindert.

Die Bestimmungsmethode beruht immer auf dem von PFLÜGER zuerst angewandten Prinzip. Die organischen Stoffe werden durch Kochen mit heißer starker Kalilauge zerstört und danach das Glykogen, welches von heißer Kalilauge nicht angegriffen wird, durch Alkohol ausgefällt. Schließlich wird das abgeschiedene Glykogen durch Kochen mit Säure in Glucose übergeführt und nach einer Reduktionsmethode bestimmt.

Die alte PFLÜGERsche Methode hat viele Abänderungen erfahren, die nicht immer günstig und vielfach auch unnötig waren. Dies haben GOOD KRAMER und SOMOGYI [J. of biol. Chem. **100**, 485 (1933)] betont und einige Verbesserungen und Vereinfachungen vorgeschlagen. Ihre Vorschrift lautet:

Ausführung: In ein Gefäß aus Pyrexglas kommen 2 ccm 30%ige Kalilauge und dazu eine genau abgewogene Menge Substanz, etwa 1 g Leber oder entsprechend mehr Muskel. Die Organe sollen unmittelbar nach der Entnahme in die Lauge gebracht werden und müssen nicht sehr fein zerkleinert sein. Die Kalilauge wird ergänzt, bis auf je 1 g Material 2 ccm kommen und nun wird 10—20 Minuten im siedenden Wasserbad erhitzt, bis das Gewebe zersetzt ist. (Auch FRANK und FÖRSTER [Bioch. Z. **159**, 49 (1925)] kochen bloß 10—15 Minuten, setzen aber das doppelte Volumen Alkohol zu.) Danach gibt man 1,1—1,2 Volumen absoluten Alkohol zu (Volumen des Materials mitberechnet), kocht kurz auf und läßt langsam auf Zimmertemperatur abkühlen. Es fällt alles Glykogen ohne Dextrin oder N-haltige Stoffe. Zur analytischen Bestimmung muß der Niederschlag nicht weiß und flockig sein. Nach dem Abkühlen wird zentrifugiert und der Niederschlag auf der Zentrifuge mit Alkohol ausgewaschen. Der restliche Alkohol wird auf dem Wasserbad verjagt und das Glykogen alsdann mit n-H_2SO_4 2—2½ Stunden im Wasserbad erhitzt. Während des Kochens im Wasserbad werden die Gläschen mit einem dünnen Stück Zinnfolie *fest* bedeckt. Besser noch ist es wenn man entsprechende Gläschen mit eingeschliffenen Stopfen zur Verfügung hat. Danach wird mit Natronlauge genau neutralisiert (Lackmus), in einen Meßkolben von etwa 20 ccm übergespült, aufgefüllt und von der Lösung ein Teil zur Zuckerbestimmung benutzt. Besser wie nach HAGEDORN-JENSEN ist die Reduktion mit Kupfer zu bestimmen, doch ist ersteres am einfachsten.

Die Berechnung gründet sich auf die Tabelle von HAGEDORN-JENSEN, die für 0,1 ccm Blut den Gehalt in mg-% angibt. Der $1/1000$ Teil der angegebenen Werte entspricht folglich dem in der Probe wirklich vorhandenen Zucker, also z. B. 0,95 ccm Na-Thiosulfat $n/200$-Verbrauch = 0,186 mg Glucose. Wurden genau 1,000 g Leber eingewogen und das Hydrolysat auf 20 ccm aufgefüllt und davon 0,1 ccm zur Analyse genommen, so ergibt ein absoluter Glucosegehalt

$$0{,}186 \times 200 \text{ mg in } 1 \text{ g Leber} = 37{,}2 \text{ mg}$$

in 100 g Leber also 3,72% als Glucose berechnet.

Hieraus kann durch Multiplikation mit 0,925 der Glykogengehalt errechnet werden. Diese Zahl vernachlässigt den Zuckergehalt des Gewebes; um auch diesen zu bestimmen hat NIRAICHI DOI [J. of Biochem. 19, 469 (1934)] eine spezielle Methode angegeben.

Stärke und Dextrine in Fäces.

In den Fäces ist der Gehalt an Stärke bzw. Dextrinen ebenfalls ein Maß für die Pankreasfunktion, d. h. für die Leistung des Verdauungsapparates, speziell der Diastase. Es wird die von der Diastase nicht angegriffene Stärke bestimmt. Man spaltet die Kohlehydrate durch Kochen mit Salzsäure in Traubenzucker und bestimmt letzteren mit einer Reduktionsmethode. Da hierbei auch aus den Muzinen die Kohlehydratkomponente abgespalten und auch der präformierte Zucker erfaßt wird, ist die Methode nicht sehr genau.

Ausführung: 0,2—0,3 g des Trockenpulvers werden am Rückfluß mit 10 ccm 2% HCl 1½ Stunden hydrolysiert, nach dem Erkalten mit dünner Natronlauge genau neutralisiert und abgesaugt, ausgewaschen und das Filtrat auf ein bekanntes Volumen, z. B. 25 ccm gebracht. Von dem klaren Filtrat nimmt man 0,5 ccm (die Menge läßt sich bei dem wechselnden Gehalt an Stärke nicht im Voraus festlegen) und bestimmt die Glucose in derselben Weise wie im Blut nach HAGEDORN-JENSEN. Zur Berechnung vergleiche Seite 53 oben.

Eine einfachere Methode ist die **Gärprobe nach SCHMIDT.** Dabei wird die stets vorhandene Diastase die Stärke spalten und darauf die gebildete Dextrose von den Darmbakterien vergoren. Diagnostisch ist nur der positive Ausfall verwertbar, wenn das Röhrchen c (Abb. 22) mindestens zur Hälfte mit Wasser gefüllt ist. Ist dabei die Stuhlprobe sauer geworden, so handelt es sich um einen Gärungskatarrh, ist die Reaktion alkalisch, so handelt es sich um Eiweißfäulnis, doch sind diese extremen Fälle nicht die Regel und es können beide Formen nebeneinander vorkommen.

Ausführung: 5 g Fäces werden in das Gefäß a (Abb. 22) eingefüllt, mit Wasser verrührt und der Stopfen so aufgesetzt, daß keine Luftblasen übrig bleiben. Das Reagensglas b ist ebenfalls blasenfrei aufgesetzt worden, während der Zylinder c leer ist. Der ganze Apparat kommt für 24 Stunden in einen Brutschrank von 37°. Gärt der Stuhl, so werden die Gase in das Röhrchen b steigen und dabei Wasser in den Zylinder c verdrängen. Man kann also aus der Wassermenge in c die Menge des ausgeschiedenen Gases bemessen und daraus auf die Gärtätigkeit im Stuhle schließen. Eine geringe Gasbildung findet immer statt.

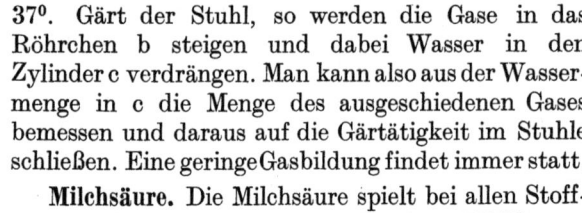

Abb. 22. SCHMIDTscher Gärungsapparat.

Milchsäure. Die Milchsäure spielt bei allen Stoffwechselvorgängen der Zelle, die den KH-Umsatz betreffen, eine wesentliche Rolle und ist deshalb allgegenwärtig im Organismus. Sie entsteht beim Warm- und Kaltblüter durch anaerobe Glykolyse aus Hexose und wird durch Oxydation oder Resynthese zu Kohlehydrat umgewandelt (PASTEUR-MEYERHOFsche Reaktion). Besonders Tumoren zeigen eine ausgeprägte starke anaerobe Glykolyse. Der MEYERHOFquotient ist das Verhältnis

$$\frac{\text{verschwundene Milchsäure in Mol}}{\text{verbrauchter O}_2 \text{ in Mol}}.$$

An dem Zyklus der Atmung bzw. Milchsäurebildung sind eine große Menge Fermente (Milchsäure bildendes Ferment, Phosphatasen und Co-Enzyme) beteiligt, auf die hier nicht näher eingegangen wird.

Bei der Bestimmung der Milchsäure ist darauf zu achten, daß sowohl im Gewebe, wie im Blut die Milchsäure postmortal sich sehr schnell vermehrt. Schon Zerquetschen der Muskulatur ohne genügende Kühlung und Venenstauung bei der Blutentnahme verursachen beträchtliche Fehler. In der ungestauten Vene findet man bei völliger Ruhe und nüchtern normalerweise 10—12 mg-% Milchsäure, die durch Arbeit je nach dem Grad des Trainings bis über 100 mg-% steigen kann. Typisch vermehrt findet man die Milchsäure bei Herzfehlern und Erkrankungen, die mit erhöhter Muskeltätigkeit verbunden sind, Dyspnoe, Krämpfen usw. Vermehrte Milchsäure im Blut wurde auch bei Lebererkrankungen beobachtet, wobei die Milchsäure auch in den Harn übergeht neben vermehrter Ammoniakausscheidung und Sinken der Alkalireserve.

Zur Bestimmung stehen zwei Methoden zur Verfügung. Eine titrimetrische, wobei die Milchsäure durch Oxydation in Acetaldehyd übergeführt wird und als solche nach der Bindung an Bisulfit bestimmt wird, und eine colorimetrische, wobei aus Milchsäure durch starke Schwefelsäure CO abgespalten wird, und der entstandene Aldehyd nach Kondensation mit Hydrochinon als Farbstoff colorimetriert wird.

Das Prinzip der ersten Methode stammt von FÜRTH und CHARNASS und kann zweckmäßig mit der in Band 1, Seite 69, beschriebenen Apparatur ausgeführt werden.

Ältere Methoden siehe: FÜRTH-CHARNASS [Bioch. Z. **26**, 199 (1910)]; HIRSCH-KAUFFMANN [Hoppe-Seylers Z. **140**, 25 (1924)]; EMBDEN [Hoppe-Seylers Z. **143**, 297 (1925)]; FRIEDEMANN, COTONIO u. SHAFFER [J. of biol. Chem. **73**, 335 (1927)]; LIEB u. ZACHERL [Hoppe-Seylers Z. **211**, 211 (1932)]; FUCHS [Hoppe-Seylers Z. **221**, 271 (1933)].

Reagenzien:

Zur Bestimmung: Etwa $n/50$ Na oder K-Bisulfit.

Die Lösung wird vor Gebrauch aufgekocht.

Manganosulfat:

100 g $MnSO_4$ + 620 ccm aq. dest. + 280 ccm H_2SO_4 konz. werden gelöst. Zum Gebrauch von der überstehenden klaren Lösung *10 fach verdünnen.*

0,1% $KMnO_4$ (etwa $n/30$).

$n/200$-Jodlösung, deren Titer jeweils genau bestimmt wird.

Etwa $n/10$-Jodlösung, um den Überschuß an Bisulfit zu titrieren.

$NaHCO_3$ in Substanz.

1% Stärke in konzentrierter NaCl-Lösung oder durch Thymol konserviert.

Zum Entweißen nach FUCHS und BRÜGGEMANN [Hoppe-Seylers Z. **225**, 35 (1934)] gesättigte $CuSO_4$-Lösung.

0,4% NaOH (etwa $n/10$).

$Ca(OH)_2$ reinst in Substanz.

Ausführung: 5 ccm Blut (diese Menge genügt für mindestens drei Bestimmungen) aus der ungestauten Vene entnommen und sofort in 7,5 ccm 0,4% NaOH gegeben. Die Probe bleibt stehen bis Hämolyse eingetreten ist, dann kommen 7,5 ccm $CuSO_4$ hinzu. Man schüttelt gut durch, zentrifugiert nach 30 Minuten, versetzt das grüne Filtrat mit festem $Ca(OH)_2$, bis ein tiefblauer Niederschlag entstanden und die Flüssigkeit farblos ist. Man schüttelt des öfteren durch, damit die Kohlehydrate quantitativ gefällt werden, zentrifugiert nach ½ Stunde und gibt von dem farblosen Zentrifugat 5 ccm in Teil A_1 der Apparatur, Bd. 1, Seite 49, zusammen mit 0,5 ccm Manganosulfat (10mal verdünnt). In Teil A_2 kommt 1,5 cm- $n/30$ $KMnO_4$, als Vorlage dient 4,0 ccm $n/50$-Na-Bisulfit in Teil B. Die gut gefetteten Stopfen werden eingesetzt, an der Wasserstrahlpumpe bis auf 20 mm Hg evakuiert, der Hahn geschlossen und schließlich der Inhalt von Teil A gemischt. Der Apparat kommt jetzt in ein Doppelwasserbad, in dem Teil A auf 90—95, Teil B auf 15—20° gehalten wird. Im Vakuum destilliert der Aldehyd sehr schnell über, wird vom Bisulfit abgefangen und kann nach 60 Minuten bestimmt werden. Zu diesem Zweck wird das Vakuum aufgehoben, nach Teil B 3 Tropfen Stärke gegeben und vorsichtig so lange $n/10$-Jod zugesetzt, bis die Lösung eben noch farblos bleibt. Dann gibt man tropfenweise so viel $n/200$-Jodlösung zu, dass eben eine blaue Farbe sichtbar ist. Der Jodverbrauch bis zu diesem Punkt ist belanglos. Die Aldehyd-Bisulfit-Additionsverbindung wird von Jod nicht angegriffen. Gibt man jetzt eine Messerspitze $NaHCO_3$ zu, so verschwindet die blaue Farbe, die Bisulfit-Aldehyd-Verbindung wird bei der schwach alkalischen Reaktion des $NaHCO_3$ zerlegt und das

$$CH_3 . CH \begin{matrix} \diagup OH \\ \diagdown OSO_2Na \end{matrix} \longrightarrow CH_3 . CHO + NaHSO_3$$

neu entstandene Sulfit, welches der Menge Milchsäure proportional ist, kann wieder mit Jod titriert werden. Deshalb setzt man jetzt erneut $n/200$-Jod zu bis die blaue Farbe wieder bestehen bleibt, indem man diese Jodmenge genau mißt (Mikrobürette). Der Titer der Jodlösung ist zu berücksichtigen.

1 ccm genau $n/200$-Jod = 0,225 mg Milchsäure. Den Leerwert der Reagenzien bestimmt man in einem Sonderversuch, indem Wasser statt Blutfiltrat eingefüllt wird.

Beispiel: Jodtiter = 1,00.

Leerwert verbraucht	0,068 ccm $n/200$ Jod
5 ccm Filtrat verbrauchen	1,090 ,, ,, ,,
	1,080 ,, ,, ,,
Mittel	1,085 ccm $n/200$ Jod
abzüglich Leerwert	0,068 ,, ,, ,,
	1,017 ccm $n/200$ Jod

5 ccm Filtrat = 1,017 × 0,225 mg Milchsäure
 = 0,229 mg
5 ccm Filtrat = 1,25 ccm Blut
100 ccm Blut . = 18,32 mg-% Milchsäure.

Die Methode ist brauchbar von 0,05—0,45 mg Milchsäure. Die Menge Blutfiltrat ist dementsprechend zu wählen. Die Apparate werden nach Gebrauch mit heißer Chrom-Schwefelsäure gereinigt.

Die *colorimetrische Methode* ist zuerst von MENDEL und GOLDSCHEIDER [Biochem. Z. 164, 164 (1925)] angegeben worden unter Verwendung von Veratrol. Es entsteht hierbei eine zartrosa Farbe, aber nur bei Verwendung von reinster speziell hergestellter Schwefelsäure. Deshalb ist die Methode von LASZLO und DISCHE [Biochem. Z. 187, 344 (1927)] vorzuziehen, weil mit Hydrochinon stets eine braune und viel intensivere Farbe entsteht.

Reagenzien:
H_2SO_4 2,3% (etwa n/2) (Spez. Gew. 1,015)
Natriummetaphosphat 5%
$CuSO_4$ 25% und 10%
$Ca(OH)_2$ in Substanz.
Lithiumlactat-Standard: 0,108 g getrocknetes Salz werden ad 100 ccm gelöst. Die Lösung enthält 100 mg-% Milchsäure und ist zum Gebrauch entsprechend zu verdünnen.
H_2SO_4 reinst konzentriert.
Hydrochinon 20% in Alkohol, frisch bereitet.

Ausführung: 0,5 ccm Vollblut, ohne Stauung entnommen, werden mit 2,5 ccm Wasser hämolysiert und mit je 0,5 ccm H_2SO_4 2,3% und Na-Metaphosphat gefällt. Der Niederschlag wird abzentrifugiert, 2,5 ccm der eiweißfreien Lösung entnommen und im Zentrifugenglas mit 0,5 ccm 25% $CuSO_4$ versetzt, dann $Ca(OH)_2$ zugegeben bis die Reaktion alkalisch, d. h. ein himmelblauer Niederschlag entstanden ist. Die Mischung wird öfters umgerührt, nach ½ Stunde zentrifugiert und zweimal 1 ccm klares farbloses Zentrifugat in je ein peinlich gesäubertes Reagensglas getan. Dazu kommen 0,1 ccm $CuSO_4$ 10%, unter *Kühlung* 4 ccm konzentrierte H_2SO_4 und 0,1 ccm Hydrochinon. Man mischt gründlich und stellt 15 Minuten in ein siedendes Wasserbad. Danach wird in Wasser abgekühlt und im Colorimeter verglichen.

Verwendet man zum Vergleich eine Standard-Milchsäurelösung, so ist es empfehlenswert, diese Standardlösung ebenso wie das Blut zu behandeln, da geringe Spuren von Cu usw. die Farbe beeinflussen. Die Berechnung erfolgt nach den bekannten Regeln des BEERschen Gesetzes oder im Stufo aus den Extinktionskoeffizienten.

Glucuronsäure. Die Glucuronsäure kommt immer im normalen Harn in geringer Menge, gepaart mit Phenol, Skatol und Indol, vor. In großen Mengen wird sie vom Organismus mit Campher,

Chloral, Antipyrin und ähnlichen Stoffen als gepaarte Glucuronsäure ausgeschieden. Die gepaarten Glucuronsäuren sind glucosidartig gebaut nach folgendem Schema:

$$\begin{array}{c} \text{COOH} \\ | \\ \text{(CHOH)}_4 \\ | \\ \text{HC}\!-\!\!-\!\!-\!\text{O}\!-\!\!-\!\!-\text{R.} \\ | \\ \text{OH} \end{array}$$

Neben dem Harn kommen gepaarte Glucuronsäuren auch in Blut und Galle vor.

Die Bestimmung gründet sich einesteils auf der optischen Aktivität der Säure, die rechtsdrehend ist, während die Kondensationsprodukte soweit bekannt linksdrehen. Weiter hat man versucht die Menge Furfurol zu bestimmen die bei der Destillation von Glucuronsäure entsteht. Die Bildung von Furfurol unterliegt aber großen Schwankungen.

Die brauchbarste Methode scheint die zu sein, von der Reduktionskraft der Glucuronsäure, die ebenso groß wie die von Glucose ist, Gebrauch zu machen. Man hat dabei noch den Vorteil durch Ätherextraktion von den etwa gleichzeitig vorhandenen Zuckern trennen zu können.

Nach QUICK [J. of biol. Chem. 61, 674 (1924)] ist das *Verfahren* folgendes:

Von dem zu untersuchenden Harn werden 5—10 ccm, die klar filtriert sind, zusammen mit 1 ccm 20% H_2SO_4, in einen Extraktionsapparat (Abb. 23) der nebenstehenden Form gegeben und 2½ Stunden mit 50 ccm Äther extrahiert, indem man mit einer Kohlenfadenlampe oder einem elektrischen Sandbad erwärmt. Der Kolben wird abgenommen, der Äther verdampft und der Rückstand mit 10 ccm einer n-HCl für 15 Minuten am Rückflußkühler gekocht[1]. Nach dem Abkühlen wird mit n-NaOH gegen Lackmus neutralisiert und die Lösung auf ein bekanntes Volumen, je nach der Konzentration der Glucuronsäure aufgefüllt, meistens auf 25 ccm. Um diese Extraktion usw. bequem ausführen zu können, empfiehlt es sich den Apparat mit Normalschliffen zu versehen, den Extraktionskolben gleich als Meßkolben auszubilden und auch den Rückflußkühler auf denselben Kolben passend zu wählen. Man vermeidet dann lästiges und zeitraubendes Umfüllen.

Von der wäßrigen Lösung nehme man einen aliquoten Teil, z. B. 0,1 oder 0,2 ccm und bestimmt die Reduktion nach

---

[1] Vorsicht! Explosionsgefahr.

HAGEDORN-JENSEN. Die gefundene Menge Glucose ist zur Umrechnung auf Menthol-Glucuronsäure mit 1,51 zu multiplizieren.

Beispiel:
Harnvolumen 122 ccm.
Volumen der Probe 5 ccm.
Volumen des wässerigen Extraktes 25 ccm.
Zur Analyse verwendet 0,2 ccm.

Nach der Tabelle von HAGEDORN-JENSEN gefunden 217 mg-%; Leerwert 7 mg-%; bleibt wirklicher Reduktionswert 210 mg-%. Da 0,2 ccm Extrakt verwendet werden, muß dieser Wert durch 2 dividiert werden. Es ergibt sich demnach in 25 ccm Extrakt oder 5 ccm Harn eine absolute Menge von 26,25 mg Glucosewert, entsprechend $26{,}25 \times 1{,}51 = 39{,}6$ mg Mentholglucuronsäure. Daraus berechnet sich in 122 ccm Harn $\dfrac{39{,}6 \times 122}{5} =$ 966,5 mg Mentholglucuronsäure. Soll auf freie Glucuronsäure umgerechnet werden, so ist der Faktor 1,078.

2. Stickstoffhaltige organische Stoffe.

Eiweiß. Die Eiweißkörper des Serums bestehen aus drei großen Klassen:

Fibrinogen,
Albumin und Globulin.

Sie unterscheiden sich chemisch nach der Art und Menge ihrer Bausteine, der Aminosäuren und infolge dessen auch in der Molekulargröße. So ist die Molekulargröße von Albumin zu 68000, die von Globulin zu 103000, die von Fibrinogen zu etwa 45000 bestimmt worden.

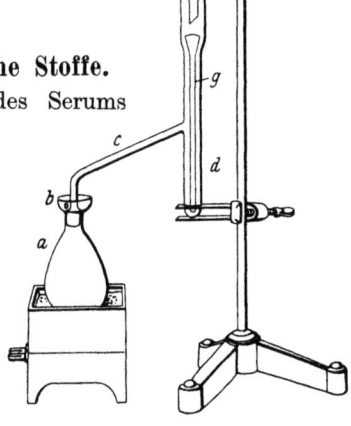

Abb. 23. Extraktionsapparat.

Entsprechend dem Unterschied in der Molekulargröße ist auch der Dispersitätsgrad in einer Lösung, damit ändert sich auch die Fällbarkeit. Feinere Differenzen kann man mit den sogenannten Eiweißfällungsmitteln nicht finden, da die oben genannten Eiweißkörper von diesen vollständig gefällt werden, aber in der Aussalzbarkeit durch Neutralsalzlösungen unterscheiden sie sich beträchtlich und diese Unterschiede sind besonders für die Fällbarkeit durch Ammoniumsulfat $(NH_4)_2SO_4$ und Natriumsulfat Na_2SO_4 studiert worden und man kann für die einzelnen Eiweißkörper bei einem bestimmten p_H ziemlich genaue Fällungsgrenzen angeben. Für Ammoniumsulfat liegt die Fällbarkeit für Fibrinogen bei $^1/_4$ Sättigung, bei Globulin bei $^1/_2$ Sättigung und Albumin fällt erst vollständig aus, wenn die Lösung mit Ammoniumsulfat ganz gesättigt ist. Will man anschließend an die Fällung den Eiweißgehalt aus dem gefundenen Stickstoff berechnen, muß man mit Natriumsulfat fällen und gleichzeitig die Fällungsflüssigkeit auf das optimale p_H einstellen.

Eine solche Vorschrift gibt MEDES [Amer. J. Path. 3, 439 (1933)] für kleinste Mengen Serum, die zuverlässig arbeitet und etwas modifiziert und abgekürzt wiedergegeben ist. In der Originalvorschrift heißt es nämlich, man soll in jedes Zentrifugenglas die gewünschte Menge Na_2SO_4 einwiegen. Die so unbequeme Vorschrift haben wir durch eine bestimmte Menge einer genau 25%igen Na_2SO_4-Lösung ersetzt.

Lösungen:

1. Natriumsulfat 25%. Man trocknet das käufliche wasserfreie Salz durch Glühen im Tiegel in kleinen Portionen, die man im Exsiccator erkalten läßt. Von dem wasserfreien Salz wägt man in einem verschlossenen Gefäß 62,500 g ab, die man in ausgekochtem destilliertem Wasser löst und im Meßkolben ad 250 ccm auffüllt.

2. Puffer nach BERGLUND: 29,6 ccm n-NaOH CO_2-frei + 50 ccm m-KH_2PO_4 (n-NaOH = 40,005 g ad 1000 ccm, m-KH_2PO_4 = 136,14 g ad 1000 ccm), beides in carbonatfreiem Wasser gelöst, und ad 100 ccm aufgefüllt.

3. Trichloressigsäure 50%.

4. NaOH (N-frei) 10%.

Ausführung: Man gibt in drei graduierte Zentrifugengläser aus einer Mikrobürette 0,00, 4,28 und 8,83 ccm der Natriumsulfatlösung und füllt alle Gläschen mit 0,4 ccm Pufferlösung und Wasser auf etwa 9,5 ccm auf und bringt sie in ein Wasserbad von 35^0. Nach dem Temperaturausgleich kommen in die beiden ersten 0,1 ccm und das letzte Gläschen 0,2 ccm Oxalatplasma, das möglichst frisch sein soll, sicher aber bald von den corpusculären Elementen abzentrifugiert wurde. Man mischt mit einem feinen Glasstäbchen, das man mit Wasser abspült und dabei gleichzeitig auf genau 10 ccm auffüllt.

Die Gläser bleiben 3 Stunden bei 35^0, werden dann filtriert durch möglichst kleine Filter, direkt wieder in graduierte Zentri-

Eiweiß.

fugengläser, in welchen man genau 9,00 ccm klares Filtrat sammelt. Zu diesen gibt man 1 ccm der Trichloressigsäure, mischt mit einem feinen Glasstab den man abspült, läßt 10 Minuten bei Zimmertemperatur und 10 Minuten bei 50⁰ stehen, darauf wird 20 Minuten *scharf* zentrifugiert. Die Flüssigkeit läßt sich glatt abgießen und man kann die Zentrifugengläser noch 2—3 Minuten umgekehrt auf einem Filtrierpapier stehen lassen. Jetzt wird der Rückstand in einigen Tropfen Natronlauge gelöst, indem man die Ränder abspült, wieder ad 9,00 ccm aufgefüllt und nach dem Mischen in einem aliquoten Teil z. B. 3 ccm, der Stickstoff nach KJELDAHL oder einer colorimetrischen Methode bestimmt.

Berechnung: In dem ersten Gläschen, welches kein Na_2SO_4 enthält, wird kein Eiweiß, im zweiten wird nur das Fibrinogen, im dritten alle Eiweiße außer Albumin durch den Zusatz von Na_2SO_4 geflockt. Wird danach im Filtrat durch Trichloressigsäure das noch in Lösung befindliche Eiweiß gefällt, sobesteht der durch Cl_3CCOOH erzeugte

Niederschlag I aus dem Gesamteiweiß.

Niederschlag II aus Globulin + Albumin.

Niederschlag III aus Albumin.

Das Eiweiß enthält im Mittel 16,0% N_2, mithin erfährt man aus dem Stickstoffgehalt die Eiweißmenge durch Multiplikation mit 6,25 und durch Subtraktion die einzelnen Fraktionen.

Beispiel:

Es wurden gefunden

in Nd   I 1,188 mg N_2
„ Nd II 1,105 „ N_2 die aus je 9 ccm der Lösung
„ Nd III 1,73 „ N_2 in Natronlauge stammten,

von denen ein aliquoter Teil zur Bestimmung verwendet wurde. Um auf das ursprüngliche Volumen von 10 ccm zu kommen, sind diese Werte mit $\frac{10}{9}$ zu multiplizieren, weiter mit 6,25, um auf den Eiweißgehalt zu kommen.

Es findet sich demnach

$$\text{Ges. Eiweiß } \frac{1{,}188 \times 10 \times 6{,}25}{9} = 8{,}24 \text{ mg in } 0{,}1 \text{ ccm}$$

$$\text{Globulin} + \text{Albumin } \frac{1{,}105 \times 10 \times 6{,}25}{9} = 7{,}68 \text{ mg in } 0{,}1 \text{ ccm}$$

$$\text{Albumin } \frac{1{,}73 \times 10 \times 6{,}25}{9} = 12{,}01 \text{ mg in } 0{,}2 \text{ ccm}.$$

Daraus ergibt sich: Gesamtes Eiweiß 8,24%
Fibrinogen . . 8,24—7,68 = 0,56%
Globulin . . . . 7,68—6,00 = 1,68%
Albumin . . . . = 6,00%.

Bemerkung: Es ist zu beachten, daß die Eiweißsalzfällung genau bei 35^0 stattfindet, weil nur bei dieser Temperatur das Natriumsulfat als wasserfreies Salz in Lösung ist. Es ist auch möglich, größere Mengen Plasma bis 0,2 bzw. 0,4 ccm zu verarbeiten ohne die Reagenzien zu vermehren, was aber bei der Berechnung berücksichtigt werden muß. Bei noch größeren Eiweißmengen sind die Reagenzien entsprechend zu vermehren, es gehen dann aber zum Teil die Vorteile der Mikromethode verloren.

Die normalen Eiweißwerte schwanken beim Menschen zwischen 6 und 8% und sind u. a. abhängig von dem Wassergehalt des Blutes. Hohe Werte finden sich bei chronischen Infektionen, erniedrigte Werte nach Blutverlusten, Anämien, Nephrosen und akuten Infektionen. Wichtig ist das Verhältnis von Albumin: Globulin, und eine Störung dieses Verhältnisses, welches normalerweise um 2 schwankt, findet sich als klinisch wichtiges Symptom bei der Nephritis und anhaltender Albuminurie. Das Fibrinogen ist bei leichter Hepatitis, Schwangerschaft und den meisten Infektionen erhöht, vermindert ist das Fibrinogen bei Leberinsuffizienz.

Als normal können gelten:
Fibrinogen . . . 0,2—0,4%
Globulin . . . . 1,5—3,0%
Albumin . . . . 4,5—5,5%.

Auf den Zusammenhang zwischen der Senkungsgeschwindigkeit der Erythrocyten und der Eiweißzusammensetzung des Serums sei nur hingewiesen.

Refraktometrische Bestimmung von Eiweiß. Wie bereits im Band I, S. 40 ff. ausgeführt, besitzen wir im Refraktometer ein ausgezeichnetes Hilfsmittel zur Eiweißbestimmung im Serum oder Plasma. Betr. die Handhabung, Justierung und Ablesung sei besonders auf die dem Instrument beigegebene Anweisung mit Tabellen verwiesen.

Bei der refraktometrischen Eiweißbestimmung benutzt man die Tatsache, daß das Eiweiß wegen seiner großen prozentischen Menge zum weitaus größten Teil für die hohe Lichtbrechung des Serums verantwortlich ist. Wie man aus der Tabelle sieht, schwankt der Brechungsindex für Serum von 1,33705 bis 1,35388 bei 10,41% Eiweiß und bei Berechnung der Eiweißwerte ist bereits in Rechnung gebracht, daß das eiweißfreie Serumfiltrat selbst einen Brechungsindex 1,33497 besitzt. Der Brechungsindex

Die REISSsche Tabelle zur Umrechnung der Sk.-T. des Eintauchrefraktometers bei 17,5° C in Eiweißprozente.

Brechungs-indices zu nebenstehenden Skalenteilen	Blutserum nD f. destilliertes Wasser . . 1,33320 ΔnD f. d. Nichteiweißkörper . 0,00277 ΔnD f. 1% Eiweiß 0.00172				Ex- und Transsudate nD f. destilliertes Wasser . . 1,33320 ΔnD f. d. Nichteiweißkörper . 0,00244 ΔnD f. 1% Eiweiß 0,00184	
	Skalenteil	Eiweiß i. %			Skalenteil	Eiweiß in %
1,33705	25	0,63			25	0,77
1,33743	26	0,86			26	0,97
1,33781	27	1,08			27	1,18
1,33820	28	1,30	J. T. 20		28	1,38
1,33858	29	1,52	0,1		29	1,59
1,33896	30	1,74	Sk.-T.	%	30	1,80
1,33934	31	1,96	1	0,02	31	2,01
1,33972	32	2,18	2	0,04	32	2,21
1,34010	33	2,40	3	0,06	33	2,42
1,34048	34	2,62	4	0,08	34	2,62
1,34086	35	2,84	5	0,10	35	2,83
1,34124	36	3,06	6	0,12	36	3,04
1,34162	37	3,28	7	0,14	37	3,24
1,34199	38	3,50	8	0,16	38	3,45
1,34237	39	3,72	9	0,18	39	3,65
1,34275	40	3,94			40	3,86
1,34313	41	4,16	J. T. 21		41	4,07
1,34350	42	4,38	0,1		42	4,27
1,34388	43	4,60	Sk.-T.	%	43	4,48
1,34426	44	4,81	1	0,02	44	4,68
1,34463	45	5,03	2	0,04	45	4,89
1,34500	46	5,25	3	0,06	46	5,10
1,34537	47	5,47	4	0,08	47	5.30
1,34575	48	5,48	5	0,11	48	5,50
1,34612	49	5,90	6	0,13	49	5,70
1,34650	50	6,12	7	0,15	50	5,90
1,34687	51	6,34	8	0,17	51	6,11
1,34724	52	6,55	9	0,19	52	6,31
1,34761	53	6,77			53	6,51
1,34798	54	6,98	J. T. 22		54	6,71
1,34836	55	7,20	0,1		55	6,91
1,34873	56	7,42	Sk.-T.	%	56	7,12
1,34910	57	7,63	1	0,02	57	7,32
1,34947	58	7,85	2	0,04	58	7,52
1,34984	59	8,06	3	0,07	59	7,72
1,35021	60	8,28	4	0,09	60	7,92
1,35058	61	8,49	5	0,11	61	8,12
1,35095	62	8,71	6	0,13	62	8,32
1,35132	63	8,92	7	0,15	63	8,52
1,35169	64	9,14	8	0,18	64	8,72
1,35205	65	9,35	9	0,20	65	8,92
1,35242	66	9,57			66	9,12
1,35279	67	9,78			67	9,32
1,35316	68	9,99			68	9,52
1,35352	69	10,20			69	9,72
1,35388	70	10,41			70	9,91

von destilliertem Wasser ist 1,33320, was nach der Tabelle 15 Skalenteilen entsprechen würde. Deshalb ist auch bei Prüfung des Instrumentes die Justierung mit destilliertem Wasser auf 15 Skalenteile vorzunehmen. Alle Zahlen beziehen sich auf eine Temperatur von 17,5° C und die Werte ändern sich für destilliertes Wasser mit der Temperatur nach folgender

Justiertabelle für dest. Wasser mit Prisma I.

Temperatur:	10	12	14	16	17,5	18	20	22	24	26	28	30	in ° C
Skalenteile:	16,3	16,0	15,7	15,3	15,0	14,9	14,5	14,0	13,5	13,0	12,4	11,8	bei richtiger Justierung

Für je 1% Eiweiß ist eine Änderung des Brechungsindex um 0,00172 angenommen und für andere Serumbestandteile ist der Anteil für je 1% folgender:

Tabelle nach REIS, zitiert nach SAHLI:

Chlornatrium 0,00175
Chlorkalium 0,00134
Dinatriumphosphat . . . 0,00074
Harnstoff 0,00145
Traubenzucker 0,00142
Eiweiß 0,00172

Die Berechnung der Eiweißkonzentration nach erfolgter Ablesung ist einfach: Z. B. man lese ab 45,00 Skalenteile im Okular und 0,35 Teile an der Mikrometerschraube, zusammen also 45,35 Skalenteile (bei 17,5° C). Laut Tabelle sind

45 Skalenteile = 5,03% Eiweiß
46 Skalenteile = 5,25% Eiweiß

1 Skalenteil = 0,22% und wie aus der Interpolationstabelle (I. T.) zu sehen ist sind $35/100$ Teile = 0,08%. Der wirkliche Eiweißgehalt beträgt demnach 5,03 + 0,08 = 5,11% Eiweiß.

Auch zur Bestimmung der Proteine in Ex- und Transsudaten ist das Eintauchrefraktometer geeignet. Entsprechend der geänderten Zusammensetzung sowohl bezüglich Eiweiß- wie Nichteiweißstoffen ergeben sich andere Werte, die aus der entsprechenden Tabelle entnommen werden müssen. An der Methodik der Messung ändert sich nichts.

Um das Refraktometer auch für höher brechende Flüssigkeiten verwenden zu können, sind dem Instrument weitere Hilfsprismen II—VI beigegeben, die folgenden Geltungsbereich haben:

Prisma	Messbereich des Brechungsindex	Prisma	Messbereich des Brechungsindex
I	1,325 — 1,367	IV	1,419 — 1,449
II	1,366 — 1,396	V	1,445 — 1,473
III	1,395 — 1,421	VI	1,468 — 1,492.

Viscosität. 65

Die zu diesen Prismen gehörenden Tabellen zur Feststellung des Brechungsindex sind einem gesonderten Tabellenwerk zu entnehmen.

Viscosität. Wichtig ist nun noch eine Beziehung zwischen dem Refraktometerwert und der Viscosität des Serums. Man glaubte lange, daß diese beiden Werte parallel gingen, was aber nicht der Fall ist, denn bei gleichbleibender *Gesamt*-Eiweißkonzentration nimmt die Viscosität mit relativer Zunahme der Globuline stark zu, so daß NAEGELI und ROHRER ein Diagramm konstruiert haben, aus welchem durch Messung der Viscosität und Refraktion das Albumin: Globulinverhältnis abgelesen gwerden kann, während man aus der Refraktion den Gesamt-Eiweißgehalt aus der Tabelle entnimmt.

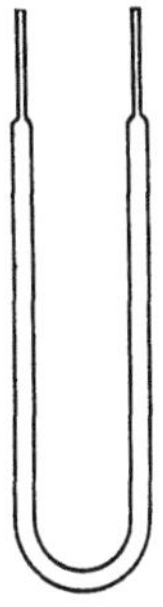

Die Viscosität läßt sich schnell und sicher mit dem Viscosimeter von OSTWALD oder von HESS bestimmen, wobei besonders letzteres den Vorteil hat mit 1 Tropfen Serum zu arbeiten. Man sammelt das Blut direkt aus der Fingerbeere in kleinen U-förmigen Röhrchen (Abb. 24), die mit Watte gepolstert unmittelbar in die Zentrifuge gesetzt werden können. Das Blut saugt sich von selbst in die capillaren Röhrchen, wenn die Schenkel horizontal gehalten werden und man zentrifugiert sobald genügend Blut eingelaufen ist. Nach dem Zentrifugieren steht das Serum bzw. die Erythrocyten in beiden Schenkeln gleich hoch, man schneidet mit einem Glasschneider knapp oberhalb der Erythrocytensäule an und bricht den Teil des Schenkels, der das Serum enthält, indem man ihn wagerecht hält, ab. Der Inhalt des einen Schenkels wird zur Bestimmung der Refraktion und der Inhalt des anderen Schenkels zur Bestimmung der Viscosität benutzt.

Abb. 24. U-Kapillare zur Blutentnahme.

Mit dem HESSschen Viscosimeter wird die relative Viscosität bestimmt, d. h. die Durchflußzeit des Serums durch eine Capillare im Verhältnis zur Durchflußzeit des Wassers durch eine gleichartige Capillare. Zu diesem Zweck hat das Instrument zwei auf einer Mattscheibe montierte, möglichst gleichgebaute Capillaren C_1 und C_2 (Abb. 25), die am oberen und unteren Ende in weitere Glasröhren übergehen. Unten sind die Röhrchen durch ein Glasrohr verbunden und an diesem hängt ein Gummischlauch mit solidem Gummiballon B und Fingerventil F, um die in dem oberen Röhrchen befindliche Flüssigkeitssäule durch die Capillaren saugen zu können. Das Röhrchen C_1 ist durch einen Hahn absperrbar und wird während des Versuches bis zur Marke 0 mit Wasser gefüllt. Das Röhrchen C_2 wird ebenfalls bis zur Nullmarke mit Serum gefüllt. Der ganze Apparat ist in einen wassergefüllten Glasmantel gelegt; an einem Thermometer läßt sich die Temperatur ablesen, auch je nach Bedarf regulieren; sie ist bei größeren Schwankungen zu berücksichtigen, und zwar nimmt die Viscosität pro Grad Temperatursteigerung um 0,8% ab. Bei Körpertemperatur ist die Viscosität um etwa 17% geringer als bei 17°, welche Temperatur als Normalwert gilt.

Drückt man den Ballon mit dem Handballen zusammen, schließt dann mit dem Daumen das Fingerventil, indem man den Ballon langsam los läßt, so wird Wasser und Serum gleichmäßig und gleichzeitig angesaugt. Man läßt das Serum bis zur

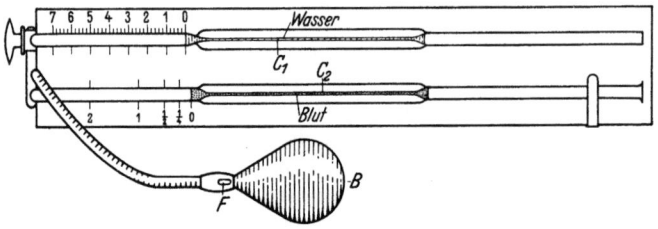

Abb. 25. Viscosimeter nach HESS.

Marke 1 fließen, löst dann die Saugwirkung des Ballons auf, indem man das Fingerventil öffnet, und darauf bleiben die beiden Flüssigkeitssäulen stehen. Man liest ab bis zu welcher Marke die Wassersäule gelaufen ist, während das Serum bis zur Marke 1 kam, und diese Zahl ist bereits die relative Viscosität des Serums.

Man erzeugt nun durch den Ballon einen geringen Überdruck, schließt den Hahn sobald das Wasser die Nullmarke erreicht hat und drückt den Rest des Serums heraus. Darauf saugt man etwas verdünntes Ammoniak nach, preßt es wieder aus, wiederholt dasselbe nochmal mit Ammoniak und Wasser und der Apparat ist wieder versuchsbereit. Man achte darauf, daß die Saugwirkung des Ballons möglichst gleichmäßig erfolgt, am besten Kontrolle mit der Stoppuhr, da die gemessenen Werte (in etwa 2½ Sekunden) nach KAGAN von der Sauggeschwindigkeit abhängig sind. Die Genauigkeit der Messungen beträgt untereinander etwa 1—2% und man findet für normales Serum Werte von 1,60—1,80, für Vollblut bei Männern 4,7, bei Frauen 4,4. (BROCQ-ROUSSEAU, Le sérum normal, Paris 1934, 150.) Angeblich steigt die Viscosität des Serums durch CO_2 bei Gegenwart der Blutkörperchen, sie bleibt aber unbeeinflußt durch CO_2 in reinem Serum.

Die *Beziehung zum Eiweißgehalt* ergibt sich nun aus folgender Tafel (Abb. 26). Man sieht daraus, daß bei einer Ablesung von 55—60 Skalenteilen am Refraktometer (entspr. 7,2—8,3% Eiweiß), Viscositätswerte von 1,6—1,75 zu erwarten sind, wenn das Albumin-Globulinverhältnis in normalen Grenzen bleiben soll.

Es muß sich also bei der geänderten Viscosität und gleichbleibender Eiweißkonzentration das prozentuale Verhältnis der Eiweißkörper verschoben haben, was sich nach Abb. 26 aus Viscosität und Refraktometerwert ablesen läßt.

Fibrinogen, Schätzung.
Es ergibt sich nun oft klinisch das Bedürfnis nach einer raschen und aproximativen Fibrinogenbestimmung, die von FRISCH und STARLINGER (Med. Klin. 1922, Nr 9) ausgearbeitet ist und darauf beruht, daß nur Fibrinogen durch Halbsättigung mit Kochsalz ausgeflockt wird und man an der Trübung den ungefähren Gehalt an Fibrinogen messen kann.

Ausführung: Man mischt Blut mit $^1/_{10}$ Volumen einer 0,5 %igen Natriumcitratlösung, zentrifugiert das Plasma ab und versetzt es mit dem gleichen Volumen gesättigter Kochsalzlösung.

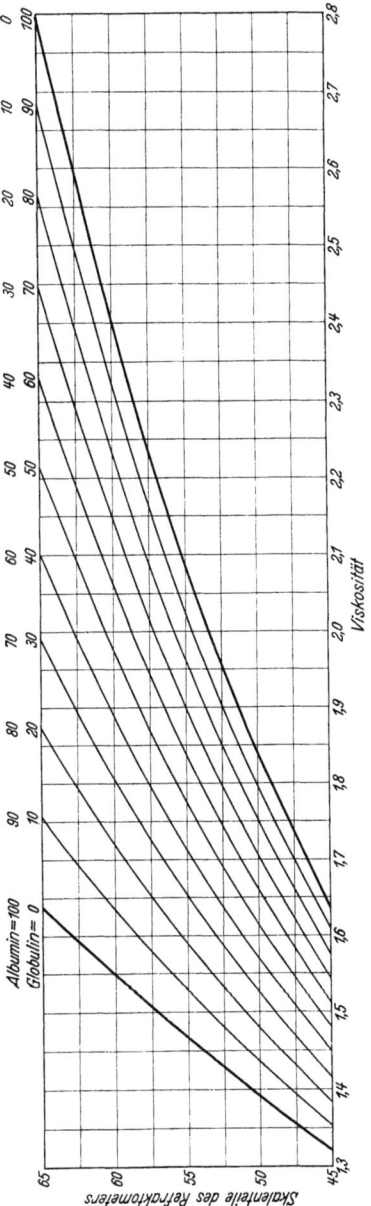

Abb. 26. Beziehung des Refraktometerwertes und der Viscosität zum Albumin/Globulinverhältnis.

Die Mischung wird geschüttelt und nach 3 Minuten das Resultat abgelesen:

leichte Trübung . . . . unter 0,2%
beginnende Flockung . . . . . . 0,2—0,3%
deutliche Flockung . . . . 0,3—0,4%
sehr starke Flockung . . . . . über 0,4%.

Beim gesunden Menschen entsteht nur eine Trübung. Das Verfahren gibt bei einiger Übung gute Anhaltspunkte.

Die Takata-Reaktion wird in der Klinik häufig zur Erkennung von Leberschädigungen angewendet. Takata selbst gibt in seiner Monographie (Verlag Nipponsha u. Co., Osaka, Japan) folgende Übersicht. ,,Bei progredienten Fällen von Lebercirrhose sowie bei schwerer Leberinsuffizienz fällt die Takata-Reaktion stets positiv aus, während sie bei leichteren diffusen Parenchymschädigungen der Leber, wie Icterus catarrh. oder bei beginnenden Lebercirrhosen, in der Regel versagt. Ein Fortbestehen der positiven Takata-Reaktion deutet immer auf irreparable Prozesse der Leber bzw. auf einen verhängnisvollen Verlauf der Krankheit hin." Die akute gelbe Leberatrophie gibt eine stark positive Reaktion, bei der Weilschen Krankheit nimmt die Reaktion mit fortschreitender Besserung ab. Bei Schwangerschaftstoxikosen ist sie stets negativ. Der Ausfall der Probe hat eine deutliche Beziehung zum Albumin-Globulin-Quotienten.

Die Reaktion beruht darauf, daß Sublimat mit Na_2CO_3 eine kolloidale Lösung von Quecksilberoxyd (HgO) bildet, die sich mit Fuchsin (*nicht* Fuchsin S) violett färbt. Wenn gleichzeitig Eiweißkörper vorhanden sind, so wirken diesselben als Schutzkolloide; diese Eigenschaft kommt nur den Albuminen, nicht den Globulinen zu. Je nach der Eiweißmenge nimmt die Lösung stufenweise eine rote bis blauviolette Farbe an, ohne daß eine Flockung, höchstens eine leichte Trübung auftritt. Als positiv wird die Reaktion bezeichnet, wenn in mindestens zwei Röhrchen eine deutliche Flockung aufgetreten ist, was durch eine Vermehrung der Globuline bedingt ist.

Reagenzien:
0,9 % NaCl $\qquad$ Na_2CO_3 10 %
0,02 % Sublimat ⎱ Als Takata-Reagens zu gleichen Teilen
0,02 % Fuchsinlösung ⎰ gemischt, vor Gebrauch frisch zu bereiten.

Ausführung: Man richtet sich neun Reagensgläser mit je 1,0 ccm NaCl-Lösung. In das erste gibt man 1,0 ccm Serum und von dieser Mischung 1,0 ccm nach dem zweiten usw. Man erhält so in den Röhrchen $1/2$, $1/4$, $1/8$, $1/16$ usw. ccm Serum. Zu jedem kommt noch 0,25 ccm Na_2CO_3 und 0,3 ccm frisches Takata-Reagens.[1] Nach dem Umschütteln läßt man 3 Stunden bei Zimmertemperatur stehen, nach welcher Zeit Ablesung erfolgt. Das Ergebnis wird in ein Diagramm eingetragen. Die starke Kurve bedeutet die Farbe (Markierung rechter Rand), die gestrichelte Kurve die Flockung (Markierung linker Rand). (Abb. 27 a—c.)

Liquor cerebrospinalis kann nur untersucht werden, wenn er frei von Blut ist und durch Zentrifugieren von zelligen Bestandteilen befreit wurde. Der normale Liquor enthält $0{,}2$—$0{,}3^0/_{00}$ *Eiweiß* und die Reaktionen, die angestellt werden, haben zum Ziel, diesen Eiweißgehalt annähernd zu bestimmen und außerdem das kolloidchemische Verhalten des Liquors zu prüfen.

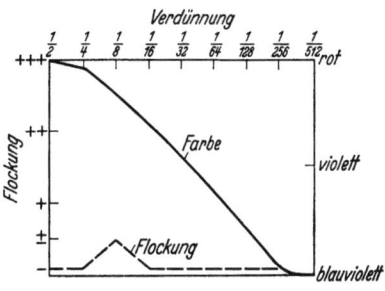

Abb. 27a. Negative Takata-Reaktion mod. Jerler.

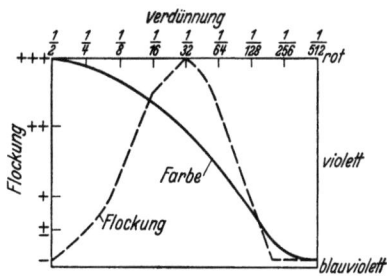

Abb. 27b. Positive Takata-Reaktion.

Die Schichtprobe mit konzentrierter HNO_3 geht von der Erfahrung aus, daß nur bei Konzentrationen von mindestens $0{,}033\,^0/_{00}$ noch eine sichtbare Fällung eintritt. Man verdünnt Liquor 1:10 mit 0,4% NaCl und gibt davon in ein kleines Reagensglas Nr. 1 2 ccm; in 5—6 weitere (Nr. 2—7) gibt man 1 ccm 0,4% NaCl, entnimmt aus dem Röhrchen 1 mit der Liquorverdünnung 1 ccm,

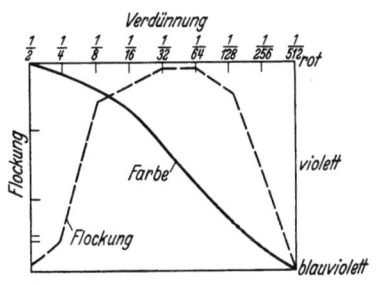

Abb. 27c. Stark positive Takata-Reaktion.

gibt ihn in das zweite Röhrchen, daraus wieder 1 ccm (nach dem Mischen) in das dritte usw., und erhält so eine Verdünnungsreihe 1:10; 1:20 usw. Jetzt füllt man eine Stangenpipette mit kon-

---

[1] Takata-Ara-Liquorreaktion siehe WILLY SCHMITT: Kolloidreaktion der Rückenmarkflüssigkeit (STEINKOPF, Dresden 1932).

zentrierter HNO_3, wischt die äußerlich anhaftende Säure ab und unterschichtet die Röhrchen nacheinander, bei der stärksten Verdünnung anfangend mit je ½ ccm Säure. Nach 1 Minute beobachtet man vor einem dunklen Hintergrund (schwarzes Papier und seitliche Beleuchtung) wo eben eine ringförmige Trübung zu erkennen ist. Dieses Röhrchen enthält $0{,}033^0/_{00}$ Eiweiß, durch Multiplikation mit der Verdünnung erhält man den ursprünglichen Eiweißgehalt des Liquors. Bei den meisten Erkrankungen des Zentralnervensystems ist der Gesamt-Eiweißgehalt erhöht, maximal bei eitriger Meningitis. Das Globulin-Albuminverhältnis ist normal 1:6, bei Fieber 1:3, bei Paralyse 1:1,3. Dabei ist absolut sowohl Albumin wie Globulin vermehrt, letzteres stärker. Fibrinogen ist im Liquor bei tuberkulöser und eitriger Meningitis zu finden und verrät sich durch die Spontangerinnung. Dabei soll auch die Tryptophanreaktion positiv sein.

Das *Globulin* wird nachgewiesen, indem man Liquor mit PANDYS Reagens (gesättigte wässerige Phenollösung) zusammenfließen läßt. Dabei darf nur ein eben sichtbares Wölkchen auftreten (+), jede stärkere Trübung — mit +, ++ oder +++ bezeichnet — ist pathologisch. Man beobachtet am besten auf einem stark gewölbten Uhrglas über schwarzem Papier.

Das Globulin wird auch nach NONNE-APELT durch Überschichten einer gesättigten filtrierten Ammonsulfatlösung mit Liquor nachgewiesen. An der Berührungsstelle darf normalerweise nach 6 Minuten höchstens eine ganz leichte Opalescenz eintreten. Die Ammoniumsulfatlösung ist mit Lackmus zu prüfen, sie darf nicht sauer reagieren und ist eventuell mit NH_3 zu neutralisieren bis sie amphoter ist.

Die Flockungsreaktionen des Liquors sind *Kolloidreaktionen* und abhängig von der Dispersion, Ladung und Konzentration der Liquorkolloide. Es ist zu beachten, daß die H˙-Konzentration einen großen Einfluß hat, besonders weil Liquor, dessen p_H in vivo etwa 7,4 ist, beim Stehen stark alkalisch, fast bis p_H 9, wird. Als Flockungsreaktion wird am meisten die Goldsol- und Mastix-Reaktion gebraucht.

Die Gläser (Jenaer) müssen besonders gereinigt werden, da nur mit peinlich sauberen Gläsern richtige Resultate zu erzielen sind. Die verwendeten Reagensgläser werden deshalb erst mit Königswasser ($HCl:HNO_3 = 4:1$) unter dem *Abzug* (Vorsicht vor den Gasen) gespült, dann mit heißem destilliertem Wasser bis zur neutralen Reaktion nachgewaschen und schließlich „gedämpft", indem man einen Dampfstrahl mehrere Minuten aus einer feinen Öffnung durchblasen läßt (Abb. 28). Dann werden die Gläser staubfrei eingeschlagen und bei 60—70⁰ getrocknet. Goldsollösung ist käuflich oder wird so hergestellt. Ein *sehr* sauberer Erlenmeyerkolben von etwa 500 ccm Inhalt wird mit 200 ccm redestilliertem Wasser gefüllt, dazu kommen 0,2 ccm einer 10%igen Goldchloridlösung und etwa 1,2 ccm einer 2%igen Kaliumcarbonatlösung. Das Ganze wird auf dem Drahtnetz rasch zum Sieden erhitzt, tropfenweise 2 ccm einer 1%igen Formalinlösung zugesetzt und schnell vom Feuer genommen. Der Kolben wird gleichmäßig kreisend geschwenkt, wobei die Farbe langsam rosa wird und nach 8—10 Minuten tiefrot ist; nur solche Lösungen sind brauchbar und die optimale Menge K_2CO_3 ist für jede Goldchloridlösung auszuprobieren. Die Menge kann bis 1,4 ccm steigen. Man stellt sich nun wieder Liquorverdünnungen 1:10, 1:20 usw. her (vgl. S. 69), bis 1:30000, das letzte Röhrchen enthält nur 1 ccm 0,4% NaCl als Kontrolle. Man gießt sich in einen Erlenmeyerkolben etwa 60 ccm Goldsol ab, da es nicht ratsam ist mit der Pipette in die Vorratsflasche zu gehen, und läßt in jedes Röhrchen (13 Stück) 5 ccm Sol in raschem Strahl fließen, schüttelt kräftig und liest nach 10 Minuten zum erstenmal, nach 24 Stunden zum zweitenmal ab.

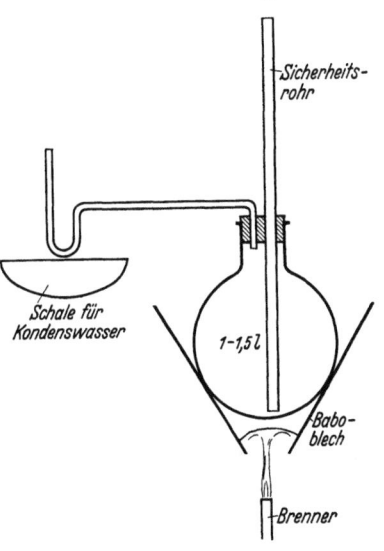

Abb. 28. Dampfkolben.

Unveränderte Röhrchen bleiben rot, bei beginnender Flockung werden sie violett, dann blau und schließlich bei vollständiger Fällung weiß. Man zeichnet das Resultat nach nebenstehendem Diagramm auf oder drückt es in Zahlen (eckige Klammern) aus. (Abb. 29.)

Die Form der Flockungskurve ist charakteristisch für die Erkrankung und diagnostisch wertvoll. Übergänge der schematisch dargestellten Kurven sind möglich.

Mastixreaktion. Mastixlösung: Eine 10%ige Mastixlösung in Alkohol wird 48 Stunden nach der Herstellung filtriert; Aufheben in brauner Flasche; davon wird ½ Stunde vor dem Gebrauch eine 10malige Verdünnung mit Alkohol hergestellt, und von dieser Verdünnung 10 ccm innerhalb 1—2 Minuten in 40 ccm doppelt destilliertes Wasser fließen gelassen.

Zur Prüfung wird das Sol mit dem gleichen Volumen NaCl-Lösung verschiedener Konzentration versetzt, erst bei 0,8% darf es flocken.

Ausführung: Die Reagensgläser Nr. 2—12 werden mit je 0,5 ccm 0,8% NaCl, die durch 0,005% Soda alkalisiert ist, beschickt. In Röhrchen 1 und 2 kommen je 0,5 ccm klarer blutfreier

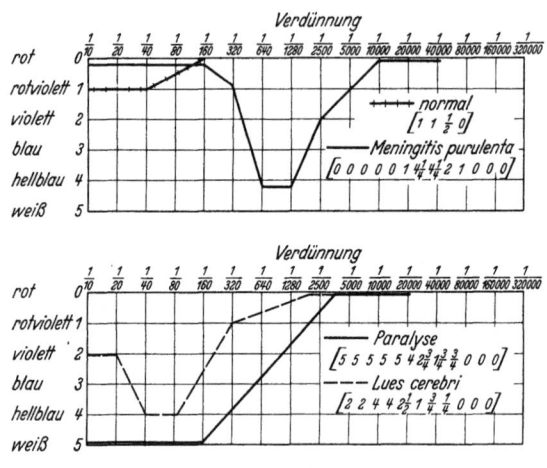

Abb. 29. Goldsolkurven.

Liquor aus Nr. 2 nach dem Mischen 0,5 ccm nach Nr. 3 usw. Außerdem eine Kontrolle nur mit Kochsalz. Zu allen kommt jetzt 0,5 ccm Mastixsol und die Gläser werden im Gestell mehrmals durchgeschüttelt. Die Ablesung erfolgt nach 24 Stunden, sie wird in 5 Grade geteilt und auf ein Diagramm aufgetragen, wie sich aus der Zeichnung ergibt. (Abb. 30.)

Die Goldsol- und Mastixreaktion charakterisiert im wesentlichen eine absolute Vermehrung des Eiweiß im Serum und eine Verschiebung des Verhältnisses Globulin/Albumin = Eiweißquotient = EQ. Die Bestimmung dieses Verhältnisses ist von KAFKA in einfacher Weise angegeben worden. CHAN fällt die Eiweißkörper des Liquors mit Pikrinsäure und erhält so das Gesamt-Eiweiß (G.E.). Weiter wird das Globulin durch Halbsättigung mit Ammoniumsulfat gefällt, nach dem Zentrifugieren die überstehende Albumin enthaltende Lösung abgesaugt, darauf die Globuline in Wasser gelöst und wieder mit Pikrinsäure gefällt. Der relative Eiweißgehalt wird volumetrisch in speziellen Zentrifugengläsern gemessen und daraus der EQ berechnet. Die Zentrifugengläser haben die Form nach Abb. 31, die ursprünglich von NISSL angegeben und von KAFKA modifiziert worden ist. Der fein graduierte Teil gibt bei den unten angegebenen Liquormengen den Eiweißgehalt in $^0/_{00}$ an, es ist empfehlenswert die Eichung mit bekannten Eiweißmengen nachzuprüfen. 1 Teilstrich soll 24,1 mg-% Eiweiß entsprechen.

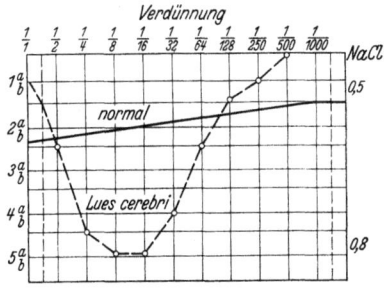

Abb. 30. Mastixkurven.

Reagenzien: ESBACH Reagens (vgl. Band I, Seite 84), gesättigte Ammoniumsulfatlösung. Die Lösung wird heiß filtriert und soll stets *ungelöste Krystalle* in der Flasche enthalten (Bodenkörper).

Ausführung: In zwei Zentrifugengläser nach Abb. 31 kommen je 0,6 ccm Liquor. Zum ersten kommt 0,3 ccm ESBACH-Reagens. Nach dem Mischen wird nach 30 Minuten zentrifugiert (3500 Touren/Min. und 30 Minuten). Die Höhe des Niederschlages wird mit der Lupe bis auf $^1/_{10}$ Teilstrich abgelesen (1. Zahl).

In das zweite Röhrchen kommen 0,6 ccm ges. Ammonsulfatlösung, der Niederschlag wird nach 2 Stunden ebenso zentrifugiert und gemessen (2. Zahl). Die Menge ist wegen der geänderten Fällungsart mit der 1. Zahl nicht vergleichbar. Er wird, um vergleichbare Werte zu erhalten von der überstehenden Flüssigkeit durch Absaugen (vgl. Seite 3) befreit und mit destilliertem Wasser auf 0,6 ccm aufgefüllt. Rührt man mit einem feinen Glasstab, so löst sich der Niederschlag und wird danach mit 0,3 ccm ESBACH-Reagens gefällt und weiter wie oben behandelt. Dieser Niederschlag entspricht den Globulinen.

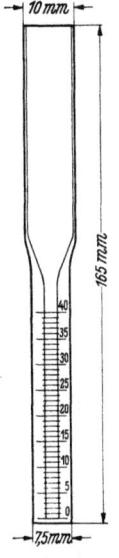

Abb. 31. Zentrifugenröhrchen nach KAFKA.

Das Albumin errechnet sich aus der Differenz von ges. Eiweiß—Globulin. Aus dem Verhältnis der 2. Zahl zur Menge (Schichthöhe)

Organische Bestandteile.

Abb. 32.
Tabelle der Eiweißrelationen im Liquor nach DEMME. (Mittelwerte in Klammern).

	G. E.	2. Zahl	Glob.	Alb.	E. Q.	H. K.
Normalfälle	0,8—1,2 (1,0)	0,1—1,5 (0,25)	0,1—0,3 (0,2)	0,6—1,1 (0,8)	0,1—0,4 (0,25)	1,0—7,5 (1,6)
Progressive Paralyse, unbehandelt (75 Fälle)	1,3—6,2 (2,82)	1,0—15,4 (4,21)	0,7—4,8 (1,74)	0,6—2,7 (1,08)	0,65—5,33 (1,61)	1,32—4,29 (2,42)
dto. nach Malariabehandlung (50 Fälle)	1,1—9,2 (2,20)	0,3—5,4 (1,96)	0,2—3,0 (1,04)	0,6—6,2 (1,16)	0,2—2,6 (0,90)	1,3—3,4 (1,88)
Tabes (100 Fälle)	0,9—5,5 (1,74)	0,2—6,0 (1,40)	0,2—1,7 (0,62)	0,6—3,8 (1,10)	0,2—1,9 (0,56)	1,0—5,0 (2,26)
Lues cerebr. (100 Fälle)	0,8—6,6 (2,12)	0,3—8,4 (1,79)	0,2—2,4 (0,79)	0,6—3,4 (1,33)	0,2—1,4 (0,60)	1,2—5,0 (2,27)
Meningitis tub. (20 Fälle)	1,8—11,5 (5,3)		0,7—5,0 (1,8)	1,1—9,4 (3,5)	0,2—0,9 (0,51)	
Multiple Sklerose (126 Fälle)	0,8—5,2 (1,66)		0,1—2,0 (0,51)	0,6—3,2 (1,15)	0,1—1,0 (0,44)	
Dementia praecox	0,8—2,2 (1,46)		0,1—0,7 (0,33)	0,6—2,0 (1,13)	0,1—0,7 (0,29)	

der Globuline ergibt sich der sogenannte Hydratationskoeffizient

$$\text{HK} = \frac{2.\ \text{Zahl}}{\text{Glob.}}.$$

Die Werte für die 2. Zahl sind oft recht ungenau, weil sich die Oberfläche des Niederschlages schräg absetzt. Man kann mit der oben beschriebenen einfachen Methode 6 Zahlenwerte erhalten: Gesamt-Eiweiß (G.E.), 2. Zahl, Globuline, Albumine, Eiweißquotient (EQ) und Hydratationskoeffizient (HK), die auf GE = 1 (24,1 mg-% Eiweiß) bezogen folgende Werte haben [nach DEMME, Arch. f. Psychiatr. 92, 485 (1930)]:

Aminosäuren. Die Aminosäuren haben als Bestandteile des Körpereiweiß ein großes Interesse. Sie entstehen durch fermentativen Abbau und sie verschwinden bei fermentativem Aufbau. Die Aminosäuren kommen in geringen Mengen im Blut und Harn vor, sie sind bei bestimmten Erkrankungen deutlich vermehrt. Als Stickstoff berechnet beträgt ihr Gehalt im normalen Blut 5-8mg-%, bei Erkrankungen der

Leber, so bei Vergiftungen mit Phosphor, Arsen und Chloroform werden leicht die doppelten Werte erreicht, ja sogar Werte über 100 mg-% Aminostickstoff. Im Harn besteht gewöhnlich 1,5—2,5% des Gesamtstickstoffs aus Aminostickstoff und unter den normal vorkommenden Aminosäuren ist das Glykokoll sicher nachgewiesen. Pathologisch sind bekannt Cystin, Leucin, Tyrosin, letztere bei Lebererkrankungen. Die ausgeschiedenen Mengen unterliegen großen Schwankungen, je nach der Schwere der Erkrankung. Bei der akuten Leberatrophie fällt der Harnstoff N von 85—88% des ges. N auf 45—60%, dagegen steigt NH_3 von 3—5% auf 10—17% und der Harnaminosäurenstickstoff steigt auf 12%, bei Lebercirrhose auf 6%.

Die Aminosäuren sind dadurch charakterisiert, daß sie in einem Molekül eine oder zwei basische Aminogruppen (—NH_2) und eine oder zwei saure Carboxylgruppen (—COOH) haben, worauf die verschiedenen Bestimmungsmethoden begründet sind.

Von verschiedenen Verfahren sind zu nennen:

1. die colorimetrische Methode von FOLIN, die auf der Farbbildung von Aminosäuren mit β-Naphto-Chinonsulfosäure beruht,

2. die titrimetrische Methode von LINDERSTRÖM-LANG in etwa 90%igem Aceton, wobei die basischen Aminogruppen mit $n/_{10}$-HCl erfaßt werden,

3. die Formoltitration nach SÖRENSEN, bei welcher die Aminogruppen durch Formaldehyd gebunden werden und dadurch die sauren Carboxylgruppen der Titration zugänglich werden.

4. die Änderung der elektrischen Leitfähigkeit, die besonders für fermentative Studien geeignet ist.

5. die gasanalytische Methode nach VAN SLYKE, die aber nicht spezifisch für die Aminosäuren ist, bei der ein Teil des Harnstoffs miterfaßt wird.

6. die titrimetrische Methode nach WILLSTAEDTER, bei welcher in stark alkoholischer Lösung die Carboxylgruppen titriert werden können.

Die drei erstgenannten verdienen besonderes Interesse, weil man bei der colorimetrischen Methode sehr wenig Material braucht und weil die Formoltitration sehr genaue Resultate liefert; dagegen wäre die Methode von LINDERSTRÖM-LANG äußerst einfach, wenn nicht der hohe Harnstoffgehalt des Harnes stören würde, für Blut ist sie brauchbar.

Eine ausführliche *Kritik* der verschiedenen Methoden verdanken wir VAN SLYKE [J. of biol. Chem. **102**, 651 (1933)] und ESLEM KIRK. Danach zeigt sich, daß bei der Titration in Aceton nicht immer die theoretische Menge Säure verbraucht wird; auch organische Säuren werden zum Teil mitbestimmt. Bei der Formoltitration wird nur das Arginin nicht erfaßt, die Resultate sind genau stöchiometrisch. Die colorimetrische Methode von FOLIN gibt ungefähr dieselben Werte wie die Formoltitration und bei Anwendung der gasometrischen Methode müssen Harnstoff und NH_3 unbedingt entfernt werden. ZIRM und BENEDICT [Biochem. Z. 243, 312 (1931)] berichten, daß sie bei der colorimetrischen Methode zugesetztes Alanin nicht immer quantitativ wiederfinden konnten, daß die Werte aber sonst übereinstimmten. Nach RE und POLICK (zit. nach ZIRM und BENEDICT) sollen die colorimetrischen Werte nur zuverlässig sein im Bereich von 5—6 mg-% Aminostickstoff.

Colorimetrische Bestimmung der Aminosäuren nach FOLIN.

Lösungen:

1. Chinon-Reagens: 0,1 g β-Naphtochinon sulfosaures Natrium wird in 20 ccm Wasser gelöst. Die Lösung ist stets frisch zu bereiten. Von dem Reagens müssen 2 ccm mit 1 ccm Essigsäure 25% und 1 ccm Natriumthiosulfat in kurzer Zeit entfärbt werden.

2. Natriumcarbonat kryst. 2,5%. (Es sollen 8,5 ccm der Lösung mit Methylrot 20 ccm $n/_{10}$-HCl verbrauchen.)

3. Essigsäure-Acetatgemisch 100 ccm Essigsäure 50% + 100 ccm Na-Acetat 5%.

4. Natriumthiosulfat kryst. 4%.

5. Permutit.

6. Standard-Aminosäurelösung: 0,0536 g Glykokoll werden mit $n/_{10}$-HCl ad 100 ccm gelöst; haltbar durch Zusatz von 0,2% Na-Benzoat. Diese Lösung enthält 0,1 mg N im Kubikzentimeter. Der Menge von 0,0536 g Glykokoll sind äquivalent:

0,0789 g Leucin
0,0994 g Phenylamin oder
0,109 g Tyrosin.

7. Phenolphthalëin.

Ausführung: Große Reagensgläser mit einer Ringmarke bei 25 ccm werden mit 10 ccm Blutfiltrat (entsprechend 1,0 ccm Blut) nach FOLIN-WU (Na-Wolframat und Schwefelsäure) gefüllt. In ein gleiches Reagensglas kommen 1 ccm Aminosäurestandard + 8 ccm Wasser, 1 Tropfen Phenolphthalëin und 1 ccm Sodalösung. Das Blutfiltrat wird ebenfalls mit Phenolphthalëin versetzt und tropfenweise so lange Sodalösung zugegeben, bis beide Proben denselben rötlichen Ton haben. Dann kommen in beide Proben 2 ccm Chinonreagens, man mischt und läßt über Nacht an lichtgeschützter Stelle stehen.

Danach versetzt man mit je 2 ccm Acetatgemisch und Thiosulfat, füllt bis zur Marke auf und schließt die colorimetrische Messung unmittelbar an. Die *Berechnung* erfolgt in bekannter Weise und die Werte werden angegeben in mg-% Amino-N. Beispiel für ein Colorimeter von DUBOSQ.

Standard Schichthöhe 25 mm ⎫
Probe   „   16,8 mm ⎬ im Colorimeter.
Standard Konzentration = 0,1 mg im ccm.

$$\text{Probe} = \frac{25 \cdot 0{,}1 \times 100}{16{,}8} = 14{,}88 \text{ mg \%}$$

Normalwert 6—8.mg-%.

Es ist empfehlenswert hin und wieder einen Leerwert mit destilliertem Wasser statt der Aminosäurelösung anzusetzen, der nach Zusatz von Thiosulfat farblos oder ganz schwach gelb werden muß. Der Ammoniakgehalt des Blutes ist so gering, daß er vernachlässigt werden kann. Ist nur wenig Aminosäure im Blut, so wird der Standard entsprechend auf das Doppelte bis Dreifache verdünnt.

Im Harn kommen solche Mengen von Ammoniak vor, daß es empfehlenswert ist, in jedem Falle das Ammoniak bzw. die Ammonium-Ionen zu entfernen. Da gleichzeitig die Aminosäurekonzentration für die colorimetrische Bestimmung zu groß ist, wird der Harn auf das 2—3fache verdünnt und zweimal mit je 1—2 g Permutit etwa 5 Minuten durchgeschüttelt (vergl. S. 79). Dann macht man folgenden Ansatz:

Ansatz	Harn	Standard
Harn verdünnt	5 ccm	—
$n/_{10}$-HCl	1 ccm	—
Standard	—	3 ccm
Natriumcarbonat	1 ccm	3 ccm
Wasser	3 ccm	4 ccm
Chinonreagens	5 ccm	5 ccm
Dazu weiter nach 18—24 Stunden:		
Acetatmischung	1 ccm	1 ccm
Thiosulfat	5 ccm	5 ccm
Wasser	ad 25 ccm	25 ccm

Die colorimetrische Messung erfolgt wie oben. Bei der Ausrechnung ist die Verdünnung des Harnes zu berücksichtigen.

Über eine Modifikation der FOLINschen Methode unter Anwendung des ZEISSschen Stufenphotometers siehe SIMONELLI (Riforma med. 1934, 445) (zit. nach Bericht ges. Phys. 80, 287). Nach dieser Modifikation braucht man 0,2 ccm Fingerbeerenblut die mit Metaphosphorsäure enteiweißt werden. In der Arbeit ist für das Filter S 47 eine vollständige Tabelle der Aminosäurewerte angegeben.

Titration in Aceton nach ZIRM-BENEDICT (Methode LINDERSTRÖM-LANG). Der Harnstoff-N wird nach dieser Methode bis zu 1% mittitriert, was aber bei dem geringen Gehalt im Serum bzw. Blut keine Rolle spielt.

Lösungen:
1. Ferrum oxyd. dial. 10%.
2. α-Naphtylrot 0,1% in Alkohol. An Stelle von Naphtylrot wird von LINDERSTRÖM [Z. physiol. Chem. 174, 275 (1928)] das 2.4.2'.4'.2'' Pentamethoxytriphenylcarbinol mit Umschlag von farblos zu blaurot empfohlen.
3. $n/_{40}$-HCl in Alkohol in Mikrobürette nach Band 1, Seite 45, Abb. 18 IIb.
4. Reines Aceton etwa 99%.

Ausführung: 3 ccm Serum werden mit 12 ccm Wasser verdünnt, erhitzt und tropfenweise mit 5 ccm Eisenhydroxyd gefällt und sofort zentrifugiert oder filtriert. 10 ccm klares Filtrat (= 1,5 ccm Serum) kommen in ein Becherglas oder Erlenmeyerkolben von 50 ccm und werden auf dem Wasserbad zur Trockne verdampft, indem man praktischerweise die Wasserdämpfe mit einer Wasserstrahlpumpe absaugt. Der Rückstand wird in 2 ccm Wasser mit 4 Tropfen Naphtylrot gelöst und der Indikator mit der Salzsäure zum Umschlag nach orange gebracht, der mit der Kontrolle I aus 2 ccm Wasser + 4 Tropfen Naphtylrot + 0,01 ccm $n/_{40}$-HCl übereinstimmen soll. Die hierzu benötigte HCl ist ohne Belang. Jetzt gibt man 30 ccm Aceton zur Probe und titriert mit der $n/_{40}$-HCl zur Farbgleichheit von Kontrolle II, bestehend aus 2 ccm Wasser mit 4 Tropfen Naphtylrot, 30 ccm Aceton und 0,30 ccm $n/_{40}$-HCl.

Von diesem Titrationswert werden 0,30 ccm abgezogen, die auch für die Kontrolle II verbraucht wurden. Damit ist die Bestimmung beendet.

Berechnung: 1 ccm $n/_{40}$-HCl = 0,35 mg N. Verbraucht wurden für 10 ccm Zentrifugat:

0,565 ccm — 0,300 = 0,265 ccm $n/_{40}$-HCl
0,265 ccm $n/_{40}$-HCl = 0,0928 mg N in 1,5 ccm Serum
= 6,18 mg-% Amino-N.

Zur Aminosäurebestimmung im Harn wäre es nötig, den Harnstoff zuerst mit Urease zu zerstören und dann die Aminosäuren zu titrieren.

Das Aceton kann man wiedergewinnen, wenn man das Wasser mit $CaCl_2$ bindet und das Aceton abdestilliert.

Formoltitration. Zu dieser Methode, welche wohl klinisch am meisten gebraucht wird, mit welcher die gesamten Aminosäuren im Harn erfaßt werden, braucht man eine 30—40%ige Formollösung, die genau neutralisiert ist. Man versetzt 50 ccm Formol mit 1 ccm Phenolphthaleïnlösung und gibt verdünnte Lauge tropfenweise bis zur schwachen Rosafärbung zu. Weiter ist es nötig, die Phosphate und das Ammoniak aus dem Harn zu entfernen, desgleichen die Kohlensäure, die den Umschlag des Phenolphthaleïns stört. Ist der Harn ausnahmsweise so stark gefärbt, daß die Eigenfarbe stört, so entfärbt man durch Bildung eines AgCl-Niederschlages oder mit Tierkohle. PO_4''' und CO_3''-Ionen werden als unlösliche Bariumsalze niedergeschlagen, das Ammoniak mit Permutit (ein unlösliches Silicat) absorbiert. Wird die Aminogruppe der Aminosäuren mit Formaldehyd gebunden, wie nachstehende Gleichung zeigt, so verliert sie ihre basischen Eigenschaften, der saure Charakter der gleichzeitig im Molekül vorhandenen Carboxylgruppe kommt voll zum Vorschein und kann mit NaOH gegen Phenolphthaleïn titriert werden.

$$CH_3.CH.COOH$$
$$|$$
$$NH_2 \quad + CH_2O = CH_3.CH.COOH$$
$$|$$
$$N=CH_2 \quad + H_2O$$

Reagenzien:
1. Formollösung neutralisiert (siehe oben).
2. $n/_5$-Natronlauge kohlensäurefrei!
3. $n/_5$-HCl.
4. Gesättigte Lösung von Bariumhydroxyd kryst.
5. Bariumchlorid kryst. etwa 20%.
6. Phenolphthaleïn 0,5% in 50% Alk.
7. Tierkohle fein pulverisiert.
8. Ausgekochtes destilliertes Wasser.
9. Permutit.

Ausführung: Etwa 70 ccm Harn werden in einem Schütteltrichter mit 6 g Permutit kräftig geschüttelt und dann durch ein trockenes Filter in einen zweiten Schütteltrichter filtriert, wo sie nochmals 5 Minuten mit 6 g frischem Permutit geschüttelt und darauf filtriert werden. Das klare Filtrat ist ammoniakfrei und man nimmt davon 50 ccm in einen 100 ccm-Meßkolben mit etwa 1 ccm Phenolphthaleïnlösung, setzt etwa 10 ccm Bariumchlorid und vorsichtig Bariumhydroxydlösung zu bis eine Rotfärbung auftritt. Danach gibt man noch 5 ccm Bariumhydroxyd im Überschuß zu und schüttelt kräftig. Alle Phosphate und Carbonate fallen aus. Jetzt versetzt man mit 20 ccm Alkohol, füllt zur Marke auf (CO_2-freies Wasser), schüttelt kräftig mit etwa 2 g Tierkohle und filtriert. Das Filtrat soll wasserklar sein. Man nimmt 80 ccm (40 ccm Harn) in einen 100 ccm-Meßkolben, neutralisiert mit $n/50$-HCl gegen *Lackmuspapier* und füllt dann auf und mischt gut. Von dieser neutralen Lösung wird ein aliquoter Teil, etwa 40 ccm (16 ccm Harn) mit 20 ccm Formollösung versetzt und so lange mit $n/5$-NaOH bis der Farbton einer Kontrollösung genau gleich ist, indem man eventuell eine zu starke rote Farbe mit $n/5$-HCl abschwächt. Die Kontrollösung wird hergestellt aus 40 ccm destilliertem CO_2-freiem Wasser (Nr. 8), 20 ccm Formollösung und $n/5$-NaOH bis eben eine deutlich rote Farbe vorhanden ist (p_H 8,8).

Der Verbrauch der Probe an $n/5$-NaOH vermindert erstens um die Menge der eventuell zur Rücktitration verwendeten Säure (unter Berücksichtigung eines Titers) und zweitens des Laugenverbrauchs der Kontrollösung, multipliziert mit 2,8 gibt die Menge Aminostickstoff in Milligramm.

Beispiel: Harnmenge 1600 ccm mit 14 g ges. N. Titriert 40 ccm Filtrat (= 16 ccm Harn).
Verbraucht: Probe 1,15 ccm $n/5$-Lauge und
0,07 ccm $n/5$-Säure
$\overline{1,08 \times 2,8 = 3.024}$ mg N in 16 ccm.

$$\text{Tagesausscheidung} = \frac{3.024 \times 1600}{16} = 302.4 \text{ mg Aminostickstoff}$$
$= 2,16\%$ des ges. N.

Die Entfärbung des Harnes durch $AgNO_3$ ist umständlicher, sie kann nachgelesen werden: Z. phys. Chem. 64, 136 (1910) und Biochem. Z. 7, 415 (1907).

Die Methode kann in der verschiedensten Weise modifiziert werden. Man kann z. B. die Entfernung des NH_3 unterlassen; dann bestimmt man bei der Formoltitration Amino N + NH_3 — N. In einer gesonderten Bestimmung wird das NH_3 bestimmt und aus der Differenz der Aminostickstoff berechnet.

Weiter kann man die Hippursäure und den peptidgebundenen Stickstoff bestimmen, indem man eine Harnprobe 2 bis 3 Stunden mit der gleichen Menge starker Salzsäure langsam kocht. Dabei wird die Hippursäure und Peptide in Aminosäuren gespalten. Schließt man nun, nachdem die Lösung konzentriert und neutralisiert ist, unter den üblichen Bedingungen eine Formoltitration an, so erhält man die Stickstoffmenge, die den ursprünglich vorhandenen und durch Verseifen in Freiheit gesetzten Aminosäuren entspricht. Aus der Differenz mit der ersten Bestimmung ergibt sich die Menge des N der Hippursäure und Peptide. Wird der saure Harn zuerst mit Essigester extrahiert, um die Hippursäure zu entfernen, so kann der Peptidstickstoff in dem hippursäurefreien Harn bestimmt werden.

Die Essigesterextrakte werden vereinigt, einmal mit Wasser gewaschen, der Ester abdestilliert und der Rückstand in 30% iger HCl verseift, wie oben, und darauf das abgespaltene Glycocoll titrimetrisch bestimmt.

Die nach dem Verseifen dunklen Harne lassen sich meistens besser mit AgCl klären. Hierzu wird der Verseifungsrückstand, von z. B. 50 ccm Harn, auf dem Wasserbad eingeengt, alsdann in etwas Wasser aufgenommen (er muß noch congosauer reagieren) in einen 50 ccm-Meßkolben übergeführt und mit 20 ccm einer ca. 6% igen $AgNO_3$ versetzt und gut geschüttelt, aufgefüllt und durch ein trockenes Filter klar filtriert, indem man trübe Filtrate wieder auf das Filter gießt. Vom klaren Filtrat werden 40—45 ccm mit Permutit, $BaCl_2$ und $Ba(OH)_2$ behandelt und die Formoltitration zu Ende geführt.

Arginin. Das Arginin hat wegen seiner stark basischen Eigenschaften eine besondere Stellung unter den Aminosäuren. Die

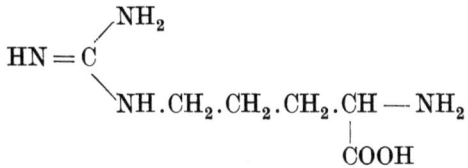

freie Base zieht an der Luft Kohlensäure an. Im Organismus befindet sich ein Enzym, die Arginase, welche das Arginin in Ornithin und Harnstoff spaltet. Dieser Vorgang ist bedeutungsvoll bei der Harnstoffbildung in der Leber. Weiter ist wiederholt auf die besonders aktive Spaltung von Arginin durch Tumoren und embryonales Gewebe hingewiesen worden, was auf eine gewisse Bedeutung des Arginins beim Wachstum hinweist. Jüngst wird nun noch von REISS, SCHWARZ und FLEISCHMANN [Hoppe-Seylers Z. **234**, 201 (1935)] berichtet, daß bei schwangeren Kaninchen und bei Carcinomtieren der Arginingehalt des Blutes unternormal ist, aber z. B. kurz nach der Geburt wieder normal wird. Besonders soll auch das Sexualreifungshormon bei virginellen Kaninchen eine typische Verminderung des Argininspiegels verursachen.

Die Mannigfaltigkeit der Befunde rechtfertigt es, eine einfache colorimetrische Methode der Argininbestimmung zu beschreiben [vgl. weiter: Hoppe-Seylers Z. **213**, 217 (1932), Hoppe-Seylers Z. **211**, 23 (1932), WEBER: J. of biol. Chem. **86**, 217 (1930), JORPES und THOREN: Biochemic. J. **26**, 1504 (1932), SAKAGUCHI: Jap. Biochem. **5**, 25 (1925)].

Prinzip: Arginin gibt in alkalischer Lösung mit α-Naphthol eine rote Farbe, wenn mit Bromlauge oxydiert wird. Das überschüssige Brom wird durch Harnstoff entfernt.

Reagenzien: Natronlauge 10%.
α-Naphthollösung 0,02%.
Bromlauge: 1,8 ccm Brom + 500 ccm Natronlauge 5%.
Harnstofflösung 40%.
Trichloressigsäure 20%.

Ausführung: 1 ccm Blut wird mit 8 ccm Wasser und 1 ccm Trichloressigsäure enteiweißt, vom klaren Filtrat kommen 5 ccm in einen Meßkolben mit 1 ccm Natronlauge und 1 ccm Naphthollösung. Die Mischung bleibt 5 Minuten im Eis stehen, dann kommen dazu 0,5 ccm Bromlauge und 1 ccm 40% Harnstofflösung, nach weiteren 5 Minuten wird auf 25 ccm aufgefüllt und colorimetriert, nachdem eingehend gemischt war.

Der colorimetrische Vergleich erfolgt gegen eine Standardlösung von 0,01% Argininnitrat, von welchem man 1 ccm in derselben Weise behandelt, oder auf eine andere bekannte Weise der Absolutcolorimetrie. Der Fehler der Methode soll $\pm 4\%$ betragen. Bei Kaninchen werden Werte von 5—7 mg-% gemessen, die bei demselben Tier um nur $\pm 10\%$ schwanken. Über Werte im menschlichen Blut ist noch nichts bekannt.

Bei der Ausführung im Stufenphotometer nach JORPES und THOREN wird das Filter S 47 benutzt.

Nachweis von Cystin, Leucin und Tyrosin. Von Aminosäuren sind aus Blut bei schweren Lebererkrankungen Cystin, Leucin und Tyrosin isoliert worden, die dann auch vermehrt im Harn erscheinen. Das Cystin auch noch bei der seltenen und harmlosen Cystinurie. Cystin und Leucin sind schwer löslich und können meistens im Harnsediment an der typischen Krystallform erkannt werden. (Leucinkugeln sind leicht mit Dicalciumphosphat und Ammoniumurat zu verwechseln.) Für das Cystin besteht auch eine colorimetrische Methode, mit welcher im normalen Harn im Durchschnitt 4 mg-% gefunden werden. [FOLIN und LOONEY: J. of biol. Chem. **51**, 421; **54**, 171 und **57**, 515 (1922)].

Dem chemischen Nachweis des Leucins muß die Isolierung vorausgehen, dagegen läßt sich Tyrosin im eiweißfreien Harn mit der MILLONschen Reaktion nachweisen. [MILLONs Reagens 1 Teil Quecksilber wird in 2 Teilen HNO_3 (1,42) kalt gelöst, dann erwärmt, mit dem doppelten Volumen Wasser verdünnt und nach dem Absitzen des Niederschlages dekantiert.] Man gibt zu einigen Kubikzentimetern Harn, der mit Trichloressigsäure entweißt und filtriert ist, einige Tropfen Reagens und erwärmt bis zum Sieden. Es entsteht eine Rosafärbung, die beim Erkalten tiefrot wird. Unter Umständen tritt auch ein roter Niederschlag auf.

$$\underset{\text{Cystein}}{\overset{\text{CH}_2.\text{SH}}{\underset{\text{COOH}}{\overset{|}{\text{CH}.\text{NH}_2}}}} \quad \underset{\text{Cystin}}{\overset{\text{CH}_2.\text{S}-\text{S}.\text{CH}_2}{\underset{\text{COOH}\quad\text{COOH}}{\overset{|\qquad\qquad|}{\text{CH}.\text{NH}_2\;\text{H}_2\text{N}.\text{CH}}}}} \quad \underset{\text{Tyrosin}}{\overset{\text{OH}}{\underset{\text{COOH}}{\overset{}{\bigcirc\text{CH}_2\text{CHNH}_2}}}} \quad \underset{\text{Leucin.}}{\overset{\text{CH}_3.\text{CH}}{\underset{\text{COOH}}{\overset{|}{\text{CH}.\text{CH}_2\text{CH}.\text{NH}_2}}}}$$

Kreatin. Kreatinin. Das Kreatin bzw. Kreatinin gehört nicht zu den eigentlichen Aminosäuren, die als Bausteine des Eiweißmoleküls gelten, gleichwohl sind sie für den Energieumsatz des Körpers von hervorragender Bedeutung und die ausgeschiedene Menge steht nach FOLIN in Beziehung zum Eiweißstoffwechsel. Das Kreatin leitet sich ab vom Guanidin, in welches sowohl ein Methyl- wie auch ein Essigsäurerest eingetreten ist.

Die Konstitution ist folgende:

$$\begin{array}{c} \text{NH}_2 \quad \text{OH} \\ \diagup \qquad | \\ \text{C}=\text{NH} \quad \text{CO} \\ \diagdown \qquad \diagup \\ \text{N}-\text{CH}_2 \\ | \\ \text{CH}_3 \end{array}$$

Aus diesem Molekül spaltet sich leicht Wasser ab unter Bildung einer ringförmigen Verbindung, die Kreatinin genannt wird und eine etwa 38mal so starke Base als Kreatin ist.

$$\underset{\text{Kreatin}}{\begin{array}{c} \text{NH}_2 \quad \text{OH} \\ \diagup \qquad | \\ \text{C}=\text{NH} \quad \text{CO} \\ \diagdown \qquad \diagup \\ \text{N}-\text{CH}_2 \\ | \\ \text{CH}_3 \end{array}} \quad -\text{H}_2\text{O} = \quad \underset{\text{Kreatinin.}}{\begin{array}{c} \text{H} \\ \text{N} \\ \diagup \quad \diagdown \\ \text{C}=\text{NH} \quad \text{CO} \\ \diagdown \qquad \diagup \\ \text{N}-\text{CH}_2 \\ | \\ \text{CH}_3 \end{array}}$$

Im Reagensglas wird bei saurer Reaktion die Bildung von Kreatinin, bei alkalischer die Bildung von Kreatin begünstigt. Bei einer bestimmten Acidität der Lösung besteht ein festgelegtes Gleichgewicht zwischen Kreatin und Kreatinin. Dieser Vorgang der Kreatininbildung ist klinisch in mancher Richtung von Interesse, da unter Umständen eine Hemmung der Anhydridbildung erfolgen kann.

Auf das gleiche Körpergewicht bezogen haben Männer und Frauen die gleiche Kreatininausscheidung, wenn kein exogenes Kreatinin oder Kreatin zugeführt wird und man bezeichnet als Kreatinin*koeffizienten* den Kreatinin-N in Milligramm, der in 24 Stunden pro Kilogramm Körpergewicht ausgeschieden wird. (Was anderes ist der Kreatinin*quotient*, der eine nicht konstante Beziehung zum ges. N. im Harn darstellt.) Arginin wird nicht in Kreatinin verwandelt, aber im Harn erscheint sowohl *exogenes* Kreatinin, welches mit der Nahrung, Fleisch, Getreide, Kartoffeln und Erbsen, aufgenommen wird, wie auch *endogenes* Kreatinin, welches im Körper synthetisiert wird.

Die Ausscheidung beträgt beim Mann etwa 24 mg, bei der Frau etwa 11—18 mg in 24 Stunden. Unter analogen Bedingungen ist die Kreatininausscheidung proportional der Menge Muskulatur. Im Fieber nimmt das Harn-Kreatinin zu. Beim gesunden Mann fehlt Kreatin im Harn, bei Kindern und Frauen ist es physiologisch. Das Kreatin hat eine wesentliche Beziehung zum Muskelstoffwechsel, denn das im Muskel deponierte Phosphagen ist für

$$\left(\text{Kreatinphosphorsäure} \begin{array}{c} \\ C=NH \\ \\ N \cdot CH_2 \cdot CO \\ | \\ CH_3 \end{array} \begin{array}{c} H \quad OH \\ N-P=O \\ OH \quad OH \end{array} \right)$$

(instabile Phosphorsäureverbindung)

eine plötzliche Arbeitsleistung des Muskels notwendig, indem es nach den Untersuchungen von PARNAS die Synthese der Adenosintriphosphorsäure ermöglicht (Abb. 33).

Eine Kreatinurie tritt auf bei allen Krankheiten, die mit einer Gefährdung des Eiweißbestandes des Körpers verbunden sind. Sie ist beobachtet worden im Hunger, Fieber, bei Kachexie, Basedow, Acidose und Diabetes mellitus, was auf den Zusammenhang mit dem gestörten Kohlehydratstoffwechsel hinweist. Auch bei Lebererkrankungen, Mangelkrankheiten und Myopathien ist eine Kreatinurie gefunden worden.

Im Serum sind normal 3—4 mg-% Kreatin und 1—2 mg-% Kreatinin. Übernormale Werte, parallel dem Harnsäurespiegel, sind Zeichen einer verminderten Nierenfunktion.

Zur Bestimmung des Kreatinins ist *keine spezifische Reaktion* vorhanden, sondern man bedient sich nach JAFFÉ der Tatsache, daß Kreatinin in der *Kälte* eine alkalische Pikrinsäurelösung zu

Pikraminsäure zu reduzieren vermag. Letztere ist rot und es ist die Aufgabe, diese rote Farbe in der gelben Lösung von überschüssiger Pikrinsäure in Natronlauge colorimetrisch zu messen. Dieses Problem ist mit Hilfe der Absolutcolorimetrie leicht zu lösen, ist aber schwierig bei dem gewöhnlichen Colorimeter nach DUBOSQ oder AUTENRIETH. Es besteht aber weiter die Schwierigkeit bei der gesamten Kreatininbestimmung, ob im Harn nicht außer Kreatin noch Substanzen vorhanden sind, die nach dem Erhitzen mit HCl Pikrinsäure in der Kälte reduzieren und daher einen Fehler bedingen. Auf diese Fehlerquelle hat kürzlich LINNEWEH und LINNEWEH (Klin. Wschr. **1934**, I, 589) hingewiesen. Sie berichten, daß bis 80% der als Kreatin bestimmten Substanz ätherlöslich sind und vermuten, daß es sich um Dioxyphenole

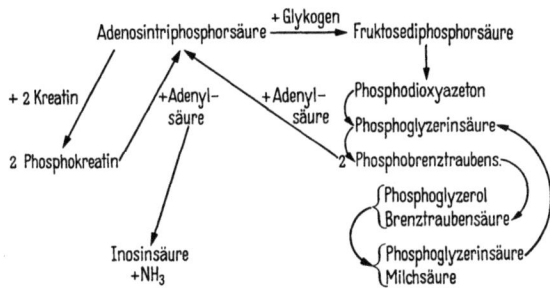

Abb. 33. Phosphatkreislauf bei der Glykogenolyse.

handelt, die die JAFFÉsche Reaktion vortäuschen und in 10% der Harne vorkommen. Derartige Stoffe kommen nach FOLIN [Hoppe-Seylers Z. **228**, 268 (1934)] auch in den Blutkörperchen vor; demnach ist die Bestimmung des Gesamt-Kreatinins von zweifelhaftem Wert. LINNEWEH empfiehlt nach der Anhydrisierung mit Säure mit Äther zu extrahieren, um reduzierende Stoffe außer Kreatinin zu entfernen.

Weiter ist besonderer Wert auf ein einwandfreies Kreatininpräparat zu legen und auch die Pikrinsäure muß so lange umkrystallisiert werden, bis sie z. B. im Stufenphotometer mit dem Filter S 53 keine Absorption mehr zeigt (LIEB und ZACHERL: (Wien. klin. Wschr. **1934** II, 1572).

Reagenzien:

1. Kreatininzinkchlorid: Man gibt eine klare konzentrierte säurefreie wässerige Lösung von Zinkchlorid tropfenweise zu einer alkoholischen klaren Lösung von Kreatinin. Die Abscheidung des weißen Niederschlages beginnt bald und man saugt nach einigen

Stunden auf einer Nutsche ab, wäscht mit Alkohol aus und trocknet im Vakuum. Die Krystalle können in heißem Wasser unter Zusatz von etwas Tierkohle gelöst werden. Nach dem Filtrieren dampft man fast vollständig ein und fällt mit Alkohol. Vorratslösung 0,1610 g in $n/10$-HCl ad 100 ccm : 1 ccm = 1 mg Kreatinin.

Standardlösung zum Versuch: 1 : 100 verdünnen.

2. 1% Na-Pikrat. Darstellung des Na-Pikrates: 500 g Pikrinsäure werden in 500 ccm Aceton gelöst, erwärmt, mit 20 g Tierkohle geschüttelt und filtriert, indem man den Trichter mit einem Uhrglas bedeckt.

Weiter löst man 250 g wasserfreies Natriumcarbonat und 100 g Natriumchlorid in 2½ l destilliertem Wasser und gibt zu dieser alkalischen klaren Lösung die Pikrinsäure in Acéton unter heftigem Rühren zu. Sobald die Entwicklung von CO_2 beendet ist, läßt man 30 Minuten absitzen, saugt auf einer großen Nutsche (20 cm) scharf ab und wäscht mit 7%iger NaCl-Lösung aus. Dann löst man den Niederschlag wieder in 2 l kochendem Wasser unter Zusatz von 20 g Soda und 150 g Kochsalz, filtriert und kühlt gut ab. Den Niederschlag saugt man ab, wäscht erst mit 7%iger, dann mit kalter 2%iger NaCl-Lösung. Das Pikrat ist jetzt sauber bis auf Spuren von NaCl.

Durch Lösen in einem Überschuß von verdünnter Salzsäure kann man freie Pikrinsäure erhalten.

3. 2% Natronlauge.
4. 10% Na-Wolframat.
5. 3% H_2SO_4.

Ausführung: Man mischt 2 ccm Blut oder Serum mit 14 ccm Wasser und gibt je 2 ccm Na-Wolframat und Schwefelsäure zu. Von dem klaren Filtrat kommen 10 ccm mit 1 ccm Pikratlösung und 1 ccm NaOH in ein Röhrchen, werden gut gemischt und nach 30 Minuten, bei großem Kreatiningehalt nach 60 Minuten colorimetriert. Als Vergleich benutzt man 2—4 ccm Standardlösung, die auf 20 ccm mit Wasser aufgefüllt und mit je 2 ccm Pikratlösung und Natronlauge angesetzt wurde. Durch den Gebrauch eines Absolutcolorimeters wird man vom Standard unabhängig.

Bei Verwendung von Serum und Plasma ist oft eine Verdünnung 1 : 5 vorteilhafter und nach Kreatininbelastung (zur Nierenfunktionsprüfung) werden entsprechend geringere Filtratmengen genommen.

Die Bestimmung des Gesamtkreatinins ist wie gesagt nicht einwandfrei. Zur Überführung des Kreatins in Kreatinin werden

5 ccm Blutfiltrat mit 1 ccm n-HCl im Autoklaven 20 Minuten auf 130^0 erhitzt oder 24 Stunden mit 1 ccm 5 n-HCl bei 60^0 gehalten. Danach wird die zugesetzte Säure neutralisiert und weiter wie oben behandelt.

Die *Berechnung* ist einfach, da 10 ccm Blutfiltrat = 1 ccm natives Blut sind, werden die gefundenen Werte mit 100 multipliziert, um auf mg-% zu kommen.

Die *Bestimmung im Harn* ist prinzipiell dieselbe wie im Blut. Da aber der Gehalt an Kreatinin im Harn sehr verschieden sein kann, je nach der Menge des Harns und der Art der Ernährung, so lassen sich bindende Vorschriften über die Menge Harn, die zur Analyse notwendig ist, nicht geben. Als Vergleichslösung benutzt man die oben angegebene *Vorrats*lösung.

Man nimmt 1—2 ccm klaren Harn in einen 100 ccm-Meßkolben mit 20 ccm Pikratlösung und 20 ccm Natronlauge. Eine Standardprobe behandelt man ebenso und füllt beide auf 100 ccm auf und mißt nach 30 Minuten colorimetrisch.

Zur Umwandlung des Kreatins vermischt man den Harn mit dem gleichen Volumen n-HCl und exponiert ihn 24 Stunden bei 60^0. Nach BENEDICT genügt es den Harn mit n-HCl einzudampfen. Nach der Umwandlung wird der Harn 1mal mit etwa dem halben Volumen Äther ausgeschüttelt, die wässerige Schicht auf ein bekanntes Volumen gebracht und davon ein Teil, der etwa 1 ccm Harn entspricht, zur Analyse verwendet.

Z. B.: 2 ccm Harn werden mit 2 ccm n-HCl 24 Stunden in einem Reagensglas bei 60^0 belassen, dann mit 2 ccm Äther ausgeschüttelt. Die wässerige Schicht wird mit einer Pipette ausgehoben, in einen 10 ccm-Meßkolben gefüllt und das Reagensglas nochmals mit 5 ccm Wasser ausgespült, die ebenfalls mit der Pipette ausgehebert werden. Der Äther bleibt im Reagensglas. Danach wird auf 10 ccm aufgefüllt und 5 ccm der Verdünnung zur Analyse benutzt.

Das Kreatin ist die Differenz aus beiden Bestimmungen.

Urobilin, Urobilinogen. Der Farbstoff Urobilin und sein Chromogen, das Urobilinogen kommen in jedem Harn vor, besonders reichlich aber im Stuhl, auch in der Galle. Deshalb sind bilanzmäßige Untersuchungen nur bei Berücksichtigung von Harn und Kot möglich, allerdings sind derartige Verfahren methodisch schwierig.

Klinisch hat die Unterscheidung von Urobilin und Urobilinogen kein Interesse und deshalb ist eine Gesamtbestimmung ausreichend, weil es wahrscheinlich ist, daß das Urobilin erst sekundär im Harn durch Luftoxydation entsteht und kein einheitlicher Stoff ist. Das Urobilinogen steht in engster Beziehung zum Hämoglobinstoffwechsel. Es entsteht vornehmlich im Darm durch die Darmflora aus Bilirubin durch Reduktion und wurde zuerst Mesobilirubinogen genannt. Die Reihenfolge der Umwandlung aus Hämoglobin ist folgende:

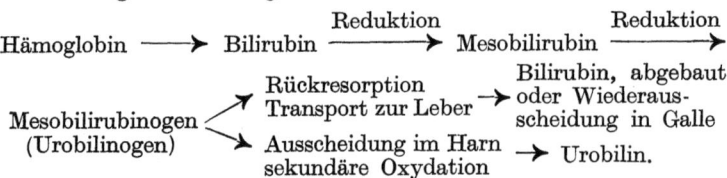

Die Ausscheidung im Harn beträgt im Durchschnitt 20 mg pro Tag und 150—200 mg im Stuhl. Es ist zu beachten, daß die Urobilinogenausscheidung täglichen periodischen Schwankungen unterliegt und nachmittags nach dem Essen am größten ist, besonders nach reichlichem Fleischgenuß. Im Harn erscheint gewöhnlich $^1/_{30}$—$^1/_{10}$ der Gesamtmenge, dieses Verhältnis ändert sich aber stark bei Lebererkrankungen, wobei ein weit größerer Teil durch die Niere ausgeschieden wird. Bei diffusen Lebererkrankungen sind im Harn bis 1000 mg pro Tag, ebenso hohe Werte finden sich bei hämolytischem Ikterus, bei paroxysmaler Hämoglobinurie, Blutergüssen, akuter Leukämie und Erythrämie. Wichtig ist die Urobilinausscheidung bei der Stauungsleber und der Cholecystitis und Cholangitis.

Andererseits ist wichtig, daß bei vollständigem Verschluß des Gallengangs (Stauungsikterus) kein Urobilinogen im Harn oder Stuhl nachweisbar ist.

Die Methoden zur Urobilinbestimmung zerfallen in zwei Arten: Oxydation zum Urobilin und quantitative Bestimmung der Fluorescenz des Zinksalzes oder Reduktion zu Urobilinogen und colorimetrische Bestimmung mit Hilfe von EHRLICHs Reagens.

Erstere Methode wird von ROYER [C. r. Soc. Biol. Paris **117**, 1240 (1934)] bevorzugt, der betont, daß bei der Reduktion nach TERWEN ein Teil des Urobilins zerstört wird, was aber nicht sicher ist. Wichtig ist ferner, daß nach der colorimetrischen Methode nach TERWEN die Indole nicht ausgeschaltet werden. Das EHRLICHsche Reagens ist nämlich nicht spezifisch für Urobilinogen, sondern ein allgemeines Reagens für Pyrrole, man kann aber für den klinischen Gebrauch die gesamte entwickelte Farbe als Urobilinogen berechnen. Die Methode von TERWEN ist von HEILMEYER und KREBS [Biochem. Z. **231**, 397 (1931)] für das

Stufenphotometer umgearbeitet worden, was einen großen Fortschritt bedeutet, da die in diesem Falle äußerst schwierig zu beschaffende Standardlösung in Fortfall kommt. Die von HEILMEYER und KREBS gegebene Vorschrift lautet:
Reagenzien:
1. Frische, kalt bereitete Lösung von MOHRschem Salz, 16%. (Ferro-Ammonsulfat.)
2. 12%ige Natronlauge.
3. Eisessig.
4. Äther.
5. Konzentrierte HCl 38%.
6. Dimethylaminobenzaldehyd.
7. Gesättigte Na-Acetatlösung.

Ausführung: 100 ccm Harn einer Tagesportion, die kühl, dunkel und unter Luftabschluß gesammelt, aufgehoben und vor der Probeentnahme gut gemischt wurde, wird mit 25 ccm der MOHRschen Salzlösung und *danach* mit 25 ccm Natronlauge versetzt, gemischt und in einen Mischzylinder mit Glasstopfen luftfrei eingefüllt, verschlossen und 6 Stunden im Dunkeln sich selbst überlassen. Danach wird rasch in ein braunes Gefäß filtriert und je nach der zu erwartenden Menge Urobilin 20—50 ccm Filtrat mit der halben Menge Eisessig und 40 ccm Äther im Scheidetrichter etwa 100mal durchgeschüttelt. Emulsionen lassen sich durch weiteren Zusatz von Eisessig zerstören. Der Harn wird vorsichtig und langsam abgelassen und der Äther 2mal mit etwa 20 ccm Wasser gewaschen. Von dem gereinigten Ätherextrakt gibt man 20 ccm in einen trockenen Schütteltrichter mit einer Messerspitze Dimethylaminobenzaldehyd und 10 Tropfen konzentrierte Salzsäure 38%; danach wird 1½ Minuten geschüttelt. Je nach der Farbe kommt etwas Wasser +3 ccm gesättigte Na-Acetatlösung in den Scheidetrichter, es wird umgeschüttelt, wobei sich der Farbstoff in der unteren wässerigen Schicht sammelt. Man läßt die Farblösung in einen Meßzylinder fließen, wäscht den Äther nochmals mit etwas Wasser durch, welches man ebenfalls in den Meßzylinder gibt, und füllt auf 20 ccm auf. Ist der Harn sehr urobilinogenreich, so wird der Äther zum zweitenmal mit 5 Tropfen HCl 1½ Minuten geschüttelt und mit 1,5 ccm Na-Acetatlösung aufgenommen. Bei ausnahmsweise starkem Urobilinogengehalt wird dies ein drittes Mal wiederholt und auch der Harn ein zweites Mal mit Äther extrahiert. Das Endvolumen der Lösung wird dann entsprechend größer gewählt. Die vereinigten Farbstofflösungen werden gut durchgeschüttelt und sofort im Stufenphotometer, Polaphot oder einem anderen Absolutcolorimeter gemessen. Bei dem Filter S 53 ist von HEILMEYER der Extinktionskoeffizient der Lösung bei 1 cm Schichtdicke zu 1,00 bei 1,36 mg-% Urobilin bestimmt worden, d. h. in 20 ccm befinden sich 0,272 mg. Hieraus, bzw. aus einer Eichkurve lassen sich die Urobilinmengen ermitteln.

Beispiel: Die zur Reaktion verwendeten 20 ccm Äther entsprechen 16,66 ccm Harn, wenn 50 ccm Filtrat genommen wurden. Der Extinktionskoeffizient wurde zu 0,190 ermittelt. Daraus berechnet man Urobilin in 16,66 ccm Harn $= \dfrac{0{,}19 \times 0{,}272}{1{,}0} = 0{,}0516$; demnach in der Tagesmenge von 1640 ccm 5,09 mg.

Für den Stuhl ergibt sich folgendes Verfahren: 5 g gut durchgemischter Stuhl werden mit 50 g Wasser gut verrührt und dazu 50 ccm MOHRsche Salzlösung und 50 ccm 12%ige NaOH gerührt und sofort in einen Standzylinder luftfrei eingefüllt und verschlossen. Nachdem es 6 Stunden im Dunkeln gestanden hat, wird durch ein Faltenfilter in eine braune Flasche filtriert und 4 ccm klares Filtrat mit 2 ccm Eisessig und 20 ccm Äther 100mal durchgeschüttelt. Der Ätherextrakt oder ein Teil wird dann weiter wie bei Harn verarbeitet.

Bei konstanter Kost sind nur Durchschnittswerte längerer Perioden maßgebend. Auf die Herstellung der Vergleichslösungen bzw. Eichkurve aus einem einwandfreien Präparat muß der größte Wert gelegt werden.

ADLER [Dsch. Arch. klin. Med. **154**, 238 (1927)] gibt eine spezielle Extraktionsapparatur an, auf die hier nur hingewiesen werden kann. Der Zusatz von Manganosulfat soll die Extraktion erleichtern.

Über die Takata-Reaktion bei Leberkrankheiten siehe S. 68.

Hippursäure. Zu den Stoffen, die den Organismus nach einer Synthese verlassen, gehören neben den Glucuronsäuren Hippursäure und die Indoxyl- bzw. Phenolschwefelsäuren. Die Bildung erfolgt teils, um Stoffwechselprodukte harnfähig zu machen, teils um sie zu entgiften.

Von Hippursäure werden pro Tag vom Mensch im Mittel etwa 0,7 g bis zu 1,0 g ausgeschieden. Die quantitative Bestimmung hat klinisch als Maß der Darmgärung keine Bedeutung erlangt. Dagegen ist von QUICK und COOPER [Amer. J. med. Sci. **185**, 630 (1933)] vorgeschlagen worden, die Hippursäuresynthese als Leberfunktionsprüfung als Maß der von der Leber zur Verfügung gestellten Glycokolls nach peroraler Belastung mit Na-Benzoat zu benutzen, da sie feststellen konnten, daß bei Leberparenchymschäden konstant niedrige Ausscheidungswerte gefunden wurden.

Durch Glycinfütterung läßt sich die Ausscheidung vergrößern, die Probe ist *nicht* anwendbar bei gleichzeitiger Stickstoffretention.

Methodik: Der Patient bekommt 1 Stunde nach dem Frühstück (Kaffee, Toast) in 30 ccm Wasser 5,9 g Na-Benzoat mit $\frac{1}{2}$ Glas Wasser, unmittelbar danach wird Harn gelassen und nun weiter der Harn 4mal im Abstand von 60 Minuten aufgefangen. Normalerweise findet man 1 g Hippursäure in der 2. und 3. Stunde und insgesamt in 4 Stunden 3—3,5 g. Zur klinischen Bestimmung wird der Harn gemessen und mit etwa 1 ccm konzentrierter HCl kongosauer gemacht, geschüttelt, 1 Stunde in der Kälte (Eiswasser) stehen gelassen, dann der Niederschlag abgesaugt und mit 10 ccm eiskaltem Wasser gewaschen, an der Luft getrocknet und bis auf 0,01 g gewogen oder in heißem Wasser gelöst und mit $n/_5$-NaOH gegen Phenolphthaleïn titriert (1 ccm $n/_5$-NaOH = 35,8 mg Hippursäure)..

Da die Hippursäure in Wasser merklich löslich ist, muß für den gelöst gebliebenen Anteil eine Korrektur angebracht werden. Wasser von 0^0 C löst 1 g Hippursäure in 600 ccm. Die Autoren der Methode geben eine Korrektur von 0,33 g für je 100 ccm Harn an, wenn bei Zimmertemperatur gearbeitet wird.

Bei einem Fall von progressiver Gelbsucht wird als Minimalwert nur eine Ausscheidung von 0,56 g in 4 Stunden gefunden.

Die Methode scheint in dieser einfachen Form nach Belastung mit Benzoesäure für klinische Zwecke brauchbar; genauer, aber auch umständlicher ist die Extraktion mit Äther oder Essigester, anschließende Verseifung und Formoltitration, die gleichfalls in der oben erwähnten Arbeit beschrieben wird.

Indikan ist von den oben genannten Stoffen derjenige, welcher klinisch das größte Interesse beansprucht. Es tritt gepaart mit Schwefelsäure und Glucuronsäure auf, und erscheint immer dann in vermehrter Menge im Harn, wenn eine vermehrte Darmfäulnis und damit verbunden verstärkte Indolbildung statt hat. Im Blut ist die Vermehrung des Indikans bei Niereninsuffizienz und echter Urämie diagnostisch wichtig. Experimentell ist Indikanurie bei Unterbindung des Dünndarmes, nicht aber des Dickdarmes beobachtet worden.

Die Muttersubstanz des Indols ist das Tryptophan, welches

nur im Darm, nicht aber im Eiweißstoffwechsel der Zelle zum Indol abgebaut wird.

Die typische Reaktion auf Indol bzw. Indolschwefelsäure ist die nach JAFFÉ-OBERMAYER bzw. JOLLES unter Bildung von Indigo- bzw. Indol-Indolignon, worauf auch eine quantitative Bestimmung aufgebaut ist. Die Methoden haben den Nachteil, daß mit rauchender Salzsäure gearbeitet werden muß. Es ist deshalb günstig, daß von KUMON [Z. physiol. Chem. **231**, 205 (1935)] als Reagens auf Indol das Ninhydrin eingeführt worden ist, welches sich leicht mit Indol zu einem roten Kondensationsprodukt kondensieren läßt.

Indol + Ninhydrin ⟶ 2 H_2O +

Kondensationsprodukt.

Lösungen: 20% Bleiacetat.
10% Salzsäure.
3% Ninhydrinlösung in Wasser.
0,01% Indikanlösung als Standard.

Ausführung: 10 ccm Harn werden mit 0,5 ccm Bleiacetat versetzt, geschüttelt und filtriert. Zu 5 ccm klarem Filtrat kommen 1 ccm HCl und 5 Tropfen Ninhydrinlösung, worauf 3 Minuten im Wasserbad mit einer ebenso behandelten Standardlösung (einschließlich Bleiacetatfällung) gekocht wird. Nach dem Abkühlen kommen 5 ccm Chloroform zu der rot gefärbten Lösung und unter vorsichtigem Schütteln (Schaukeln) wird der Farbstoff quantitativ extrahiert. Eine annähernde Schätzung kann man dadurch erreichen, daß man die Standardlösung in mehreren Verdünnungen ansetzt und im direkten Vergleich mit der Probe feststellt, bei welcher Konzentration die Farbe des Chloroforms gleich ist. Es ist wichtig, daß die Standardlösungen bzw. Harnproben in der gleichen Weise behandelt werden. Es läßt sich eine genauere quantitative Bestimmung mit Hilfe eines Colorimeters durchführen, nur muß man Sorge tragen, daß das Chloroform bei der Messung nicht verdunstet. Zum Kochen und Ausschütteln mit Chloroform verwendet man praktisch Reagensgläser gleichen Durchmessers mit eingeschliffenem Stopfen, die eine Marke bei 5 ccm haben. Man kann dann den Harn direkt in abgemessener Menge in diese Teströhrchen filtrieren. Zur Fällung des Harns darf nicht mehr wie 0,5 ccm der Bleiacetatlösung zu 10 ccm Harn genommen werden, weil sonst Indikan mit ausfällt.

Die schöne und bequeme Methode von KUMON ist noch nicht für Blut und Plasma ausgearbeitet, weshalb man hierfür noch auf die Methode von JOLLES angewiesen ist. Sie beruht auf der Bildung eines violetten Farbstoffes aus Thymol und Indoxyl, dem 4-Cymol-2-Indolignon. Da der Ausfall der Probe sehr deutlich bei einer pathologischen Vermehrung des Indikans ist, genügt eine Schätzungsprobe.

Reagenzien:

1. 20% Trichloressigsäure, die stets frisch sein soll und auf Farbbildung zu prüfen ist.
2. 5% alkoholische Thymollösung.
3. 5% Eisenchlorid in rauchender HCl.
4. Chloroform.

Ausführung: Die größten Ausschläge bekommt man bei Verwendung von Plasma, aber auch Vollblut kann genommen werden. Man fällt das Plasma mit derselben Menge Trichloressigsäure und nimmt 3 ccm Filtrat mit derselben Menge Wasser, 7 Tropfen Thymollösung und 6 ccm Eisenchlorid in Salzsäure. Man verschließt das Reagensglas mit einem Stopfen, am besten nimmt man solche mit eingeschliffenem Stopfen, und läßt 2 Stunden bei Zimmertemperatur stehen, nachdem man gut gemischt hat. Bei 50^0 ist die Reaktion nach 30 Minuten beendet. Danach gibt man 2 ccm Chloroform zu, welches sich auf den Boden setzt und beim Schütteln den gesamten Farbstoff aufnimmt. Man muß langsam und vorsichtig schütteln, damit keine Emulsionsbildung eintritt. Bei normalem Blut bleibt das Chloroform farblos, bei einer Niereninsuffizienz kommt es zu einer zart violetten Verfärbung bis zu intensiv violetten Tönen. Man kann sich leicht Teströhrchen herstellen, indem man von einer 5 mg %-Indikanlösung ausgeht, von der man sich eine 100-, 50-, 25- und 10fache Verdünnung herstellt, die man genau so wie Blut oder Serum behandelt.

Die 100fache Verdünnung entspricht 0,05 mg-% Indikan, was dem normalen Serum entspricht, in dem Mengen bis zu 0,08 mg-% vorkommen. In der *Schwangerschaft* sind Werte bis 0,25 mg-% physiologisch.

Werte über 0,3 mg-% sind nicht mehr physiologisch. Beim Coma uraemicum steigt das Indikan bis 3 mg-%.

Harnfarbe. Die Harnfarbe liegt normalerweise innerhalb eines bestimmten „Farbwertes", der aus der Extinktion bei einem ausgewählten Spektralbereich gemessen werden kann. An sich sind für die Charakterisierung der verschiedenen Farbstoffe die Verhältniszahlen bei wechselnden Spektralbereichen maßgebend. Praktisch genügend ist die Messung im grünen Licht, bei den ZEISSschen Filtern mit L II. Dieses hat einen Wellenbereich von etwa 520—570 mμ. Die Messung geschieht mit einem Absolutcolorimeter und ist von HEILMEYER für das Stufenphotometer ausgearbeitet worden. Als Normalwert hat HEILMEYER den Farbwert eingeführt, der sich bei 30 mm Schichtdicke zu $F = \dfrac{20 \cdot \varepsilon}{3}$ ergibt. Der zugehörige reduzierte Farbwert ist $F_0 = \dfrac{20 \cdot 20 \cdot \varepsilon}{3 \cdot s}$, wobei ε den Extinktionskoeffizienten der Lösung bedeutet, und s die beiden letzten Stellen des in 4 Ziffern ausgedrückten spezifischen Gewichts darstellt. Z. B. bei dem spezifischen Gewicht von 1023 ist $s = 23$.

Damit wird der reduzierte Farbwert in Abhängigkeit von der absoluten Konzentration gesetzt.

Die Gesamtfarbstoffausscheidung ($F \times M$) für 24 Stunden wird aus dem Farbwert F durch Multiplikation mit $1/_{100}$ der Harnmenge (M) berechnet. Da es wichtig ist, den Harn möglichst frisch zu untersuchen, werden die Werte für die einzelnen Portionen bestimmt und addiert.

Der Normalwert $F \times M$ liegt bei Männern zwischen 9,2—16,0 und bei Frauen zwischen 6,5 und 12,8.

F_0 liegt für Normale zwischen 0,3 und 2,0. Findet sich ein fremder Farbstoff im Harn, so ist F_0 abnorm hoch, d. h. die normale Zusammensetzung der Harnfarbstoffwerte ist gestört. Auch bei vermehrtem Blutzerfall oder Leberschädigung ist F_0 pathologisch erhöht.

Eine sehr seltene Erhöhung des F_0-Wertes in der 24stündigen Harnmenge bis 3,0 wird beobachtet bei extrarenalen NaCl-Verlusten (Schweiß), Hungerzuständen und manchen Oligurien.

Die gesamte Ausscheidung ist beträchtlich erhöht bei allen Leberschädigungen und vermehrtem Blutzerfall. Prognostische Bedeutung kommt der Farbstoffausscheidungsmessung bei Nierenkrankheiten zu. Bei schwerster Nierenstörung kommt es zu einer Verminderung und Fixierung der Farbstoffkonzentration.

Die *Ausführung* gestaltet sich in der von HEILMEYER angegebenen und von KREBS formulierten Anordnung folgendermaßen:

A. Reduzierter Farbwert F_0. Die Messung soll prinzipiell, um sekundäre Veränderungen auszuschließen, an frischem Harn ausgeführt werden. Ist dies nicht möglich, so wird der Harn in brauner Flasche unter Luftabschluß (ganz gefüllte Flaschen) im Eisschrank, aber nicht über 12 Stunden aufbewahrt. Zur Untersuchung wird er von allen Trübungen befreit, entweder durch Zentrifugieren oder gehärtete Filter. Das spezifische Gewicht wird mit dem Urometer gemessen. Ohne weitere Zusätze wird der völlig klare Harn in eine 30 mm lange Küvette des Polaphot oder eines anderen Absolutcolorimeters eingefüllt und die Lichtabsorption mit dem grünen Filter L 2 gemessen. Aus der in Prozenten oder Graden gemessenen Lichtabsorption wird aus der jedem Instrument beigefügten Tabelle der Extinktionskoeffizient (ε) entnommen.

Beispiel: Absorption ist gemessen zu 55%.
$\varepsilon = 0{,}260$. Harnmenge 1780 ccm.
Spezifisches Gewicht $= 1033$. $s = 33$.

$$F_0 = \frac{20 \cdot 20 \cdot 0{,}260}{3{,}33} = 1{,}05.$$

$$F = \frac{20 \cdot \varepsilon}{3} = \frac{20 \cdot 0{,}260}{3}$$

(zur Berechnung der Gesamtfarbstoffmenge).

Der Farbwert F ist ein relatives Maß für die Farbkonzentration des Harnes und aus dieser Größe läßt sich die Gesamtfarbstoffausscheidung nach der Formel

$$F \cdot M = \frac{F \cdot \text{Harnmenge in ccm pro 24 Stunden}}{100}.$$

In diesem Beispiel

$$F \cdot M = \frac{20 \cdot 0{,}260 \cdot 1780}{3 \cdot 100} = 3{,}065.$$

Über die Bestimmung in Einzelportionen vergl. oben.

Nicht immer werden die Harnfarbstoffe als solche ausgeschieden, was häufig an einem blassen, farblosen Urin erkannt wird. Er enthält dann oft das Chromogen, das sich durch leichte Oxydation in Urorosein verwandeln läßt. Die **Uroroseinprobe** ist charakteristisch, besonders zusammen mit Iso- oder Hyposthenurie bei blasser Harnfarbe für das Bestehen einer Niereninsuffizienz. Auch der Schrumpfnierenharn enthält immer das Chromogen, die Indolessigsäure und Indolacetursäure. Säuert man solche Harne im Reagensglas mit wenig konzentrierter HCl an und erwärmt, so geht bei der Extraktion mit Amylalkohol der Farbstoff in diesen über und der Alkohol ist rot gefärbt. Eine Emulsionsbildung kann durch einige Tropfen Äthylalkohol zerstört werden. Spuren von Nitriten, die in alten Harnen immer vorhanden sind, beschleunigen und verstärken die Reaktion.

Nur wenn der Amylalkohol wirklich *rot* ist und gleichzeitig ein blasser Harn vom spezifischen Gewicht etwa 1010 ausgeschieden wird, kann die Probe zur Feststellung einer Niereninsuffizienz dienen. Sie kann aber außerdem bei Leber- und Magen-Darmerkrankungen positiv ausfallen.

Auch andere Farbstoffe kommen pathologisch noch im Harn vor. So sondern Kranke mit melanotischen Tumoren einen Harn ab, der **Melanin** oder **Melanogen** enthält. Er ist entweder direkt sehr dunkel, oder wird beim Stehen an der Luft langsam schwarz, was man auch durch Zusatz eines Oxydationsmittels (HNO_3, Kaliumbichromat, Ferrichlorid, Bromwasser oder Persulfat) momentan erreichen kann. Nach THORMAEHLEN (Virchows Arch. 108, 317) tritt in melaninhaltigen Harnen mit Nitroprussidnatrium und Lauge eine rote Farbe auf, die auf Zusatz von überschüssiger Essigsäure in blau umschlägt. Nicht alle Urine, die Melanin enthalten reagieren positiv, wie auch der Stoff, der die Reaktion bedingt, unbekannt ist. Bei Anwesenheit von viel Indican oder Urobilinogen können Irrtümer entstehen.

Eine **Alkaptonurie**, Ausscheidung von Homogentisinsäure, ist daran zu erkennen, daß sich der Harn durch Lauge braun bis

$$\text{H} \underset{\underset{\text{OH}}{\text{H}}}{\overset{\text{OH}}{\bigcirc}} \cdot CH_2 \cdot COOH \quad \text{(Homogentisinsäure)}$$

schwarz färbt. Mit 1—4% NH_3 tritt bei Luftzutritt eine rotviolette Farbe auf. Wird Alkaptonharn mit Äther geschüttelt und der Äther dann auf ein Stück ungebrannten Kalk gegossen, so entsteht eine vorübergehende Blaufärbung.

Ammoniakalische Silberlösung wird momentan, FEHLINGsche Lösung in der Kälte langsam reduziert.

Porphyrin ist im Harn meist schon an dem rötlichen Ton erkennbar. Sicher zu bestimmen ist es an seiner intensiven *roten Fluorescenz* im ultravioletten Licht (WOODsches Filter, Schwarzglasfilter), während normaler Harn bläulich-grünlich fluoresciert.

Eine getrennte Bestimmung der Porphyrine ist mit einfachen Mitteln nicht möglich.

Ebenso wie man den Harnfarbstoffwert bestimmen kann, ist es auch möglich die **Serumfarbstoffe** insgesamt mit einem Absolutcolorimeter zu messen. Um aber zuverlässige und genügend konstante Werte zu erhalten nimmt man ein Blaufilter (ZEISS S 47) und berechnet alle Extinktionen für 10 mm Schichtdicke. Man bezeichnet diesen Extinktionskoeffizienten mit E_b und findet ihn unter normalen nüchternen Bedingungen bei klaren und nicht hämolytischen Seren zu 0,5—1,0. Alle Werte die über oder unter dieser Grenze liegen gelten als pathologisch und sind im Falle der Erhöhung auf Bilirubin zu beziehen, da die übrigen Harnfarbstoffe ihre Konzentration nur wenig ändern. Es ist bei der Blutentnahme besonders darauf zu achten, daß nicht lange gestaut wird, und daß das sich freiwillig absetzende Serum weder hämolytisch noch lipämisch ist.

Nach HEILMEYER und WAPPLER [Z. exper. Med. **63**, 630 (1928)] ist die *Ausführung* der Messung folgende:

Nach der Blutentnahme beim nüchternen Patienten wird das Blut für 2—3 Stunden in den Eisschrank gestellt, wobei sich meistens spontan genügend Serum abscheidet. Eventuell kann durch *vorsichtiges* Zentrifugieren nachgeholfen werden. Das Serum wird in ein zweites Zentrifugenglas getan und dann nochmal scharf geschleudert, damit es ganz klar ist. Es wird nun in eine Küvette von 10 mm Schichtdicke gefüllt und z. B. im Stufenphotometer mit dem Blaufilter S 47 gemessen. Ist die Farbe zu stark, so wird eine entsprechend kleinere Küvette genommen. Auf die andere Seite des Instrumentes kommt dieselbe Küvette mit Wasser gefüllt. An der Teiltrommel liest man die Durchlässigkeit ab, entnimmt aus einer Tabelle die dazugehörige Extinktion und die Messung ist beendet, wenn man mit 10 mm Schichtdicke gearbeitet hat. Hat man nur 5 mm genommen, so ist der gefundene Extinktionswert mit 2 zu multiplizieren, für 2 mm Schicht mit 5 usw.

Je größer der Extinktionswert, desto stärker ist der Bilirubingehalt des Serums, der dem Serumfarbwert annähernd parallel geht.

3. Untersuchung auf Lipoide, Fette und Medikamente, Restkohlenstoff und Vacat-Sauerstoff.

Lipoide, Fette. Von den Lipoiden ist der Teil mit der wesentlichsten klinischen Bedeutung, das Cholesterin, bereits früher (Band 1, Seite 84) besprochen worden, wobei auch auf das Vorkommen von freiem und verestertem Cholesterin besonders hingewiesen wurde. Die Verhältnisse sind bei dem Rest der Lipoide viel komplizierter, weil die Lipoide keine einheitliche Klasse chemischer Verbindungen darstellen, sondern Stoffe mit gleichen physikalischen Eigenschaften, d. h. Löslichkeit in organischen Lösungsmitteln. Außer dem Cholesterin und seinen Verbindungen kennen wir noch die Fettsäuren, Neutralfette, Lecithine, Kephaline und Cerebroside, neben den sogenannten unverseifbaren Anteilen.

Als Fettsäuren kommen im wesentlichen in Betracht:

Palmitinsäure . . . $C_{16}H_{32}O_2$ gesättigt
Stearinsäure . . . $C_{18}H_{36}O_2$,,
Ölsäure . . . . . $C_{18}H_{34}O_2$ 1fach ungesättigt
Linolsäure . . . . $C_{18}H_{32}O_2$ 2 ,,   ,,
Linolensäure . . . $C_{18}H_{30}O_2$ 3 ,,   ,,
Arachidonsäure . . $C_{20}H_{32}O_2$ 4 ,,   ,,
und verschiedene weitere mit 22 und 24 C-Atomen.

Eine einfach ungesättigte Fettsäure enthält eine Doppelbindung usw.

Diese Säuren kommen als freie Säuren in wesentlichen Mengen nur im Stuhl vor, in Blut und Geweben sind sie vorhanden als Neutralfette = Ester des Glycerins,

$$\text{Glycerinrest} \begin{cases} CH_2-O-OC\ R \\ CH-O-OC\ R \\ CH_2-O-OC\ R \end{cases}$$

— OC — R = Fettsäurerest

oder Phosphatide, bei welchen der letzte Fettsäurerest der Neutralfette durch eine substituierte Phosphorsäure ersetzt ist, z. B. Lecithin.

$$\text{Glycerinrest} \begin{cases} CH_2-O-OC\ R \\ CH-O-OC\ R \\ CH_2-O-P=O \end{cases}$$
$$\qquad\qquad HO \quad O.CH_2.CH_2.N.(CH_3)_3$$
$$\qquad\qquad\qquad\qquad\qquad | $$
$$\qquad\qquad\qquad\qquad\quad OH$$

Cholin

oder Kephalin

$$\begin{array}{l}CH_2O-OC.R\\|\\CHO-OC.R\\|\\CH_2-O-P=O\\/\backslash\\HOO\ CH_2.CH_2.NH_2\\(Kolamin)\end{array}$$

oder Sphingomyelin

$$\begin{array}{l}\phantom{CH_2 (CH_2)_{12}.CH=C}NH.OC.R.(Fetts.\ C_{24})\\\phantom{CH_2 (CH_2)_{12}.CH=C}|\\CH_2\ (CH_2)_{12}.CH=CH.CH.CH.CH_2OH.(Sphingosin)\\\phantom{CH_2 (CH_2)_{12}.CH=CH}|\\\phantom{CH_2 (CH_2)_{12}.CH=CH}O-P=O\\\phantom{CH_2 (CH_2)_{12}.CH=CH\ \ }/\backslash\\\phantom{CH_2 (CH_2)_{12}.CH=}HOOCH_2.CH_2.N(CH_3)_3\\\phantom{CH_2 (CH_2)_{12}.CH=CH=CH=CH=CH=CH=}|\\\phantom{CH_2 (CH_2)_{12}.CH=CH=CH=CH=CH=CH}OH\\\phantom{CH_2 (CH_2)_{12}.CH=CH=CH=CH=CH}(Cholin)\end{array}$$

und Cerebroside mit folgender Konstitution.

$$\begin{array}{l}\phantom{CH_3.(CH_2)_{12}.CH=CH.CH.}O\\\phantom{CH_3.(CH_2)_{12}.CH=CH.CH.}\parallel\\\phantom{CH_3.(CH_2)_{12}.CH=CH}HN-C.(CH_2)_{22}.CH_3\ (z.\ B.\ Lignocerins)\\\phantom{CH_3.(CH_2)_{12}.CH=CH.CH}|\\CH_3.(CH_2)_{12}.CH=CH.CH.CH.CH_2.OH.(Sphingosin)\\\phantom{CH_3.(CH_2)_{12}.CH=CH.CH}|\\\phantom{CH_3.(CH_2)_{12}.CH=CH.CH}O\\\phantom{CH_3.(CH_2)_{12}.CH=CH.CH}|\\CH_3.CH.(CHOH)_3.CH.(teilweise\ auch\ mit\ H_2SO_4\ verestert)\\\backslash/\\O\\(Galaktose)\end{array}$$

Die Fettsäurereste im Neutralfett und den Phosphatiden sind sehr wechselnd und entscheidend für den physiologischen Wert der Verbindung.

Die Untersuchung des Blutes erstreckt sich neben dem Cholesterin auf die Bestimmung der Gesamtlipoide, der Fettsäuren, nachdem sie durch Alkali aus ihren Verbindungen abgespalten sind und dem Phosphatidphosphor, aus welchem sich die Menge der Phosphatide als Lecithin berechnen läßt.

Zur Extraktion verwendet man für Blut immer Alkohol-Äther, indem man nachher durch Natriumalkoholat verseift. Wird nach der Verseifung angesäuert und mit Petroläther extrahiert, so bekommt man die Summe von Cholesterin und präformierten Fettsäuren (ges. Lipoide). Das Cholesterin kann durch Extraktion nach RAPPAPORT allein bestimmt und vom Gesamtwert abgezogen werden. Vergl. Bd. 1, S. 84. Dadurch werden aber die Fehler der Cholesterinbestimmung auf die Fettsäuren übertragen. Es ist auch möglich nach der Vorschrift von MÜHLBOCK und KAUFMANN (Klin. Wschr. 1931, 1128) das Cholesterin nach der Verseifung als Digitonid zu fällen, wodurch es petrolätherunlöslich wird und von den Fettsäuren abgetrennt werden kann.

Ich beschreibe im folgenden die zweitgenannte Methode, deren Prinzip so ist. Die vom Lösungsmittel *vollständig* befreiten Extrakte werden mit $K_2Cr_2O_7 + Ag_2Cr_2O_7$ in konzentrierter Schwefelsäure im bekannten Überschuß versetzt. Bei 124° werden die Fettsäuren bzw. Lipoide vollkommen zu CO_2 und H_2O verbrannt, wobei ein Teil des Bichromats zu Chromisulfat reduziert wird. Der Überschuß an Bichromat wird jodometrisch bestimmt und daraus die Menge Fett berechnet.

Bestimmung der Fettsäuren. Reagenzien:
Alkohol-Äther 3:1 (beide redest.) [A — AE].

Na-Alkoholat. 2—3 g blankes Na-Metall werden in 100 ccm absolutem Alkohol unter *guter* Kühlung gelöst. Braune Lösungen sind nicht brauchbar. Kurz vor Gebrauch herstellen.

Petroläther Sd 30—50° reinst.

H_2SO_4 12%.

n-Kaliumbichromatlösung. 49,035 g ad 1000 ccm.

Silberreagens. 5 g Silbernitrat gelöst in 25 ccm Wasser werden mit 5 g Kaliumbichromat in 75 ccm Wasser gefällt. Der Niederschlag zweimal auf der Zentrifuge mit Wasser gewaschen, dann noch feucht in 500 ccm konzentrierter H_2SO_4 gelöst.

$n/_{10}$-Natriumthiosulfat. KJ-Lösung 10%.

1% Stärkelösung; entfettete, d. h. mit Chloroform extrahierte Filter.

Ausführung: 5 ccm Plasma, oder auch Vollblut, kommen mit einer Pipette unter heftigem Schwenken in einen Meßkolben, der etwa 75 ccm der Alkohol-Äthermischung enthält. Man schüttelt weiter während man in einem Wasserbad zum Sieden erhitzt, läßt abkühlen und füllt mit der A-AE-Mischung ad 100 ccm auf. (Man kann selbstverständlich auch kleinere Mengen nehmen.) Wenn man nicht erwärmt, schüttelt man heftig durch, um den Niederschlag fein zu verteilen und läßt 24 Stunden stehen. Von dem klaren Filtrat werden 10—20 ccm, je nach dem Fettgehalt, mit 2 ccm Natriumäthylat auf dem Wasserbad in einem 100 ccm-Erlenmeyerkolben eingedampft bis aller Alkohol verschwunden ist. Die letzten Spuren werden durch einen Luftstrom entfernt. Man säuert mit 2 ccm 12% H_2SO_4 an, extrahiert mit Petroläther 5—6mal durch Dekantieren und sammelt diesen in einem Meßkolben, bis der Extrakt genau 25 ccm beträgt. Er kann gut verschlossen aufgehoben werden (Lipoidextrakt).

Von dem Lipoidextrakt werden 10—20 ccm in einen Erlenmeyerschliffkolben von 150 ccm gegeben, der Petroläther bis auf die letzten Spuren durch einen Luftstrom im heißen Wasserbad (ohne Flamme!) entfernt und dann 5,00 ccm Silberreagens und 3,00 ccm n-Bichromatlösung unter mäßigem Schütteln zugefügt. Die beiden Oxydationsmittel müssen genauestens abgemessen werden. Für die Bichromatlösung genügt eine Pipette, die man *langsam* auslaufen läßt. Für das sehr viscöse Silbereagens ist eine Vollbürette nach Band 1, Seite 45, Abb. III, zu empfehlen. Die Hähne werden *nicht* geschmiert, sondern nur mit der Lösung selbst befeuchtet. Hier ist besonders Wert darauf zu legen, daß das Reagens langsam ausläuft, weil sonst der Nachlauffehler der Bürette zu groß wird. Die Auslauföffnung muß deshalb lang und fein sein. Anstatt 10—20 ccm des Alkohol-Äther-Extraktes mit Na-Äthylat zu verseifen und von dem hieraus hergestellten Petrolätherextrakt nur einen Teil zu oxydieren, ist es praktischer, entsprechend kleinere Mengen zu verwenden und nach dem Ansäuern den Petroläther direkt in den Erlenmeyerschliffkolben zu filtrieren. Die Lipoidmenge darf höchstens 3 mg betragen, d. h. es dürfen von dem Oxydationsgemisch nicht mehr als 10—11 ccm, in Thiosulfat ausgedrückt, verbraucht werden.

Ist der Kolben auf diese Weise beschickt, so wird der Stopfen lose aufgesetzt und der Kolben in einen Wärmeschrank gesetzt, der auf 124⁰ ($\pm 2^0$) eingestellt ist. Diese Einstellung ist wichtig, weil unterhalb dieser Temperatur keine vollständige Oxydation erfolgt und oberhalb bereits eine spontane Zersetzung des Oxydationsgemisches stattfindet. Als Ofen wähle man kein zu kleines Format mit großer Wärmekapazität. Entweder einen glyceringefüllten Brutschrank mit Gasheizung oder einen elektrischen Ofen nach den Angaben von MÜHLBOCK und KAUFMANN (Klin. Wschr. **1931**, 1128). Man bestimmt auch gleichzeitig einen „*Leerwert*", indem man dieselbe Menge des Silberreagens und der n-Bichromatlösung in einen leeren Kolben füllt und unter *genau* denselben Bedingungen erhitzt.

Sind die Kolben, Bestimmungen und Leerwert 5 Minuten im Heizofen, so wird umgeschwenkt und der Stopfen fest aufgesetzt und weitere 70 Minuten erhitzt. (Es ist vielfach vorgeschlagen worden, nur 20 Minuten zu erhitzen, ich halte es aber für besser zur vollständigen Oxydation die Proben 75 Minuten bei 124° zu lassen.) Danach nimmt man sämtliche Kolben heraus, löst sofort den Stopfen vor dem Erkalten und gibt nach dem Erkalten 75 ccm Wasser zu. Dann kommen etwa 10 ccm KJ-Lösung hinzu, man schüttelt gut um, worauf sofort mit $n/_{10}$-Thiosulfat titriert wird. Erst gegen Ende der Titration gibt man Stärkelösung zu. Der Farbumschlag ist hier schwierig zu erkennen. In der grünen Lösung der Chromisalze befindet sich ein Niederschlag von Silberjodid, der unberücksichtigt bleibt, weiter nimmt das Reaktionsgemisch durch das Jod + Stärke eine blaugrüne Farbe an, so daß der Umschlag von Blaugrün nach Hellgrün ist, der erst nach einiger Übung genau erkannt werden kann.

Nach beendeter Titration werden die Kolben sofort gespült und mit Chromschwefelsäure gefüllt und weiter gereinigt, wie nachstehend beschrieben.

Die Kolben werden vor Gebrauch in Chromschwefelsäure gereinigt und außerdem noch 1 Stunde mit Chromschwefelsäure auf 124° erhitzt, danach mit destilliertem Wasser gut ausgespült, bis dieses auf Zusatz von KJ und Stärke keine Blaufärbung mehr zeigt. Die Kolben werden getrocknet und verschlossen aufbewahrt. Da die Oxydationsmischung alle organischen und z. T. auch anorganische Stoffe zerstört, bedingt *jede* Verunreinigung in den Kolben einen erheblichen Fehler.

Berechnung: Jedes Molekül $K_2Cr_2O_7$ liefert bei der Oxydation 3 Atome Sauerstoff. Von den Fettsäuren verbrauchen je 1 Molekül.

Palmitinsäure . . 46 Atome O_2 zur vollständigen Oxydation
Stearinsäure . . 52 ,, ,, ,, ,, ,,
Ölsäure . . . . 51 ,, ,, ,, ,, ,,
Linolsäure . . . 50 ,, ,, ,, ,, ,,
Linolensäure . . 49 ,, ,, ,, ,, ,,
                                                                  usw.

Cholesterin . . . 76 ,, ,, ,, ,, ,,

Daraus geht hervor, daß sich nur eine durchschnittliche Berechnung ausführen läßt und zwar legt man den O_2-Verbrauch der Ölsäure zugrunde und nimmt an, daß je 3,61 ccm einer genau $n/_{10}$-Bichromatlösung 1 mg Ölsäure oxydieren. Die Mengen an $n/_{10}$-Thiosulfat (Titer berücksichtigen) und Bichromat sind äquivalent. Findet man z. B. in der Leerprobe einen Verbrauch von

35,03 ccm $n/_{10}$-Thiosulfat und bei der Probe von
<u>24,82 ,, ,, ,, so sind</u>
10,21 ccm $n/_{10}$-Bichromat zur Oxydation der Fettsäure verbraucht worden, d. h. es waren in der Probe $\dfrac{10{,}21}{3{,}61}$ mg Fettsäuren, berechnet als Ölsäure = 2,829 mg Fettsäuren. Wurden 5 ccm

Plasma gefällt und dabei ad 100 aufgefüllt, vom Filtrat 20 ccm genommen, die 25 ccm Petrolätherextrakt ergaben und von diesem 10 ccm zur Bestimmung verwendet, so errechnet sich ein Gehalt an Fettsäuren von $\dfrac{2{,}829 \cdot 2{,}5 \cdot 5 \cdot 100}{5} = 707$ mg-% unter der Voraussetzung, daß das Cholesterin abgetrennt worden ist.

Ist das Cholesterin nicht abgetrennt worden, so ist der Oxydationswert des Cholesterins abzuziehen, laut vorstehender Angabe. Es entsprechen 3,92 ccm $n/_{10}$-Bichromat 1 mg Cholesterin. Wurden in einer Sonderbestimmung 100 mg-% Cholesterin ermittelt, so waren in dem 10 ccm-Petrolätherauszug (= 0,4 ccm Plasma) 0,4 mg Cholesterin vorhanden. Es sind demnach von dem Gesamtverbrauch an Bichromat $0{,}4 \times 3{,}92 = 1{,}568$ ccm abzuziehen. Es bleiben für die Oxydation der Fettsäuren $10{,}21 - 1{,}568 = 8{,}642$ ccm Bichromat übrig = 2,395 mg Fettsäuren oder 574,5 mg-%.

Die Bestimmung des Cholesterins erfolgt in der Band 1, Seite 85 dargestellten Weise. Will man die colorimetrische Bestimmung umgehen, so kann man das extrahierte Cholesterin ebenfalls titrimetrisch bestimmen. Zu diesem Zwecke dampft man einen Teil, etwa 15 ccm des Chloroformextraktes in einem Erlenmeyerschliffkolben vollkommen ein und oxydiert wie es vorher für die Fettsäuren beschrieben ist. Ist das Cholesterin mit Digitoninlösung gefällt worden, so kann die Oxydation direkt nach MONASTERIO [Biochem. Z. 265, 444 (1933)] erfolgen, nachdem das überschüssige Digitonin mit 96% Alkohol ausgewaschen ist. Je 1 mg Digitonincholesterid reduzieren 2,55 ccm $n/_{10}$-Chromsäure, weiter entspricht 1 mg Cholesterin 4,11 mg Digitonincholesterid, d. h. man kann den Titrationswert in $n/_{10}$-Chromsäure durch 10,48 dividieren um den gesuchten Cholesterinwert zu erhalten.

Für die Gesamt-Lipoidbestimmung haben RAPPAPORT und ENGELBERG (Klin. Wschr. **1932**, 2080) eine Mikromethode angegeben, die sich im Prinzip an das vorstehend Geschilderte anlehnt. Sie gehen von nur 0,2 ccm Blut aus und titrieren zum Schluß mit $n/_{40}$-Thiosulfat. Zur Oxydation benutzen diese Autoren ein Cerisulfat-Kaliumbichromat-Reagens, welches nicht ganz $n/_{10}$ ist, an Stelle des Silberreagens; diese Modifikation stellt eine Vereinfachung, vielleicht auch eine Verbesserung dar, es ist aber zu bedenken, daß die an sich schwierige Methode der Lipoidbestimmung durch die Verwendung sehr kleiner Mengen nicht an Genauigkeit gewinnt. Es fehlen noch Erfahrungen, ob die Oxydation quantitativ verläuft.

Jodbindung. Jodzahl. Die Lipoide sind durch die Bestimmung der Fettsäuren und Cholesterine nicht vollkommen charakterisiert, wie schon aus der Aufstellung Seite 98 hervorgeht. Ein weiteres Kriterium ist die Zahl der Doppelbindungen, die die Menge und Art der ungesättigten Fettsäuren anzeigen. Als Doppelbindung bezeichnet man eine $-\overset{H}{C}=\overset{H}{C}-$ Bindung, die chemisch dadurch charakterisiert ist, daß sie Wasserstoff anlagern kann und dabei in eine normale $-CH_2-CH_2-$Bindung übergeht, und auch daß sie Halogene wie Br und Jod anlagert und dabei z. B. in $-\underset{Br}{\overset{H}{C}}-\underset{Br}{\overset{H}{C}}-$ übergeht. Aus letzterer Eigenschaft bestimmt man die Jodzahl, d. h. jene Menge Jod in Milligramm, die von 100 mg Fettsäure angelagert werden können, oder das Jodbindungsvermögen, jene Jodmenge in Milligramm die die Fettsäuren aus 100 ccm Blut addieren können. Kennt man die Menge der Gesamtfettsäuren im Blut, so läßt sich aus dieser Zahl und der Jodbindung die Jodzahl errechnen.

Für reine Ölsäure ist sie 89,9,
für reine Linolsäure 182,2,
für Palmitin- und Stearinsäure natürlich null.

Das Prinzip der Methode ist folgendes:

Man läßt auf die extrahierten Lipoide freies Brom einwirken, welches aus $KBrO_3 + KBr + HCl$ entsteht. Nach einer gewissen Zeit ist ein Teil des Broms von den Doppelbindungen aufgenommen und man bestimmt den Überschuß jodometrisch, woraus sich der Verbrauch berechnen läßt.

Reagenzien:

1. WINKLERsche Lösung.: 5,567 g $KBrO_3$ und 200 g KBr werden ad 1000 ccm in Wasser gelöst.
2. Salzsäure 1:3 verdünnt.
3. Tetrachlorkohlenstoff (CCl_4).
4. Alkohol-Äther 3:1.
5. Petroläther 30—50° siedend.
6. $n/100$ Thiosulfat.
7. $n/100$ $K_2Cr_2O_7$.
8. KJ in Substanz, etwa 10% Lösung frisch und
9. 1% Stärke.

Ausführung: Die Extraktion mit Alkohol-Äther, wie für Lipoidbestimmung beschrieben. Es wird nicht verseift, sondern von 20 ccm Filtrat der Alkohol-Äther auf dem Wasserbad, zuletzt durch Luftstrom vertrieben. Danach extrahiert man viermal mit je 10 ccm Petroläther, den man durch ein *fettfreies* Filter in einen Erlenmeyerschliffkolben filtriert. Der Petroläther wird auf einem heißen Wasserbad, dessen Flamme ausgedreht ist, verdampft und die Reste des Lösungsmittels durch Luftstrom vertrieben. Zu den Proben und in zwei leere Schliffkolben (Leerwert) gibt man 2 ccm Salzsäure, 1 ccm Tetrachlorkohlenstoff schüttelt kräftig um, um die Lipoide zu lösen und gibt dann *genau* 2,00 ccm WINKLERsche Lösung zu. Der Stopfen wird sofort aufgesetzt, die Kolben schwach geschüttelt und 2 Stunden an einem dunklen Ort belassen, indem nochmal gelegentlich umgeschüttelt wird. Der Raum über der Flüssigkeit ist mit braunen sehr flüchtigen Bromdämpfen angefüllt, die am Entweichen verhindert werden müssen. Deshalb gießt man auf den Stopfenrand etwas KJ-Lösung, hebt dann den Stopfen vorsichtig an. Es sind Schliffkolben mit tief sitzenden Stopfen besonders zu empfehlen. Die Bromdämpfe lösen sich im KJ unter Abscheidung von weniger flüchtigem Jod. Man setzt noch eine Messerspitze festes KJ zu, schwenkt flüchtig um und titriert sofort mit $n/100$-Thiosulfat aus einer 50 ccm fassenden Bürette. Kurz vor dem Umschlag werden einige Tropfen Stärke zugesetzt und bis farblos titriert, indem man mit aufgesetztem Stopfen einmal heftig schüttelt, um Tetrachlorkohlenstoff und die wässerige Schicht gut zu mischen. Denn ein Teil des Jods ist im CCl_4 gelöst und würde sich sonst der Reaktion entziehen.

Die Differenz zwischen dem Thiosulfatverbrauch von Leerwert und Probe in Kubikzentimetern ergibt mit 1,269 multipliziert die verbrauchte Menge Jod für die betreffende Probe, da 1 ccm $n/100$-Thiosulfat 1,269 mg Jod entsprechen.

Beispiel: 5 ccm Blut enteiweißt mit Alkohol-Äther ad 100 ccm davon 20 ccm Filtrat (= 1,0 ccm Blut) verdampft, extrahiert mit Petroläther und bromiert.

Titer 1,026.

Leerwert verbraucht . .34,84 ccm $n/100$-Thiosulfat

Probe verbraucht 30,30 ⎱
                 30,69 ⎰ 30,495 ccm $n/100$- Thiosulfat

Differenz 4,345 ccm $n/100$-Thiosulfat verbraucht von den Fetten. Dies ergibt unter Berücksichtigung des Titers der Thiosulfatlösung 4,45 ccm genau $n/100$-Thiosulfat, und durch Multiplikation mit 1,269 = 5,645 mg Jod, von den Fetten aus 1,0 ccm Blut addiert.

Jodbindung = $5,645 \times 100 = 564,5$. Waren 597 mg-% Fettsäuren vorhanden so ergibt sich eine Jodzahl von 95.

Das Jodbindungsvermögen ist noch wenig untersucht. Es wird von HOLLAND und HINSBERG [Z. exper. Med. 94, 489 (1934)] für Gesunde im Mittel zu 519 angegeben. Bei dekompensierten Herzfehlern steigt es bis auf 1287 und ist auch bei Lebercirrhose und WEILscher Krankheit erhöht.

„Gesamt-Lipoide" sind etwa 500—700 mg im Blut, wovon 150—200 mg auf das Cholesterin und etwa 200—300 auf Lecithin entfallen. Eine Hyperlipoidämie findet sich bei Nierenerkrankungen (Nephrose), Diabetes mellitus, Anämien und bei alimentärem Fettransport oder Hunger.

Lecithin. Aus dem Lipoidphosphor, dessen Bestimmung Seite 22 beschrieben ist, läßt sich nach der auf Seite 98 angegebenen Formel die Lecithinmenge berechnen. Da das Lecithin den weitaus größten Teil der Phosphorlipoide des Blutes ausmacht, brauchen andere Verbindungen nicht berücksichtigt werden. Ein wesentlicher Teil des Blut-Lecithins ist in den Membranen der Erythrocyten vorhanden, gleichzeitig mit Cholesterin.

Aus dem Lipoidphosphor erhält man die Lecithinmenge durch Multiplikation mit 225, da es etwa 4% P enthält.

Fettsäuren in Fäces. Die wesentlichste Untersuchung der Fäces bleibt immer die mikroskopische mit den entsprechenden qualitativen Reaktionen, neben den fermentchemischen Untersuchungen. Von ersteren soll hier nicht die Rede sein, letztere kommen gesondert zur Darstellung. In quantitativer Hinsicht interessiert vor allem der Gehalt an Fettsäuren (Seifen) und an Fetten (Glyceriden), die durch die Fermente des Pankreas nicht gespalten wurden. Von gleicher Bedeutung ist die aktuelle Reaktion (p_H), weniger der Ammoniakgehalt und die Menge an Calcium, Kalium, Magnesium, Natrium, Phosphor und Schwefelsäure. Der Gehalt an diesen Stoffen wird nach dem Veraschen mit Schwefelsäure und Kupfersulfat und H_2O_2 (Phosphorfrei!) oder Salpetersäure-Ammonnitrat bestimmt.

Man nimmt dazu z. B. 0,50 g getrocknete Fäces in einen Kjeldahlkolben mit 10 ccm konzentrierter Salpetersäure und erhitzt langsam bis zur vollständigen Lösung, wobei das Volumen auf 3 ccm zurückgeht. Dann werden 10 ccm einer Mischung von 50 g Ammoniumnitrat + 100 ccm einer 20%igen Salpetersäure zugesetzt und *langsam* für etwa 30 Minuten weiter erhitzt. Zum Schluß werden die überschüssigen Ammoniumsalze mit freier Flamme vertrieben; dies muß *vollständig* geschehen, weil sonst eventuell die Kaliumwerte zu hoch ausfallen. Sind die Ammoniumsalze vertrieben, wird einmal mit 2 ccm konzentrierter HCl und einmal mit 10 ccm n-HCl abgeraucht und schließlich der Rückstand mit einigen Tropfen n-HCl in destilliertem Wasser ad 10 ccm gelöst. Von dieser Lösung werden entsprechende Teile zur Bestimmung der anorganischen Anteile benutzt. Auch Harn und Blut können in gleicher Weise verascht werden.

Die Fette werden in den Fäces nach dem *Trocknen* bestimmt. Man nimmt hierzu bei normalen Stühlen 10 g, bei dünnflüssigen 15—20 g in eine auf einer analytischen Waage vorgewogene Schale und trocknet bei 105° bis zum konstanten Gewicht. Aus dem Anfangsgewicht und dem Gewicht der Trockensubstanz errechnet man den Feuchtigkeitsgehalt.

Schonender ist die Vorschrift von PODA [Hoppe-Seylers Z. 25, 355 (1898)]. Danach nimmt man eine Durchschnittsprobe der Tagesmenge abgewogen in eine Porzellanschale, die auf einem schwach siedenden Wasserbad steht. Ist der Stuhl bis zur zähflüssigen Konsistenz eingetrocknet, so gibt man 50 ccm *absoluten* Alkohol zu, knetet gut durch und läßt wieder abdampfen. Das wiederholt man so lange bis die Probe pulverisierbar geworden. Sie wird dann fein zerrieben und gemischt. Je weniger Stuhl man einwiegt desto schneller geht das Trocknen. Zur Fettbestimmung wird die trockene Stuhlprobe zuerst mit Äther extrahiert. Dabei gehen Fette und freie Fettsäuren in Lösung, auch Stearine und Phosphatide, die unberücksichtigt bleiben. Eine zweite Probe wird mit HCl verseift und danach die Gesamt-Fettsäuren extrahiert und ebenfalls gewogen.

Reagenzien: Äther.
30% HCl.
1% alkoholische Phenolphthaleïnlösung.
Natriumsulfat wasserfrei.
$n/10$ alkoholische Natronlauge.

Ausführung: 0,5 g getrockneter und fein gepulverter Stuhl werden am besten in einem kleinen SOXHLETschen Extraktionsapparat mit 10 ccm Äther 2 Stunden extrahiert. Der filtrierte Äther wird quantitativ in einen gewogenen Erlenmeyerkolben von 100 ccm übergeführt, der Extraktionskolben mit genügend Äther nachgespült und der Äther vertrieben, was durch leichtes Erwärmen und einen langsamen Luftstrom beschleunigt wird. Der trockene Kolben wird gewogen, das Gewicht des Niederschlages bestimmt, und dieser wieder in 5 ccm Äther gelöst und unter Zusatz von 2 Tropfen Phenolphthalein mit $n/10$ alkoholischer Lauge titriert.

Berechnung. Gewicht des Rückstandes $\times 200 = \%$ Gesamtfette. ccm $n/10$ Lauge $\times 0{,}0284 \times 200 = \%$ Fettsäuren. Gesamtfette—Fettsäuren = Neutralfett. Der Faktor 200 gilt nur, wenn genau 0,5 g Stuhl ausgewogen waren; eine abweichende Einwage ist entsprechend zu berücksichtigen. Bei der Achylia pancratica besteht fast das ganze Stuhlfett aus Neutralfett.

Zur Bestimmung des Gesamtfettes nimmt man 0,2 g des getrockneten Stuhles und erhitzt ihn mit 2 ccm 30% HCl und etwa 5 ccm Wasser auf dem Wasserbad bis *fast* zur Trockne. Nach dem Abkühlen fügt man annähernd 2 g wasserfreies Na_2SO_4 zu und mengt gut durch, wobei alles Wasser gebunden wird. Dann führt man quantitativ in einen kleinen Soxhlet über, extrahiert 2 Stunden mit Äther, zentrifugiert und verdampft wie oben. Der Rückstand entspricht dem Gewicht der gesamten Fettsäuren und ergibt mit 500 multipliziert den Gehalt in % an. Total-Fettsäuren —unverseifte Fette = Fettsäuren als Seifen, die im Stuhl zum großen Teil als Ca-Seifen vorliegen.

Das Verfahren, um **Alkohol** im Blut zu bestimmen, ist *nicht charakteristisch* für Alkohol allein, sondern für alle *flüchtigen* Stoffe des Blutes und Harns, die durch Kaliumbichromat-Schwefelsäure oxydiert werden. Dies beeinträchtigt den Wert der Methode zum Nachweis der Trunkenheit nicht, wenn man beachtet, daß bei Diabetikern Fehler durch die Anwesenheit von Aceton und Acetaldehyd im Blut und Harn entstehen können. Weiter ist es wichtig zu beachten, daß man aus der Harnkonzentration nicht auf die Blutkonzentration schließen kann und schließlich ist es wichtig, daß es gelingt mit Hilfe der von WIDMARK abgeleiteten Formeln aus dem jeweiligen Konzentrationsgehalt des *Blutes* zu berechnen, wie groß im Durchschnitt (mit Maximal- und Minimalwerten) die im *Körper* befindliche Alkoholmenge sein muß. Weiter kann aus dem Wert β (Konzentrationsabfall in $^0/_{00}$ pro Minute nach dem Alkoholgenuß) errechnet werden, wann der Alkoholgenuß stattgefunden hat. Über die Einzelheiten gibt die Zusammenfassung von WIDMARK (Urban und Schwarzenberg, Berlin 1932) und die ,,Akoholbestimmung im Blut von JUNG-MICHEL (Carl Heymanns Verlag, Berlin 1933) Auskunft. Bemerkenswert ist noch, daß die Abbaugeschwindigkeit im Organismus von der Gegend, seinen Bewohnern und dem Geschlecht bestimmt wird.

Als nüchterner Normalwert wird im Blut 0,06—0,4 $^0/_{00}$ angenommen. Werte von 2,0 $^0/_{00}$ weisen auf starke Alkoholbeeinflussung hin und Vergiftungen mit 6 $^0/_{00}$ Alkohol im Blut wurden nach KAISER und WETZEL (Z. angew. Chem. **1933**, 622) noch gut überstanden. Die folgende Tabelle nach JUNGMICHEL, S. 109 gibt einen Überblick über die Alkoholkonzentration im Blut und die prozentuale alkoholische Beeinflussung der Betreffenden.

Alkohol im Blut.

Konzentration º/₀₀	Zahl der Fälle	% der Diagnose beeinflußt	Konzentration º/₀₀	Zahl der Fälle	% der Diagnose beeinflußt
0,01—0,20	67	0	2,01—2,20	250	91
0,21—0,40	14	0	2,21—2,40	173	95
0,41—0,60	13	0	2,41—2,60	93	95
0,61—0,80	33	15	2,61—2,80	55	98
0,81—1,00	63	29	2,81—3,00	28	96
1,01—1,20	119	38	3,01—3,20	18	100
1,21—1,40	170	54	3,21—3,40	4	100
1,41—1,60	246	71	3,41—3,60	1	100
1,61—1,80	299	84	3,61—3,80	1	100
1,81—2,00	295	88			

Reagenzien: Kaliumbichromat stark: 0,5 g $K_2Cr_2O_7$ in 1 bis 2 ccm Wasser gelöst, mit konzentrierter H_2SO_4 aufgefüllt ad 200 ccm. Kaliumbichromat schwach: 0,1 g $K_2Cr_2O_7$ mit H_2SO_4 konzentriert ad 200 wie oben. Im Dunkeln aufbewahren!

Kaliumjodid 5% in Wasser. Wird in dunkler Flasche mit 1 Tropfen Quecksilber aufgehoben, um Jodausscheidung zu verhindern.

Stärkelösung 1%.

Natriumthiosulfat $n/100$ und $n/200$.

Ausführung: In einem Erlenmeyerkolben von 50 ccm sitzt ein Glasstopfen mit Normalschliff (Abb. 34a und b), der oben eine Öse zum Aufhängen und unten eine kleine flache Schale trägt, die sich 5—10 mm über dem Boden des Kolbens befindet.

In die flache Schale kommt die abgemessene Menge Blut, je nach der zu erwartenden Konzentration 0,1 oder 0,2 ccm, die entweder direkt aus dem Ohr oder Fingerbeere entnommen werden, oder man nimmt Oxalatblut aus einer Venüle, die die Blutprobe enthält. Die Glasstopfen werden an einem Stativ aufgehängt und nicht hingelegt, weil sie absolut rein sein müssen.

Auf den Boden des Kolbens kommen 1,00 ccm Bichromatschwefelsäure. Nach den Angaben von KANITZ [Dtsch. Z. gerichtl. Med. **24**, 273 (1935)] ist es besser mit einer Vollpipette, als mit einer Spritze abzumessen. Die viscöse Lösung darf nur sehr langsam aus der Vollpipette fließen. Darauf wird der Glasstopfen mit der Blutprobe eingesetzt, mit einer Gummihaube gesichert und die Proben kommen für 2 Stunden in ein großes Wasserbad von 59—60°, so daß sie fast vollkommen vom Wasser bedeckt sind. Es ist darauf zu achten, daß weder die Blutprobe in dem Schälchen des Stopfens, noch die Bichromatvorlage an der Luft stehen bleiben. Aus ersterer verdunstet Alkohol und letztere zieht Wasser an.

Nach 2 Stunden ist die Destillation beendet, das Blut in dem Schälchen eingetrocknet und der Stopfen wird vorsichtig entfernt und in Wasser gelegt. Zum Kolben gibt man 25 ccm aqua dest. und 1 ccm KJ-Lösung mit 3 Tropfen Stärke und titriert mit Thiosulfat bis zur rein grünen Farbe des Chromisulfates. Die Lösung bläut regelmäßig nach, was aber unbeachtet bleibt. Die Zeit zwischen Titration und KJ-Zusatz muß bei allen Kolben gleich sein. Man bestimmt immer einen Leerwert mit, indem man in das Schälchen des Stopfens 0,1 ccm reines Wasser gibt. Die Differenz zwischen Blindversuch und dem Titrationsergebnis der Probe ergibt die durch den Alkohol reduzierte Menge $K_2Cr_2O_7$, die zur Berechnung der Alkoholmenge dient. Hat man mehrere Bestimmungen gleichzeitig zu machen, so werden die Kolben nacheinander aus dem Wasserbad genommen und titriert. Regelmäßig werden Doppelbestimmungen von Proben und Leerwerten angesetzt, ja besser noch drei Proben, da dem Resultat mitunter entscheidende Wichtigkeit zukommt.

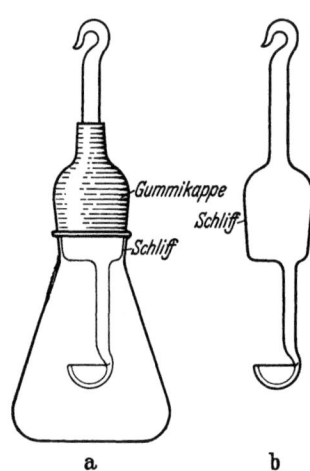

Abb. 34. Destillationskolben zur Alkoholbestimmung nach WIDMARK.

Ist die Titration beendet, so werden die Kolben mit Wasser gut ausgespült und entweder mit Wasser voll gefüllt stehengelassen, dann mit Wasserdampf ausgeblasen und durch Luftstrom getrocknet. Peinlichst müssen alle Reste von Stärke entfernt werden, die infolge von Reduktion Alkohol vortäuschen können, wozu es angebracht erscheint, die Kolben nach jedem Gebrauch mit Chromschwefelsäure heiß zu reinigen, dann zu spülen und schließlich mit Wasserdampf auszublasen.

Berechnung: Der Berechnung liegt die Annahme zugrunde, daß der Alkohol zu Essigsäure oxydiert wird, was bei den beschriebenen Bedingungen zutrifft. Die Reaktionsgleichung lautet:

$$CH_3 . CH_2OH + O_2 = CH_3 . COOH + H_2O.$$

Der Sauerstoff wird aus dem Kaliumbichromat genommen, welches dabei zum grünen Chromisulfat des dreiwertigen Chroms reduziert wird.

$$K_2Cr_2O_7 + 4\,H_2SO_4 = Cr_2(SO_4)_3 + K_2SO_4 + 4\,H_2O + 3\,O.$$

Das bedeutet, daß ein Mol $K_2Cr_2O_7$ ($= 294{,}21$ g) $1\frac{1}{2}$ Mol Alkohol ($= 69{,}071$ g) zu Essigsäure oxydieren kann. Wird die Temperatur von 60^0 eingehalten, so bleibt die Oxydation bei der Essigsäure stehen und es entsteht weder CO_2 durch Weiteroxydation noch Acetaldehyd durch zu geringe Oxydation. Im letzteren Falle würde der Alkoholgehalt für zu niedrig befunden werden.

Der Verbrauch an $K_2Cr_2O_7$ wird ausgedrückt durch $n/_{100}$-Thiosulfat, unter Berücksichtigung des Titers. 1 ccm $n/_{100}$-Thiosulfat $= 0{,}1$ mg Alkohol.

Bei Werten, die in der Nähe der Normalwerte liegen, verwendet man deshalb die schwache Bichromatlösung und titriert mit $n/_{200}$-Thiosulfat bei 0,2 ccm Blut.

Z. B. Leerversuch verbraucht . . 1,85 ccm $n/_{200}$-Thiosulfat.
Blutprobe 0,2 ccm . . . . 1,40 ,, ,, ,,
1,42 ,, ,, ,,
Mittel . . . 1,41 ,, ,, ,,
Differenz . . 0,44 ,, ,, ,,
1 ccm $= 0{,}05$ mg Alkohol
0,44 ccm $= 0{,}022$ mg ,, in 0,2 ccm Blut
$= 0{,}11^0/_{00}$ Alkohol.

2. Beispiel. Vorgelegt 1 ccm Bichromat stark.
Leerversuch verbraucht . . . . 4,75 ccm $n/_{100}$-Thiosulfat.
Blut 0,1 ccm ,, ... 2,24 ⎫
2,25 ⎬ 2,25 ccm
Differenz 2,50 ccm $n/_{100}$-Thiosulfat. 1 ccm $= 0{,}1$ mg Alkohol
gefunden 0,25 mg in 0,1 ccm $= 2{,}5^0/_{00}$.

Die Bestimmung im Harn wird völlig analog durchgeführt, nur ist besonders auf Acetessigsäure und Acetaldehyd zu achten.

Für die Bestimmung in Organen hat MOLLESTAD [Biochem. Z. **275**, 136 (1934)] eine Methode nach dem Prinzip von WIDMARK angegeben, die es gestattet 30—100 mg Gewebe ohne Alkoholverlust sehr fein zu verreiben.

Eine andere Methode, um Alkohol in Luft, Blut und Urin zu bestimmen, hat HAGGARD und GREENBERG [J. of Pharmacol. **52**, 137 (1934)] ausgearbeitet. Die alkoholhaltige Luft wird über Jodpentoxyd geleitet, dabei entsteht J, welches in KJ aufgefangen und titrimetrisch bestimmt wird. Die Apparatur ist komplizierter, die Bestimmung dauert aber nur 5—10 Minuten. Fehler max.

2,5%, die Methode ist aber ebensowenig spezifisch wie die Methode von WIDMARK.

Medikamente im Harn. Der Nachweis von Medikamenten ist hier nur so weit berücksichtigt, als er sich mit einfachen Mitteln ausführen läßt und so weit angenommen werden kann, daß der Nachweis öfter gefordert wird. z. B. Acetanilid, Anthrachinon, Antipyrin, Barbitursäuren, Phenacetin, Phenol, Pyramidon, Salicylsäure. Man sorge dafür, den Harn möglichst frühzeitig und möglichst viel zu bekommen.

Das *Acetanilid* $C_6H_5NH \cdot CO \cdot CH_3$ wird im Körper in p-Amidophenol $HO \cdot C_6H_4 \cdot NH_2$ bzw. Acetyl p-Aminophenol $HO \cdot C_6H_4NH \cdot COCH_3$ verwandelt und verestert mit Schwefel- oder Glucuronsäure ausgeschieden. Kocht man 10—20 ccm Harn mit etwa 2 ccm konzentrierter Salzsäure, so werden die Ester gespalten, und auf Zusatz von wenig Phenol und klarer frischer Chlorkalklösung ($CaOCl_2$) (die Lösung muß chlorähnlich riechen) zu dem erkalteten Harn tritt eine violette Farbe auf, die nach Zusatz von NH_3 in blau umschlägt. Stark gefärbte Harne werden nach dem Verseifen mit Äther ausgeschüttelt, der Äther verdampft, der Rückstand in Wasser gelöst und wie oben behandelt.

Antipyrin

erscheint unverändert im Harn und läßt sich mit Chloroform extrahieren. Der Rückstand des Chloroformextraktes gibt mit verdünnter wässeriger Ferrichloridlösung eine rote Farbe, die sich durch Kochen nicht ändert.

Bei den *Barbitursäurederivaten* läßt sich ein einheitliches Verfahren nicht angeben, weil sowohl die Dauer der Ausscheidung, wie auch der Grad der Oxydation sehr verschieden ist. Veronal z. B. wird in 5 Tagen zu etwa 65% ausgeschieden. Auch nach 7 Tagen ist der Harn noch nicht veronalfrei. Von Luminal wurde in 8 Tagen nur 11%, ein andermal nach 4 Tagen 25% wiedergefunden. Wieder andere Barbitursäurederivate sollen im Körper vollkommen zersetzt werden. Prinzipiell ist es richtig, möglichst viel Harn aufzuarbeiten, besonders wenn die ersten Harnportionen nach der Vergiftung nicht zur Untersuchung gelangen.

Die Barbitursäuren, besonders das Veronal (Diäthylbarbitursäure), können dem sauren Harn mit Äther entzogen werden.

Die Extraktion erfolgt entweder im Apparat nach SOXHLET oder wiederholt im Schütteltrichter, und geht leichter, wenn der Harn zuvor mit Kochsalz gesättigt wird. Die besten Extrakte bekommt man, wenn man 500 ccm Harn, mit Weinsäure angesäuert, bis zum Syrup auf dem Wasserbad eindampft, dann mit 150 ccm Alkohol kräftig durchrührt, abgießt und schließlich den Alkohol verdampft, den Rückstand mit etwa 60 ccm Wasser löst und dann mit Äther extrahiert. Die Mehrarbeit lohnt sich, weil die Indentifizierung leichter ist. Der Ätherrückstand wird mit Petroläther verrieben, wodurch Verunreinigungen in Lösung gehen. Der verbleibende Rückstand wird in heißem Wasser gelöst, *nach* dem Lösen eine Spur Tierkohle zugesetzt und filtriert. Beim Erkalten zeigen sich farblose Krystalle von Veronal, die getrocknet werden und falls ganz rein bei 191° schmelzen. Gewöhnlich wird ein Schmelzpunkt von 188° gefunden.

Ein weiteres Kennzeichen ist, daß die Krystalle mit Wasser befeuchtet sauer reagieren. Die Probe von HANDORF wird folgendermaßen angestellt: Man dampft einige Krystalle mit 30 ccm H_2O_2 (3%) und 1 Spatelspitze Ammoniumchlorid in einer kleinen Porzellanschale zur Trockne, zuerst auf dem Drahtnetz, dann vorsichtiger. Der Rückstand ist gelbrot und wird mit Natronlauge rot, mit Ammoniak violett (Murexidprobe).

Luminal, Veronal und Medinal lassen sich mit einer ähnlichen Probe unter bestimmten Bedingungen unterscheiden.

Ein colorimetrischer Nachweis ist von ZINKHER [Parmaz. Zentr. Halle **73**, 59 (1932); Pharmaz. Weekblad **68**, 975 (1931), Modification siehe BODENDORF: Pharmaz. Zentr.-Halle **73**, 427 (1932); Arch. d. Pharmazie **270**, 290 (1932)] angegeben. Der Ätherextrakt von 10—20 ccm Harn wird getrocknet und verdampft. Zum Rückstand, der mit 1 ccm Methylalkohol aufgenommen ist, gibt man nacheinander einige Tropfen einer methylalkoholischen Lösung, Cobaltchlorid und Bariumhydroxyd hinzu. In der alkalischen Lösung tritt bei Anwesenheit von Barbitursäure sofort eine tiefblaue Farbe auf. Diese Methode eignet sich gut, um in kleinen Harnportionen auf die Anwesenheit von Veronal usw. zu prüfen.

Das Phenazetin $C_2H_5O . C_6H_4NH . CO . CH_3$ erscheint im Harn zuweilen unverändert bei großen Dosen, der größte Teil als p-Aminophenol $HO . C_6H_4NH_2$ und p-Phenetidin $C_2H_5OC_6H_4NH_2$ gepaart mit Schwefelsäure und Glucuronsäure. Als aromatische Aminoverbindung geben diese Abbauprodukte leicht gefärbte Azoverbindungen. Zum Nachweis kocht man 10—20 ccm Harn mit einigen Tropfen konzentrierter HCl etwa 3 Minuten, um

Schwefel- bzw. Glucuronsäure abzuspalten. Dann kühlt man in Eiswasser, gibt 2 Tropfen Natriumnitrit (10%) zu, mischt, dann 2 Tropfen alkoholische α-Naphthollösung (5%), läßt einen Augenblick stehen und alkalisiert dann mit Natronlauge, wobei eine rote Farbe entsteht, die durch HCl dunkelrot wird.

Der Phenazetinharn ist gelb gefärbt, dreht wegen der gepaarten Glucuronsäure links, reduziert FEHLINGsche Lösung, gärt aber nicht!

Das *Pyramidon*

$$\begin{array}{c} CH_3 \cdot C = C \cdot N \cdot (CH_3)_2 \\ | \quad\quad | \\ CH_3 \cdot N \quad C = O \\ \diagdown \diagup \\ N \\ | \\ C_6H_5 \end{array}$$

gibt dem Harn eine rote Farbe und wird mit Glucuronsäure gepaart, oder als Antipyrilharnstoff

$$\begin{array}{c} CH_3C = C \cdot NH \cdot CO \cdot NH_2 \\ | \quad\quad | \\ CH_3N \quad C = O \\ \diagdown \diagup \\ N \\ | \\ C_6H_5 \end{array}$$

oder als Rubazonsäure (rot)

$$\begin{array}{c} H \\ CH_3C---C-N = = = C---C \cdot CH_3 \\ \| \quad\quad | \quad\quad\quad\quad | \quad\quad \| \\ N \quad C = O \quad\quad O = C \quad N \\ \diagdown \diagup \quad\quad\quad\quad\quad \diagdown \diagup \\ N \quad\quad\quad\quad\quad\quad N \\ | \quad\quad\quad\quad\quad\quad\quad | \\ C_6H_5 \quad\quad\quad\quad\quad\quad C_6H_5 \end{array}$$

ausgeschieden. Letztere macht nur 3% des Pyramidons aus und fällt als rote Flocken aus, die abfiltriert werden.

Der restliche Harn gibt mit 2%iger Eisenchloridlösung eine dunkelbraune bis violette Färbung, oder mit verdünnter Jodlösung überschichtet, einen violetten Ring (Unterschied von Acetessigsäure und Salicylsäure).

Die *Salicylsäure*

erscheint unverändert im Harn neben Salicylursäure

$HO \cdot C_6H_4 \cdot CO \cdot NH \cdot CH_2COOH$.

Der Nachweis gelingt am besten, wenn man Harn auf etwa $^1/_3$ Vol. mit Schwefelsäure eindampft und dann mit einer Mischung von 30 ccm Petroläther und 20 ccm Chloroform kräftig ausschüttelt. Der Extrakt wird durch ein trockenes Faltenfilter in einen Scheidetrichter gegeben und mit 1 ccm einer eben noch gelben Ferrichloridlösung durchgeschüttelt. Die wässerige Schicht ist bei Anwesenheit von Salicylsäure violett, störende Substanzen werden nicht in die Petroläther-Chloroformlösung aufgenommen. Das *Aspirin* (Acetylsalicylsäure)

$$\underset{\text{Aspirin}}{\bigcirc\!\!\!\!\!\!\!\!\!\!\!\!\!\!\!\! \begin{array}{l} \text{O.CO.CH}_3 \\ \text{COOH} \end{array}}$$

wird in gleicher Weise wie die Salicylsäure oder ihre Salze ausgeschieden. Das gleiche gilt für das Salol (Salicylsäurephenylester), wo jedoch nebenbei noch Phenol im Harn auftritt, gebunden als Ester. Beim Nachweis des *Phenols* im Harn ist zu berücksichtigen, daß jeder normale Harn bereits 0,03 g Phenol in 24 Stunden enthält. Der stark schwefelsaure Harn wird mit Äther extrahiert, dieser verdunstet, man löst in wenig Wasser und gibt überschüssiges Bromwasser hinzu. Selbst bei einer Verdünnung von 1:50000 entsteht noch ein gelblicher Niederschlag von Tribromphenolbrom

$$\underset{\text{H Br}}{\overset{\text{H Br}}{\text{Br}\bigcirc\text{OBr}}},$$

der meist aus kleinen dreieckigen Krystallen besteht.

Beim Erwärmen mit Chlorkalk ($CaOCl_2$) färbt sich eine ammoniakalische Phenollösung blau.

Bei dem Nachweis von Schwermetallen oder Arsen in Harn oder Fäces, ebenso der Alkaloide, handelt es sich meist um sehr kleine Mengen. Die Isolierung erfordert Übung und auch Vorsicht, damit keine verunreinigten Reagentien gebraucht werden. Daher ist es in diesen Fällen ratsam, die Untersuchung einem Speziallaboratorium zu überlassen und dafür zu sorgen, daß möglichst viel und frisches Material zur Untersuchung kommt. Einfache Vorschriften, die dem Rahmen dieses Buches entsprechen, können nicht angegeben werden.

Rest-Kohlenstoff. Vakat-Sauerstoff. Oxydationsquotient. Die Oxydationen im Organismus verlaufen nicht vollständig bis zu den theoretisch möglichen Endprodukten, sondern es werden Stoffe ausgeschieden, die noch weiter oxydiert werden könnten. So kann man z. B. berechnen, daß Harnsäure noch drei weitere Atome Sauerstoff aufnehmen könnte, um vollständig zu CO_2, H_2O

und NH_3 zu verbrennen. Wenn wir die von MÜLLER aufgestellte Tabelle betrachten, so fällt auf, daß die normalen *harnfähigen* Stoffe am wenigsten O_2 aufnehmen können im Verhältnis zu den anderen körpereigenen Stoffen.

	Formel	1 Molekül enthält Atome N	nimmt auf Atome O	Quotient $\frac{N}{Vacat\ O}$	Quotient N:C (nach ACKERMANN)
Harnstoff	CH_4N_2O	2	0	∞	2,33
Allantoin	$C_4H_6N_4O_2$	4	2	1,751	1,17
Harnsäure	$C_5H_4N_4O_3$	4	3	1,167	0,93
Guanin	$C_5H_5N_5O$	5	4	1,094	1,17
Methylguanidin	$C_2H_7N_3$	3	1	0,875	1,75
Adenin	$C_5H_5N_5$	5	5	0,875	1,17
Xanthin	$C_5H_4N_4O_2$	4	4	0,875	0,93
Hypoxanthin	$C_5H_4N_4O$	4	5	0,700	0,93
Kreatinin	$C_4H_7N_3O$	3	6	0,438	0,88
Arginin	$C_6H_{14}N_4O_2$	4	11	0,318	0,78
Glykokoll	$C_2H_5NO_2$	1	3	0,292	0,58
Histidin	$C_6H_9N_3O_2$	3	10	0,263	0,58
Serin	$C_3H_7NO_3$	1	5	0,175	0,39
Ornithin	$C_5H_{12}N_2O_2$	2	11	0,159	0,47
Alanin	$C_3H_7NO_2$	1	6	0,146	0,39
Asparaginsäure	$C_4H_7NO_4$	1	6	0,146	0,29
Cystin	$C_6H_{12}N_2O_4S_2$	2	13	0,135	0,39
Lysin	$C_6H_{14}N_2O_2$	2	14	0,125	0,39
Oxyglutaminsäure	$C_5H_9NO_5$	1	8	0,109	0,23
Glutaminsäure	$C_5H_9NO_4$	1	9	0,097	0,23
Oxyprolin	$C_5H_9NO_3$	1	10	0,087	0,23
Prolin	$C_5H_9NO_2$	1	11	0,080	0,23
Tryptophan	$C_{11}H_{12}N_2O_2$	2	23	0,076	0,21
Valin	$C_5H_{11}NO_2$	1	12	0,073	0,23
Leucin	$C_6H_{13}NO_2$	1	15	0,058	0,14
Tyrosin	$C_9H_{11}NO_3$	1	19	0,046	0,13
Phenylalanin	$C_9H_{11}NO_2$	1	20	0,044	0,13

Dabei ist unsere Kenntnis der stickstoffreien Ausscheidungsprodukte noch recht lückenhaft und die Tabelle ist infolgedessen unvollständig. Es ist aber klar, daß bei einer unvollständigen Oxydation, die Menge der Stoffe, die noch viel O_2 aufnehmen können, steigen muß, und daß dieser Wert dann pro ccm Harn oder auf die Tagesportion berechnet, ebenfalls steigt. MÜLLER hat dieser Menge Sauerstoff den Namen Vakat-Sauerstoff gegeben, um anzudeuten, daß man aus ihm die normale oder pathologisch verminderte Fähigkeit des Organismus, seine Oxydationen durchzuführen, ablesen kann.

Nach den Berechnungen von KANITZ (Biochem. Z. 249, 234) ist der theoretische Wert für das Verhältnis des ausgeschiedenen Kohlenstoffs zum Vakat-Sauerstoff im Harn = 2 und Werte von 3,6 bis 4,0 deuten auf Kohlenwasserstoffe hin. Als Oxydationsquotient ist das Verhältnis des ausgeschiedenen Stickstoffs zum Vakat 0 bezeichnet worden, während von ACKERMANN (Klin. Wschr. 1926, 848) das Verhältnis N:C besonders betont wird. Es sind also, um ein Bild über die summarische Zusammensetzung des Harns bezüglich seiner organischen Stoffe zu haben, drei Bestimmungen nötig:

1. Gesamt-Stickstoffbestimmung,
2. Gesamt-Kohlenstoffbestimmung,
3. Vakat-Sauerstoffbestimmung.

Die erste Bestimmung deckt sich experimentell mit der Rest-N-Bestimmung (Band 1, S. 71).

Für die C-Bestimmung ist eine nasse Veraschung und titrimetrische CO_2-Bestimmung von RUPPERT angegeben worden, der mit einer verhältnismäßig einfachen Apparatur arbeitet, die in Abb. 35 dargestellt ist. Die Substanz wird in dem Gefäß II getrocknet, welches mit Harn oder Blut 12 Stunden in einen Vakuumexsiccator über Schwefelsäure kommt. Das Gefäß II paßt mit einem Normalschliff an das Gefäß I, der Schliff wird mit Pyrophosphorsäure gedichtet. Die Oxydationssäure befindet sich in dem Einsatz III und wird erst zu der Analysensubstanz durch Kippen zugegeben, wenn der Apparat vollständig beschickt und evakuiert ist. In den Becher IV kommen $n/10$-Barytlauge und endlich wird das ganze Agregat durch den Hahn V evakuiert (Hahn V und der Schliff der Vorlage IV sind gefettet). Jetzt wird Analyse und Oxydationssäure vorsichtig gemischt und der Becher II in einem Öl-(Palmin-)bad auf 170—180° erhitzt. Nach 45 Minuten ist die Verbrennung beendet, die Vorlage IV wird abgenommen und die überschüssige Barytlauge titrimetrisch ermittelt. Es können bis zu 6 Bestimmungen gleichzeitig ausgeführt werden und die Bestimmungsbreite der Apparatur liegt zwischen 1 und 9 mg C. Da das Verbrennungskölbchen mitunter sehr fest an dem Mittelstück haftet, wird von der Lieferfirma (C. Gerhardt in Bonn) eine elektrisch heizbare Klammer zum Öffnen mitgeliefert. Nach Gebrauch wird mit Chrom-Schwefelsäure gereinigt.

Reagenzien:

1. Oxydationssäure: 50 g Silberdichromat, 25 g Kaliumbichromat+500 ccm H_2SO_4 werden auf 120° erhitzt und 1 Stunde

Sauerstoff durchgeblasen. Danach ist das Gemisch C-frei. Sie wird am besten in der abgebildeten Vorratsflasche aufbewahrt (Abb. 36).

2. $n/_{20}$-Salzsäure, die 3% $BaCl_2$ enthält und mit ausgekochtem, destilliertem Wasser hergestellt wird.

3. $n/_{10}$-Barytlauge mit 1% Bariumchlorid. 8 g reinstes Bariumhydroxyd und 5 g krystallisiertes Bariumchlorid werden in 500 ccm ausgekochtem Wasser gelöst, die Trübung absitzen gelassen und in eine paraffinierte Flasche gefüllt, die gleichzeitig als Standgefäß für die Bürette dient (Abschluß von der CO_2 der Luft).

4. Pyrophosphorsäure p. a.

Indikator: Methylrot und Phenolphthaleïn.

Ausführung: In die Vorlage kommen bei Mengen bis 5,5 mg C 10 ccm, sonst 15 ccm Barytlauge. Der Einsatz III wird bis ½ cm vom Rand mit Oxydationssäure gefüllt und durch entsprechende Drehung in den Schliff eingehängt.

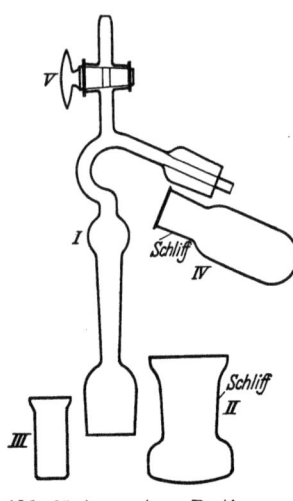

Abb. 35. Apparat zur Bestimmung des Rest-C nach RUPPERT.

Zuvor hat man 1 ccm eiweißfreien Harn oder ein eiweißfreies Blutfiltrat, welches etwa 1,5 ccm Blut entspricht, in dem Verbrennungsgefäß eingetrocknet, welches jetzt an dem Mittelstück I ebenso wie die Vorlage befestigt wird. Man evakuiert bis der Druck weniger als 30 mm beträgt, sichert den Hahn V durch einige Tropfen Wasser und den Schliff II durch ein paar Tropfen Pyrophosphorsäure, die man in den überstehenden Rand gibt. Danach wird im Ölbad nach Zusatz der Oxydationssäure erhitzt, wobei öfters leicht geschüttelt wird und nach 45 Minuten die Barytlauge mit $n/_{20}$-HCl zurücktitriert.

Abb. 36. Vorratsflasche für die Oxydationssäure.

Dabei ist darauf zu achten, daß keine Kohlensäure aus der Luft (auch Expirationsluft) zum Titriergefäß kommt. Man läßt die Säure langsam, ohne zu schwenken, in die mit Phenolphthaleïn versetzte Lauge fließen, bis eine lokale Entfärbung einsetzt, dann schüttelt man um und titriert, bis die Lauge einen ganz schwach rosa Ton behält. Dies ist der Endpunkt der Titration und die Vorlage muß durch die geringste Spur HCl völlig entfernt werden, der aber nicht mitgerechnet wird.

Berechnung: 1 ccm $n/_{10}$-Barytlauge = 2 ccm $n/_{20}$-HCl, deshalb ist die Menge vorgelegte Barytlauge mit 2 zu multiplizieren und der Verbrauch an HCl abzuziehen. 1 ccm verbrauchte $n/_{20}$-Barytlauge = 0,3 mg C, z. B. vorgelegt 10 ccm $n/_{10}$-Lauge, verbrannt 1 ccm Harn.

Zurücktitriert 14,67 ccm $n/_{20}$-HCl Hauptversuch.
,, 19,76 ,, ,, ,, Leerversuch.
Verbrauch im Hauptversuch . 20,00 — 14,67 = 5,33 ccm
,, ,, Leerversuch . . 20,00 — 19,76 = 0,24 ccm
C im Harn = (5,33 — 0,24) ×0,3 mg C
= 5,09 ×0,3 = 1,527 mg.

Was die Eiweißfällung im Blut betrifft, so ist es wesentlich, welches Mittel man zur Fällung der Eiweißsubstanzen anwendet (vgl. Band 1, S. 48), da damit die Menge der mitgefällten Stoffe sich ändert. Man wird die höchsten Werte mit Alkohol-Ätherfällung bekommen, weil die Fette und Lipoide in Lösung bleiben, und niedrige Werte bei Anwendung von Phosphormolybdän- oder Wolframsäure. Alle Eiweißfällungsmittel, die selbst Kohlenstoff enthalten, fallen natürlich aus.

RUPPERT fand bei Enteiweißung mit Phosphorwolframsäure im Blut im Mittel 131,6 mg-% Rest-C und bei Verwendung von Alkohol-Äther im Mittel 755 mg-% Rest-C, wovon 500—600 mg-% auf den Lipoidkohlenstoff kommen.

Im menschlichen Harn wurden 3,3—7,5 g-$^0/_{00}$ C gefunden.

Eine ähnliche Methode zur titrimetrischen Bestimmung des C ist von LIEB und KRAINICK [Mikrochem. 9, 367 (1931)] angegeben worden. Dortselbst ausführliche Literatur. Eine andere Apparatur stammt von LINDNER [Z. anal. Chem. 66, 349 (1925) und 72, 135 (1927)].

Vakat-O. Zur Ermittlung des Vakat-O wird die organische Substanz mit einer bekannten Menge $KJO_3 + H_2SO_4$ verbrannt und der unzersetzte Teil des KJO_3 zurücktitriert. Zur einwandfreien Bestimmung ist es notwendig, daß tatsächlich alle organischen Substanzen verbrannt werden, und daß keine Spontanzersetzung stattfindet. Deshalb sind die Versuchsbedingungen bezüglich der Säurekonzentration und Temperatur peinlich genau einzuhalten. Weiterhin ist der Verbrauch an KJO_3 durch Oxydation der Cloride zu berücksichtigen, der in Abzug zu bringen ist.

Organische Bestandteile.

Reagenzien:
1. Kaliumjodat-Schwefelsäure: 2—3 g KJO_3 werden grob abgewogen und in 20 ccm Wasser in einem Meßkolben von 100 ccm gelöst. Dann füllt man langsam und unter Kühlung mit konzentrierter H_2SO_4, ad 100 ccm auf. Zur Titerstellung werden 5 ccm mit 15 ccm KJ-Lösung reinst versetzt, worauf eine klare braune Lösung entstehen muß. Das Jod wird mit $n/10$ oder $n/5$-Na-Thiosulfat titriert.
2. $n/5$ oder $n/10$-Na-Thiosulfat (Titerstellung Band 1, S. 7 und 13, gegen $n/10$-KJO_3).
3. 20% Kaliumbichromat.
4. 1% Stärke.
5. Jodkalium reinst 20%, mit 1 Tropfen metallischem Quecksilber, um die Jodausscheidung zu verhindern.

Ausführung: Die Oxydation führt man entweder in Rundkolben von 100 ccm mit eingeschliffenem Rückflußkühler, die auf einem Drahtnetz erhitzt werden, aus, oder in Kjeldahlkolben, welche in ein genau auf 200° C temperiertes Sandbad kommen. Man nimmt 1,00 ccm Harn + 5,00 ccm Jodat-Schwefelsäure in den Kolben und erhitzt 30 Minuten auf 200° bzw. kocht dieselbe Zeit am Rückfluß. Nach dem Erkalten werden etwa 18 ccm Wasser zugegeben und ohne Rückflußkühler 3—5 Minuten gekocht, um das in der konzentrierten Schwefelsäure gelöste Jod auszutreiben. Nach dem Erkalten gibt man 10 ccm KJ-Lösung in den Kolben und titriert mit Thiosulfat.

Beispiel: 5 ccm KJO_3-H_2SO_4 verbrauchten 20,15 ccm $n/5$-Thiosulfat. Bei der Probe werden 10,50 ccm $n/5$-Thiosulfat zurücktitriert.

Der Titer der Thiosulfatlösung betrage 0,976. Es sind also verbraucht (20,15 — 10,50) ×0,976 ccm Thiosulfat
$$9,65 \times 0,976 = 9,43 \text{ ccm}.$$
1 ccm $n/5$-Thiosulfat = 7,134 mg KJO_3, 1 ccm Harn verbraucht demnach 9,43 ×7,134 = 67,30 mg KJO_3 Dieser Verbrauch an KJO_3 bezieht sich nun nicht allein auf den Vakat-Sauerstoff, sondern auch auf einen Verbrauch, der durch die Anwesenheit von Chloriden bedingt ist. Durch die Schwefelsäure wird die Salzsäure in Freiheit gesetzt und diese von KJO_3 bzw. HJO_3 zu Chlor oxydiert.
$$2 HJO_3 + 10 HCl = J_2 + 5 Cl_2 + 6 H_2O.$$
Oder es können je 1 Mol KJO_3 je 5 Mol HCl zu 5 Cl oxydieren,
214,03 g   182,325 g   177,285 g
mit anderen Worten, 1 mg Cl (als NaCl oder HCl in der Probe) verbraucht 1,207 mg KJO_3.

Deshalb müssen bei jeder Bestimmung des Vakat-O auch die Chloride mitbestimmt werden, wozu man eine der in Band 1, S. 52—55 beschriebene Methode nimmt. Sind z. B. in 1 ccm Harn 3,9006 mg Cl gefunden worden, so ergibt sich hierfür ein Verbrauch an KJO_3 von $3{,}9006 \times 1{,}207 = 4{,}702$ mg KJO_3. Zur Oxydation der organischen Substanzen sind also nur
$$67{,}30 - 4{,}702 = 62{,}598 \text{ mg } KJO_3$$
verbraucht worden. Da 1 mg KJO_3 aber 0,1869 mg O_2 abgibt, ist der Vakat-O für 1 ccm Harn $= 62{,}598 \times 0{,}1869 = 11{,}70$ mg O_2.

Der *Oxydationsquotient* usw. ergibt sich, wenn man die gefundenen Werte in Beziehung setzt.

Auf die Möglichkeit rein rechnerisch den Anteil an Kohlenstoff und Wasserstoff in der verbrannten Substanz zu berücksichtigen, wie es von H. MÜLLER [Biochem. Z. 188, 56 (1927)] vorgeschlagen wird, sei hier nur hingewiesen.

Untersuchung von Gallensteinen. Die aus der Leber abfließende Lebergalle wird in der Gallenblase stark konzentriert und bildet dann eine kolloidale Flüssigkeit, in welcher sich einige Komponenten (Cholesterin) in übersättigter Lösung befinden und nur durch die Anwesenheit von Schutzkolloiden (Mucin und Gallensäuren) am Ausfallen gehindert werden. Erst wenn dieser normale Zustand gestört wird, kommt es zur Bildung von Gallensteinen, von denen vier Arten zu unterscheiden sind:

Radiäre Cholesterinsteine ⎫ häufigste Form Cholesterin-
Bilirubinkalksteine ⎭ pigmentkalksteine
Calciumcarbonatsteine und Eiweißsteine, die auch in Kombination miteinander vorkommen können.

Auf dieser Einteilung basiert auch die Untersuchung, bei der in den meisten Fällen die qualitative Probe genügend ist.

Reagenzien: Verdünnte HCl 1:2, Ammoniak 10%, Natronlauge-Bleiacetat: auf je 10 ccm 20%ige NaOH kommen 2 Tropfen neutrale Bleiacetatlösung 5%, Salpetersäure, Soda, Essigsäure 20%, Ferrocyankalium, Uranylacetat, Na-Oxalat, Na-Phosphat, Platinblech.

Cholesterin: Man kocht das *gepulverte* Substrat mit wenig Alkohol, filtriert und kühlt das klare Filtrat ab. Wenn vorhanden, krystallisiert Cholesterin aus. Es wird abfiltriert, oberflächlich getrocknet, in Chloroform gelöst und ein paar Tropfen konzentrierte H_2SO_4 zugesetzt. Es entsteht eine kirschrote Farbe, die bald in blau und rot übergeht.

Durch Essigsäureanhydrid und 1 Tropfen konzentrierte H_2SO_4 entsteht eine grüne Farbe bei dünnen Lösungen. Der im Alkohol unlösliche Teil wird mit verdünnter HCl schwach angesäuert, wobei sich etwa vorhandenes Calciumcarbonat unter Aufbrausen (CO_2-Entwicklung) zersetzt. Die salzsaure, mehr oder weniger trübe Lösung, wird mit Chloroform in einem kleinen Schütteltrichter extrahiert, das unten befindliche eventuell gelbrot gefärbte Chloroform abgelassen, verdampft, der Rückstand in sehr wenig Natriumcarbonat gelöst und mit 1 Tropfen rauchender Salpetersäure versetzt. Bei Anwesenheit von Bilirubin färbt sich die Lösung grün.

Auch andere Bilirubinproben sind anwendbar.

Harnsteine: Auch im Harn sind Kolloide vorhanden, die das Ausfallen fester Teilchen verhindern, was besonders für die Harnsäure zutrifft. Über die Entstehungsursachen der Harnsteine besteht noch keine Sicherheit. Aber nur solche Stoffe, die in übersättigter Lösung vorhanden sind, kommen als Steinbildner in Frage. Bekannt ist nur, daß sie bei Männern häufiger vorkommen als bei Frauen und daß das Auftreten regionär bedingt ist. Die Bestandteile sind im wesentlichen Harnsäure und ihre Salze, Calciumoxalat, Phosphate, Carbonate, Xanthin, und Cystin. Reine Steine, d. h. solche mit nur einem Bestandteil sind sehr selten, der vorherrschende Anteil ist für die Namenbildung maßgebend.

Auch beschränkt sich die Analyse auf die qualitative Untersuchung. Zur Vorprüfung wird der Stein pulverisiert und auf einem Platinblech geglüht.

Steinpulver verbrennt im wesentlichen:		Steinpulver verbrennt im wesentlichen nicht:
Ohne Flamme und Geruch:	Mit Flamme und Geruch:	Carbonate; Oxalate. Phosphate.
Harnsäure und Harnsäuresalze	Cystin = blaue Flamme. Gerüstsubstanz (Eiweiß). Gelbe Flamme, Geruch nach verbranntem Haar.	Aufbrausen mit HCl *nach* dem Glühen = Oxalate.

Das *nicht* geglühte Pulver braust mit HCl auf = Carbonate.

Verbrennt das Steinpulver vollständig, so wird ein anderer Teil der Probe mit wenig verdünnter Salzsäure erwärmt. Geht es vollkommen in Lösung, so lag nur Cystin, Xanthin oder beides vor. Man filtriert, gibt zu einem Teil der Lösung Natronlauge im Überschuß und 1 Tropfen Bleiacetatlösung (5%) und kocht. Der erst entstandene Niederschlag von Bleihydroxyd löst sich zuerst wieder; bei Anwesenheit von Cystin wird durch weiteres Kochen

H_2S abgespalten und es entsteht schwarzes Bleisulfid. Cysteinsteine sind meist klein, gelblich, glatt.

Cystin

CH_2SH
|
$CH.NH_2$
|
$COOH$

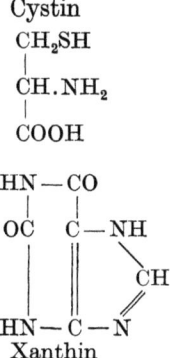
Xanthin

Zur Probe auf Xanthin dampft man die salzsaure Lösung mit etwas Salpetersäure in einem ganz flachen Porzellanschälchen oder Tiegeldeckel vorsichtig ab, so daß keine Verkohlung eintritt. Der Rückstand ist lebhaft gelb, wird mit Natronlauge rot und bleibt rot, wenn man in Wasser löst und wieder verdampft (Unterschied von Harnsäure). Ein dritter Teil des salzsauren Auszuges wird mit Natronlauge alkalisch gemacht, und die entweichenden Gase durch Geruch oder feuchtes rotes Lackmuspapier auf NH_3 geprüft. Blieb beim Titrieren ein Rückstand, so wird er mit Wasser ausgewaschen. Er besteht aus Harnsäure, die in derselben Weise wie Xanthin mit der Murexidprobe nachgewiesen wird. Steine, die im wesentlichen aus Harnsäure bestehen, sind wechselnd groß, hart, bräunlichgelb.

Blieb das Steinpulver beim Glühen unverbrannt — kleine Schwärzung tritt immer auf —, so wird eine frische Probe mit verdünnter HCl erwärmt, wobei eventuell CO_2 aus den Carbonaten unter Aufbrausen entweicht. Ein geringer Rückstand besteht aus Harnsäure, Epithelien, Eiweiß usw. In einem kleinen Teil des Filtrates stellt man wie oben die Probe auf NH_3 an. Die Hauptmenge des Filtrats wird mit Ammoniak neutralisiert und dann mit Essigsäure (20%) angesäuert. Dabei fällt unter Umständen *Calciumoxalat* als weißer Niederschlag, und *Eisenphosphat* als gelbe Flocken aus. Der filtrierte Niederschlag wird ausgewaschen, zum Teil in HCl gelöst und mit Ferrocyankalium versetzt. Blaue Farbe zeigt Eisen an.

Der weiße Niederschlag wird auf dem Platinblech geglüht. Nach dem Abkühlen gibt er mit Wasser stark alkalische Reaktion und auf Zusatz von Salzsäure CO_2, da er sich beim Erhitzen in Calciumoxyd und Calciumcarbonat verwandelt hat.

$$2 \begin{array}{c} CO-O \\ | \\ CO-O \end{array} Ca \xrightarrow[\text{Glühen}]{+O_2} CaO + CaCO_3 + 3\ CO_2$$

Ca-Oxalat — Ca-Oxyd — Ca-Carbonat
alkalisch

Die essigsaure Lösung kann enthalten H_3PO_4, $Ca^{..}$ und $Mg^{..}$. Tritt auf Zusatz von Uranylacetatlösung ein weißlicher Niederschlag ein, so ist *Phophat*, bildet sich in einem andern Teil der essigsauren Lösung durch Na-Oxalat ein Niederschlag, so ist *Calcium*, und wenn durch Natriumphosphat und *vorsichtigem* Zusatz von verdünntem Ammoniak ein *krystallinischer* Niederschlag (NH_4MgPO_4) entsteht, so ist *Magnesium* vorhanden.

III. Fermente, Vitamine und Hormone.

Phosphatase. Für die Diagnose der Rachitis ist neben der Bestimmung des Kalk- und Phosphatspiegels ebenso wichtig der Phosphatasegehalt des Plasmas. Im Stadium der floriden Rachitis finden sich neben normalen Werten des Calciums (9—11 mg-%), Verminderung des anorganischen Phosphates und stärkste Vermehrung der Phosphatase.

Hyperphosphatämie bei Kindern (über 5 mg-% P) ist charakteristisch. Der organisch gebundene Phosphor ist unbeeinflußt. Eine Übersicht gibt nachstehende Tabelle, auch für die übrigen Serumbestandteile.

	Rachitis	Tetanie
Serumkalk	normal oder wenig vermindert	stark erniedrigt
anorg. Serum P	erniedrigt	relativ oder absolut erhöht
$\frac{Ca}{P}$ im Mittel	3.5	1.2
Phosphatase	stark erhöht	—
NH_3-Ausscheidung	erhöht	erniedrigt
Säureausscheidung	erhöht	erniedrigt
Alkalireserve	deutlich erniedrigt	mäßig erniedrigt
Blut pH	normal	normal, selten erhöht
Adrenalin Blutzuckerkurve	hyperglykämisch	hypoglykämisch
Glykolyse im Blut in vitro	gehemmt	normal oder verstärkt
Blutmilchsäure	Tendenz zur Erniedrigung	Tendenz zur Erhöhung
Alimentäre Glykämie	verlängert	normal
Belastung mit Phosphat	geringe Steigerung	

Zusammensetzung des Serums bei Rachitis und Tetanie zum Teil nach GYÖRGY (Bethe-Bergmann XVI/2, 1624)

Zu diagnostischen Zwecken kommt nur die Phosphatasebestimmung im Serum in Frage. Allgemein wird als Substrat eine Lösung von β-glycerinphosphorsaurem Natrium verwendet. Als Puffer nimmt BODANSKY [J. of biol. Chem **101**, 93 (1933)] Veronalnatrium in HCl vom p_H 8,6, dem Spaltungsoptimum der Plasma-Phosphatase, JENNER und KAY [Brit. J. exper. Path. **13**, 22, (1932)] benutzten Glycokoll in NaOH. Es wird die als organisches Phosphat abgespaltene Phosphorsäure bestimmt und danach die Phosphatase berechnet.

Reagenzien:

1. Stammlösung: 2,5 g β-glycerinphosphorsaures Natrium in 100 ccm aqua dest. Die Lösung darf bei der colorimetrischen PO_4-Bestimmung nur eine schwache Blaufärbung geben, also kein anorganisches Phosphat enthalten.

2. Puffer: 6,06 g Glycokoll p. a. $+4,68$ g NaCl gelöst in 328 ccm $n/10$-NaOH, aufgefüllt ad 1000 ccm.

3. Substratlösung: 1 Teil Stammlösung und 5 Teile Puffer.

4. Trichloressigsäure, 15%.

5. Standardphosphat: 0,4390 g trockenes KH_2PO_4 ad 1000 ccm (10 mg-% P). Zum Versuch 50fach verdünnt (5 ccm = 0,01 mgP).

Die Lösungen 1, 2 und 3 werden mit 1 Tropfen Chloroform im Eisschrank, und 5 mit Chloroform bei Zimmertemperatur aufgehoben. Phosphatbestimmung (direkte Bestimmung siehe dieser Band, S. 20).

6. Kaliumoxalat 15%.

7. NaCl 0,9%.

Ausführung: In ein Zentrifugenglas kommen 2 Tropfen Kaliumoxalat und 5 ccm Blut, man mischt, zentrifugiert 10 Minuten und pipettiert 2 ccm Plasma vorsichtig ab. Es darf keine Erythro- oder Leukocyten enthalten. Diese 2 ccm werden mit 2 ccm NaCl verdünnt, und je 0,5 ccm (0,25 Plasma) in 4 Reagensgläser getan, die genau 5 ccm Lösung 3 (Substrat) enthalten. 2 Gläser kommen in ein Wasserbad von 38⁰, 2 (Doppelprobe) werden sofort mit 2 ccm Trichloressigsäure versetzt, gemischt und nach 10 Minuten durch ein phosphatfreies! (aschefreies, prüfen) Filter gegossen und baldmöglichst 1 Teil des Filtrats, z. B. 5 ccm ad 25 colorimetriert (Nullwerte). Die Proben werden, nachdem sie 3 Stunden im Brutschrank oder Wasserbad gestanden haben, unter der Wasserleitung abgekühlt, ebenfalls mit 2 ccm Trichloressigsäure gefällt und die colorimetrische Phosphatbestimmung angeschlossen.

Verwendet man einen Brutschrank, so empfiehlt es sich, in den Brutschrank ein Wasserbad zu stellen, da dann der Temperaturausgleich der Proben schneller und gleichmäßiger vor sich geht.

Die in der Vollprobe (Mittelwert) gefundene Menge P in mg, vermindert um den Betrag des Nullwertes, wird, bei Einhaltung der oben angegebenen Mengen, mit 600 multipliziert und ergibt die Menge P, die von 100 ccm Plasma abgespalten worden wäre, was als Gehalt in Phosphatase-Einheiten angegeben wird.

Beispiel: Ansatz wie oben. 5 ccm Filtrat ergaben nach der Eiweißfällung nach 0 Stunden 0,055 mg P
3 Stunden 0,106 mg P
abgespalten 0,051 mg P

von 0,25 ccm Plasma in 3 Stunden $\dfrac{0,051 \cdot 7,5}{5,0}$

von 100 ccm Plasma $\dfrac{0,051 \cdot 7,5 \cdot 100}{5,0 \cdot 0,25} = 0,051 \cdot 600$

$= 30,6$ Einheiten.

Früher wurde von KAY [J. of biol. Chem. 89, 235 (1930)] als Phosphatase-Einheit die Menge P definiert, die in 48 Stunden bei 38° und p_H 7,6 ohne Puffer aus β-glycerinphosphorsaurem Na von 1 ccm Plasma abgespalten wurde. Die Menge ist 50mal kleiner als die oben definierte Menge.

Nach der zuerst angegebenen Methode finden sich im Blut 5—11 Einheiten in 100 ccm normalem Plasma. Bei Kindern 8,5—17, Mittel 13 Einheiten. Der Phosphatasegehalt ist erhöht bei Ostitis deformans, generalisierter Ostitis fibrosa, Osteomalacie und Rachitis bis auf das 20fache, etwa 150 Einheiten in 100 ccm. Nach SMITH [Arch. Dis. Child. 8, 215 (1933)] erniedrigt bei Myxödem, Skorbut und Achondroplasie.

PALMER und NELSON [Proc. Soc. exper. Biol. a. Med. 31, 1070 (1934)] haben den Fehler zu 5,04% im Mittel festgestellt, sie empfehlen Citratplasma. Die Phosphatase-Einheit von BODANSKY ist halb so groß wie die von JENNER und KAY.

Lipase. Im Serum ist Lipase vorhanden, ein Ferment, welches Ester des Glycerins in die Säure und Glycerin spaltet. Die Ester des Glycerins werden durchweg gut gespalten. Aus experimentellen Gründen nimmt man Tributyrin [RONA und MICHAELIS, Biochem. Z. 31, 345 (1911)] (Glycerin-Tributtersäureester), das die Oberflächenspannung des Wassers stark herabsetzt, was, am Stalagmometer (Tropfenmesser) gemessen, eine Zunahme der Tropfenzahl gegenüber Wasser bedeutet. In dem Maße wie Trybutyrin durch Hydrolyse verschwindet, d. h. in Buttersäure und Glycerin gespalten wird, nimmt die Tropfenzahl ab, bis etwa die Tropfenzahl des reinen Wassers wieder erreicht ist.

An Apparaten braucht man das Stalagmometer der nebenstehenden Form (Abb. 37) und die dazugehörige Aufhängevorrichtung nach Abb. 38. Das unter dem Stalagmometer befindliche Brett ist mit Linoleum bespannt und wird mit möglichst gleichbleibender Geschwindigkeit hin- und hergezogen, während

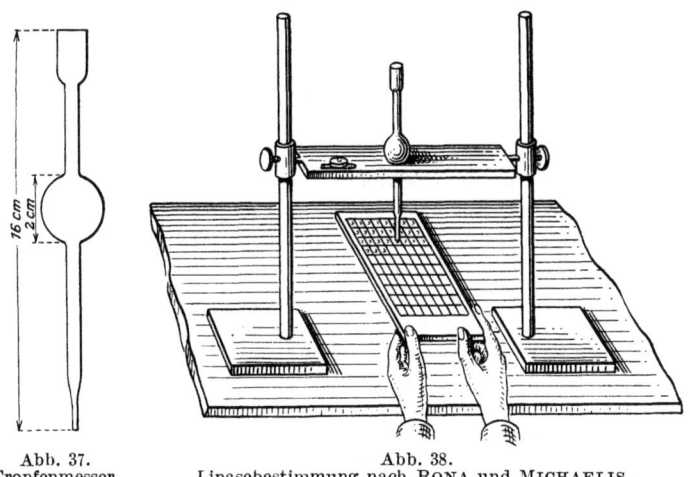

Abb. 37.
Tropfenmesser.

Abb. 38.
Lipasebestimmung nach RONA und MICHAELIS.

die Tropfen abfallen, so daß diese einzeln sichtbar sind und nachgezählt werden können.

Zur Vorbereitung des Versuches stellt man fest, wieviel Tropfen von Marke zu Marke abfallen, wenn reines Wasser in das Stalagmometer gefüllt wird. (Man füllt die Pipette, indem man mittels Gummistopfen, gebogenem Glasrohr und Schlauch langsam mit der Wasserstrahlpumpe saugt.) In gleicher Weise bestimmt man die Tropfenzahl, wenn das Stalagmometer mit gesättigter wässeriger Tributyrinlösung gefüllt ist. Weiter stellt man die Tropfenzahl für Mischungen von Wasser:Tributyrinlösung im Verhältnis von 80:20, 60:40 und 20:80 fest. Diese Zahlen, als Ordinate in einem Diagramm aufgetragen, während als Abszisse die prozentuale Sättigung an Tributyrin aufgetragen wird, ergeben eine Kurve, aus welcher in späteren Versuchen der Gehalt an ungespaltenem Ester abgelesen werden kann. Für die Berechnung des Lipasewertes ist das Zeit-Tropfenzahl-Diagramm praktischer. Das Diagramm ist für jedes Stalagmometer charakteristisch.

Reagenzien:
1. Gesättigte Tributyrinlösung in Puffer. Man verwendet 200 ccm Wasser mit 2 ccm Lösung 2 und 14 ccm Lösung 3, fügt 30 Tropfen Trybutyrin hinzu, schüttelt heftig in einer Stöpselflasche und nachher $\frac{1}{2}$ Stunde auf der Schüttelmaschine. Danach läßt man durch ein *dickes* trockenes Faltenfilter laufen, und verwirft die ersten durchlaufenden Kubikzentimeter, weil sie möglicherweise suspendiertes Trybutyrin enthalten. (Jeweils frisch zu bereiten.)

2. $^1/_3$ mol prim. Na-Phosphat aus 10 ccm mol Phosphorsäure (käuflich 3 n) und 10 ccm n-NaOH + 10 ccm Wasser.

3. $^1/_3$ mol sek. Na-Phosphat aus 10 ccm mol Phosphorsäure und 20 ccm n-NaOH.

4. 0,2% Chinin hydrochlor.

5. 0,1% Atoxyl.

Ausführung: Man versetzt 50 ccm Tributyrin-Pufferlösung mit 2 ccm Serum und bestimmt anschließend nach dem Mischen sofort die Tropfenzahl (z. B. 150) und wiederholt in Abständen von 10 Minuten oder kürzer die Messung. Die Zeit wird vom Beginn des Serumzusatzes an gerechnet, und indem man diese Zeiten und Tropfenzahlen für eine Reihe von normalen Seren festlegt, kann man den relativen Lipasegehalt im pathologischen Serum berechnen, indem man für eine bestimmte Zeit den Lipasewert des *normalen* Serums = 1 setzt. Es sei z. B. bei einem Anfangswert von 150 die Tropfen*zahl* 135 nach *durchschnittlich* 10 Minuten und von 120 nach 22 Minuten in normalen Seren erreicht. Bei Patientenserum dagegen, aus dem Diagramm abgelesen, erst nach 30 bzw. 60 Minuten. Daraus ergibt sich, da die Reaktionszeiten sich umgekehrt wie die Fermentmengen verhalten, daß sich im Patientenserum nur $\frac{10 \cdot 1}{30} = 0{,}33$ bzw. $\frac{22}{60} = 0{,}37$ Einheiten Lipase, Mittel 0,35 Einheiten befinden.

Eine weitere Besonderheit der *Serum*lipase ist ihre *Empfindlichkeit gegen Chinin und Atoxyl*, dagegen die Unempfindlichkeit anderer Lipasen z. B. aus Leber oder Niere. Man prüft auf die Anwesenheit der letzteren im Serum durch Zusatz von Chinin bzw. Atoxyl.

$$H_2N \cdot \langle\!\!\!\bigcirc\!\!\!\rangle \cdot As \diagup\!\!\!\!\!\begin{matrix}OH\\=O\\ONa\end{matrix}$$

Atoxyl

$$\underset{\text{Chinin}}{\begin{array}{c}\mathrm{H_2}\diagup\underset{|}{\overset{\mathrm{H}}{\mathrm{CH_2}}}\diagdown\\ \mathrm{H}\diagdown\underset{|}{\mathrm{CH_2}}\diagup\\ \mathrm{N}\\ |\\ \mathrm{-CHOH}\\ |\\ \text{(Chinolin-OCH}_3\text{)}\end{array}} \;\;-\mathrm{CH.CH=CH_2}$$

Chinin

Ansatz: 3 Reagensgläser mit je 2 ccm Serum und 1 Reagensglas mit 3 ccm Ringerlösung oder Kochsalzlösung; in das erste kommt 1 ccm Ringerlösung, in das zweite 1 ccm Chininlösung und in das dritte 1 ccm Atoxyllösung. Die Gläser bleiben bei Zimmertemperatur ½ Stunde stehen und werden dann nacheinander in je 50 ccm Tributyrinpuffermischung gegossen. Man entnimmt die erste Probe sofort, stellt die Tropfenzahl fest, weiter nach 10, 20 usw., längstens 60 Minuten. Das Ansetzen der Seren und die Mischung mit Tributyrinpufferlösung muß in solchen Abständen erfolgen, daß zwischendurch die Messungen ausgeführt werden können. Bei normalen Seren nimmt die Tropfenzahl um nicht mehr als 3—5 Tropfen pro Stunde ab. Ändert sich die Tropfenzahl bei der Probe mit Atoxyl, so ist Pankreaslipase im Blut, nimmt die Tropfenzahl bei Zusatz von Chinin ab, so ist dies ein Zeichen, daß die chininunempfindliche Leberlipase ins Blut übergetreten ist. Auch bei degenerativen Nephropathien ist von RONA eine chininfeste Lipase im Blut entdeckt worden. Von SIMON (Dtsch. med. Wschr. 1923, 506) ist eine chininfeste Lipase bei Leberkranken mit und ohne Ikterus, Schrumpfniere, schwerem Diabetes gefunden worden. Bei Herzkompensationen ist die Reaktion oft positiv, wo eine Leberschädigung ausgeschlossen ist. Dagegen wurden Atoxylresistente auch bei Icterus catarrh., Lues pulm., Mitralinsuffizienz, Diabetes gravis und Endocarditis lenta beobachtet, nicht dagegen bei einem Magencarcinom, das ins Pankreas gewachsen war. Bei Fettnahrung und Hunger nimmt die Lipase im Blut zu, bei schweren Krankheiten nimmt sie ab. Zwischen Tuberkulose und Lipasegehalt soll ein Zusammenhang bestehen.

Pepsin. Für die Verdauung des Fleisches im Magen ist die Pepsinverdauung wesentlich, weil durch die Lösung des Bindegewebes für die nachfolgende Verdauung im Darm die besten Bedingungen geschaffen werden. Durch Pepsin werden alle natürlichen Eiweißkörper bis zu Albumosen und Peptonen abgebaut. Das Wirkungsoptimum dieses Fermentes liegt bei p_H 1,4 bis 1,8 [SÖRENSEN, Biochem. Z. 21, 288 (1909)], entsprechend der natürlichen Reaktion des Magensaftes. Die Sekretion erfolgt als Pepsinogen, welches erst durch die Salzsäure des Magens in das aktive Pepsin verwandelt wird. Trotz der großen physiologischen Bedeutung ist die diagnostische nur gering. In allen Fällen, in denen im Magensaft freie Salzsäure nachgewiesen wird, ist auch Pepsin vorhanden; fehlt die Salzsäure, so kann noch unwirksames Pepsinogen sezerniert worden sein (Anacidität), wird Eiweiß nach dem Zusatz von HCl auch nicht verdaut, so ist auch kein Pepsinogen vorhanden (Achylia gastrica).

Die einfachste quantitative Bestimmung erfolgt dadurch, daß man eine gefärbte Fibrinflocke verdauen läßt und die Menge Farbstoff (Carmin, Spritblau) colorimetrisch bestimmt, die in Lösung gegangen ist. Das unverdaute Substrat gibt keinen Farbstoff an die Salzsäure ab.

Reagenzien: Carminfibrin; käuflich in Glycerin (ungekochtes Rinderfibrin). Zum Versuch werden die Fibrinstückchen glycerinfrei gewaschen und dann in 0,1% HCl der Quellung überlassen. Dann wird die erhaltene rote Gallerte zerschnitten und nach Augenmaß möglichst gleiche Mengen in Reagensgläser mit 5 ccm 0,1% HCl gefüllt. Die rote Fibringallerte soll in allen Gläsern gleich hoch stehen. Genauer ist es je 0,1 g des ausgewaschenen und abgepreßten Fibrins auf der Handwaage abzuwiegen und in die Reagensgläser zu füllen. Hierzu gibt man eine Verdünnungsreihe, welche 0,0; 0,05; 0,1; 0,3 und 0,45 ccm Magensaft in je 5 ccm 0,1% HCl enthält, so daß das Gesamt-Volumen 10 ccm beträgt. Den Magensaft gewinnt man mit der Sonde nach einem Alkoholprobetrunk oder Histamin.

Die Proben bleiben bei *Zimmertemperatur* stehen und als peptische „Kraft" kann man jene Menge Ferment definieren, die in 5 Minuten 10% des gesamten Farbstoffes herausgelöst hat. Um dies feststellen zu können, läßt man die gleiche Fibrinmenge von einem Pepsinpräparat vollkommen verdauen, verdünnt einen Teil dieser Lösung auf das 10fache und stellt mit Hilfe eines einfachen Komparators fest, von welcher Probe diese Bedingung erfüllt wird. Nach der SCHÜTZ-BORISSOWSCHEN Regel ist die Fermentmenge nicht direkt proportional der Menge abgebauten Substrates, sondern es besteht nach ARRHENIUS folgende Beziehung $P_0 = K \cdot \sqrt{e \times t}$.

P_0 = Gebildete Peptonmenge, hier am Farbstoff gemessen.
K = Konstante = 2.
e = Enzymmenge proportional der Verdünnung.
t = Zeit, als Einheit ist 5 Minuten = 1 gewählt; 10 Minuten demnach = 2.

Wenn 10% Fibrinabbau = 1 peptische Kraft gesetzt werden, so ergibt die Formel sofort die Menge Magensaft in Kubikzentimeter, in welcher 1 peptische Kraft enthalten ist. Wird der 10%ige Abbau z. B. mit 0,1 ccm Magensaft in 5 Minuten erreicht, so ist:

$$P_0 = 1 = K \cdot \sqrt{0,1} \cdot 1 = 2 \cdot \sqrt{0,1} = 2 \times 0,33 = 0,66 \text{ ccm},$$

d. h. in 0,66 ccm Magensaft ist die peptische Kraft 1.

Wird die obige Bedingung erst von 0,45 ccm Magensaft erfüllt, so ist

$$P_0 = 2 \sqrt{0,45 \times 2} = 2 \sqrt{0,9} = 2 \cdot 0,95 = 1,9 \text{ ccm Magensaft}.$$

Anmerkung: Die Quadratwurzel errechnet sich am besten logarithmisch:

$\lg \sqrt{0,9} = \frac{1}{2} \times \log 0,9$
$\log 0,9 = 0,95424 - 1 = 1,95424 - 2$
$\frac{1}{2} \lg 0,9 = 0,97712 - 1$
num $\sqrt{0,9} = 0,95$.

Eine große klinische Bedeutung kommt der quantitativen Schätzung des Pepsins nicht zu; in den meisten Fällen genügt der qualitative Nachweis, der mit vorstehender Methode sehr schnell und bequem ausgeführt werden kann. Als Kontrolle muß immer eine Probe in reiner Salzsäure angesetzt werden. Auch eine dünne Scheibe von hart gekochtem Hühnereiweiß ist sehr praktisch, man erkennt die lösende Kraft des Pepsins sehr gut an den scharfen Rändern der Eiweißscheibe.

Andere Methoden sind zahlreich ausgebaut unter Verwendung von Casein, Edestin, Serum usw., die aber nur für spezielle Zwecke Interesse haben.

Eine genaue Definition der Pepsinmenge ist heute möglich, seitdem von NORTHROP krystallisiertes Pepsin dargestellt worden ist.

Das **Trypsin**, aktiviert durch die Enterokinase des Darmes, spaltet das Eiweiß und Peptone bis zu Dipeptiden und Aminosäuren. Klinisch kommt der Bestimmung keine Bedeutung zu, es sei denn der Nachweis im Duodenalsaft bei Verschluß des Pankreasganges. Normalerweise kommen im nüchternen Duodenalsaft 125—2000 Einheiten Trypsin im Kubikzentimeter (nach

FULD) vor. Die Einheit ist definiert durch die verdauende Kraft eines Kubikzentimeters Saft auf eine $1^0/_{00}$ Caseinlösung und wird angegeben in Kubikzentimeter dieser Lösung, die 1 ccm Saft in 1 Stunde bei 38^0 vollständig zu verdauen vermag.

Zum qualitativen Nachweis genügt es in 0,2% Sodalösung bei 38^0 etwas Duodenalsaft einige Stunden auf *gekochtes* Hühnereiweiß oder *gekochtes* Fibrin einwirken zu lassen. Man beobachtet ob Lösung eintritt, eine Kontrollprobe ist notwendig.

Die **Oxydasen** sind Fermente mancher Zellbestandteile, die Sauerstoff auf Phenole und phenolähnliche Stoffe wie Naphthol übertragen und mit einer zweiten Komponente (Dimethylparaphenylendiamin) einen Farbstoff (Indophenolblau) erzeugen. Die Oxydasen kommen in den Leukocyten vor, auch in den unreifen Myeloblasten und gestatten bei positivem Ausfall eine Unterscheidung zwischen myeloischer und lymphatischer Leukämie.

Nachweis im trocknen Blutausstrich, der 5 Minuten mit 4% Formol gehärtet wird. Er kommt dann in eine klare Mischung von 1 Teil α-Naphthol 1% in 70% Alkohol und 1 Teil 1% Dimethylparaphenylendiamin in Wasser. Der gehärtete Ausstrich bleibt etwa 5 Minuten in der Lösung, kommt dann einige Sekunden in eine 1% Safraninlösung. Unter dem Mikroskop sind die Fermentgranula blau gefärbt.

Die **Peroxydasen** übertragen nur den Sauerstoff aus Wasserstoffsuperoxyd. Echte Peroxydase kommt in den Leukocyten vor, auch im Knochenmark, Milz und Lymphdrüsen. Das Oxyhämoglobin besitzt auch Peroxydaseeigenschaften, worauf der Blutnachweis beruht. Im Blutausstrich kann die Peroxydasereaktion bei Erkrankungen des Corpus striatum negativ im Gegensatz zur Oxydasereaktion ausfallen und diagnostisch ausgewertet werden.

Im Blutausstrich verfährt man in folgender Weise: Auf dem trocknen Blutausstrich verteilt man einige Tropfen einer ½% Kupfersulfatlösung, gießt nach 30 Sekunden ab und tropft sofort eine 0,1% Benzidinlösung in Wasser + 3 Tropfen 3% H_2O_2 darauf. Nach 2 Minuten spült man vorsichtig mit aqua dest. ab, färbt 2 Minuten mit 1% Safranin, spült wieder ab und trocknet im Brutschrank. Die fermenthaltigen Granula der Leukocyten sind blaugrün, die Zellkerne dagegen rotgelb gefärbt.

Zum Blutnachweis verfährt man folgendermaßen: Bluthaltiger Harn oder ein Stuhlextrakt, den man sich in einem Porzellanmörser aus ½ g Stuhl, 2 ccm Chloralhydrat (70% in Alkohol) und 10 Tropfen Eisessig bereitet, indem man den Stuhl in dünner Schicht ausstreicht und 5 Minuten unter leichtem Schütteln extrahieren läßt, werden mit einer alkoholischen Lösung von Guajac-Harz + altem Terpentinöl oder 3% H_2O_2 geschüttelt. Bei Anwesenheit von Peroxydase tritt Blaufärbung auf. Terpentinöl oder H_2O_2 vertritt die Stelle der Oxygenase, als Peroxydase wirkt Hämoglobin und als Sauerstoffacceptor wirkt die Gujaconsäure des Guajac-Harzes, die dabei zu einem blauen Körper oxydiert wird.

Die Benzidinreaktion zeigt noch Blut in 0,001% an und ist für den klinischen Blutnachweis zu empfindlich.

Die **Katalasen** sind Fermente, die das intermediär gebildete Wasserstoffsuperoxyd zersetzen, die Zelle also schützen. Besonders die Leber zeichnet sich durch einen hohen Katalasegehalt aus, das Ferment kommt aber in allen tierischen und pflanzlichen Geweben vor. Nachweis und Bestimmung erfolgt durch Messung des aus H_2O_2 abgespaltenen Sauerstoffs, über die Methodik sind Spezialwerke zu Rate zu ziehen.

Vitamine. Der bisher übliche Weg der Auswertung der Vitamine ist der biologische Tierversuch. Diese Methoden sollen hier außer acht bleiben. Von chemischen Bestimmungsmethoden ist bisher nur wenig Gebrauch gemacht worden und es ist bei allen zu berücksichtigen, daß ihre Brauchbarkeit noch nicht genügend erwiesen ist. Unter diesem Vorbehalt sind im folgenden einige Methoden zusammengestellt, die an sich sehr begrüßenswert sind, weil sie wesentlich einfacher und kürzer als die biologischen Auswertungsverfahren sind.

Vitamin A. Die Standard-Reaktion auf Vitamin A ist die von

$$\underset{\underset{H_2}{\overset{H_2}{\underset{|}{\bigg\langle}}}{\overset{CH_3\ CH_3}{\bigg\langle}}}{} \overset{CH_3}{\underset{|}{-}} \overset{H\ \ \ H}{C=C} - \overset{CH_3}{\underset{|}{C}} = \overset{H}{C} - \overset{H}{C} = \overset{H}{C} - \overset{CH_3}{\underset{|}{C}} = \overset{H}{C} - C \cdot H_2OH.$$

CARR und PRICE mit Antimontrichlorid, wobei sich eine blaue Farbe entwickelt. So gut diese Reaktion zum Nachweis ist, so ungeeignet ist sie zur quantitativen colorimetrischen Bestimmung, da die Farbe schnell abblaßt. Die colorimetrische Bestimmung soll wenige Sekunden nach dem Zusammengeben der Lösungen vollendet sein. Außerdem wird sie auch von verwandten Carotinoiden gegeben. Es haben nun ROSENTHAL und ERDÉLYI [Biochem. Z. **262**, 119; **271**, 414 (1934)] gefunden, daß man die

Farbreaktion der Carotinoide durch Polyphenole unterdrücken kann und daß nur eine rotviolette Farbe des Vitamin A übrigbleibt. Die endgültige Methode ist im Biochemic. J. 29, 1036 und 1039 (1935) mitgeteilt worden.

Die Methode ist nicht unwidersprochen geblieben, es soll z. B. Cholesterin dieselbe Reaktion geben, was aber noch nicht endgültig feststeht. Wohl aber gibt Ergosterin dieselbe Farbe, was aber für Untersuchungen des Blutes nicht in Frage kommt.

Es ist technisch außerordentlich schwierig, mit den sehr kleinen Quantitäten von Chloroformlösungen und Extrakten zu arbeiten, und man kann deshalb zur Zeit noch keine brauchbare chemische Bestimmungsmethode für das Vitamin A angeben.

Eine Bestimmung des *Vitamin B_2* ist auf Grund seiner Fluorescenz versucht worden, und zwar kann man die Fluorescenz des Belichtungsproduktes von Vitamin B_2 (Lactoflavin) in Chloroform

$$CH_2.CHOH.CH_2OH.CHOH.CH_2OH$$

bestimmen (JOSEPHY, Acta brev. neerl. Physiol. 4, 46 (1934) zitiert nach Ber. ges. Physiol. 81, 616 und COHEN, Acta brev. neerl. Physiol. 4, 46 (1934) zitiert nach Ber. ges. Physiol. 81, 617). Auf eine ausführliche Darstellung muß zur Zeit noch verzichtet werden.

Das *Vitamin B_1* besitzt wahrscheinlich folgende Konstitution:

WILLIAMS 1935.

Die Bestimmung des *Vitamin C* gründet sich immer auf seiner Eigenschaft leicht oxydiert zu werden, d. h. selbst zu reduzieren, was aus seiner Konstitution ohne weiteres hervorgeht:

```
      O                                O
      ‖                                ‖
      C——COH                           C————C=O
    /                                /   H
  O                                O
    \  C——C—OH                       \  C————C=O
       |  ‖                             |
       H                                HCOH
      HCOH                              |
       |                                COOH
      COOH
   Lactonform                        oxydiert
   reduziert
```

Die Bestimmung mit Oxydationsmitteln ist in reinen Lösungen immer richtig, nicht aber in biologischen Extrakten, wo noch andere reduzierende Substanzen vorkommen, die die Resultate um unberechenbare Mengen verfälschen können. Unter den vielen Methoden, die zur Bestimmung der Ascorbinsäure angegeben worden sind, hat die von MARTINI und BONSIGNORE [Biochem. Z. **273**, 170 (1934)] mit Methylenblau die größte Wahrscheinlichkeit. Sie beruht auf der Beobachtung, daß Ascorbinsäure in saurer Lösung bei Gegenwart von Na-Thiosulfat Methylenblau unter dem Einfluß einer starken Lampe (500—1000 Watt) zu reduzieren vermag.

Reagenzien:
1. Sulfosalicylsäure 50% oder Trichloressigsäure 50%.
2.   „   8%   „   „   8%.
3. Methylenblau 1:10000, d. i. 10 mg (Torsionswaage) ad 100 ccm.
4. Citratlösung 37,5 g Na-Citrat + 10,0 g $NaHCO_3$ ad 250 ccm.
5. Natriumthiosulfat 5%.

Ausführung: 8 ccm Sulfosalicylsäure 50% wird mit Harn ad 50 ccm im Meßkolben aufgefüllt und filtriert. Davon nimmt man 5 ccm + 2 ccm Citratlösung und 1 ccm Thiosulfat + 0,2 ccm Methylenblau.

Kontrolle: 5 ccm Säure 8% mit denselben Zusätzen. Beide Proben werden unter der Lampe in einer flachen Schale mit Wasser geschüttelt, dabei entfärbt sich die Harnprobe, die Kontrolle bleibt blau. Man setzt der Harnprobe nacheinander so lange Methylenblau zu, bis sie *dieselbe Farbe wie die Kontrolle behält*, indem man nach jedem Methylenblauzusatz unter der Lampe schüttelt. Der Verbrauch an Methylenblau wird abgelesen und auf die Harnmenge umgerechnet (5 ccm der Harnverdünnung = 4,2 ccm Harn).

Durch die Eigenfarbe des Harns sieht die Harnprobe grünlich aus und deshalb ist die Erkennung des Titrationsendpunktes erschwert. Deshalb ist es praktisch, der *Kontrolle*, nach den Angaben von R. AMMON, etwas Bromthymolblau, in saurer Reaktion gelb, zuzusetzen, bis sie dieselbe Farbe wie der Harn hat und der Vergleich erleichtert wird.

Der Titer der Methylenblaulösung wird mit einer reinen Ascorbinsäurelösung bestimmt, die in 8% Säure gelöst ist und auf dieselbe Weise behandelt wird, wie die Harnprobe. Außerdem bestimmt man die Ascorbinsäure titrimetrisch mit einer $n/100$-Jodlösung, wobei von jedem Mol (reduzierter) Ascorbinsäure 2 Mol Jod verbraucht werden.

Auf diese Weise ist der Titer der Methylenblaulösung genau zu ermitteln und daher auch die Ascorbinsäuremenge. Die direkte Titration des Harnes mit Jod, selbst unter Zusatz von KJ, ist nicht statthaft.

Die Benutzung von Trichloressigsäure und Sulfosalicylsäure ist gleichwertig. Bei ersterer ist der Umschlag schärfer und in letzterer ist die Ascorbinsäure haltbarer. Die Acidität ist gleich, vielleicht ist eine Mischung beider angebracht. Auch für Blut scheint die Methode brauchbar.

Beispiel: 5 ccm der sauren Harnverdünnung ($= 4{,}2$ ccm Harn) verbrauchten 0,35 ccm Methylenblau.

$$1 \text{ ccm Methylenblau} = 0{,}0832 \text{ mg Ascorbinsäure}$$
$$0{,}35 \quad \text{,,} \qquad \text{,,} \quad = 0{,}0291 \text{ ,,} \qquad \text{,,}$$
$$100 \text{ ,, Harn} \ldots = \frac{0{,}0291 \times 100}{4{,}2} \text{ mg Ascorbinsäure}$$
$$= 0{,}69 \text{ mg-}\%.$$

Für das *Vitamin D* ist bislang noch keine Farbreaktion angegeben worden.

Vitamin D. nach MÜLLER [Hoppe-Seylers Z **233**, 225 (1935)].

Bei den *Hormonen* ist es in letzter Zeit W. ZIMMERMANN [Hoppe-Seylers Z. **233**, 257 (1935)] gelungen, eine Farbreaktion zu finden. Sie gleicht der JAFFÉschen Reaktion auf Kreatinin

Sexualhormone. 137

mit Pikrinsäure in Lauge, und ist eine Gruppenreaktion auf die Atomgruppierung —CO—CH$_2$—. An Stelle von Pikrinsäure wird das m-Dinitrobenzol in 1% alkoholischer Lösung mit 15% Kalilauge verwendet. Die optimale Färbung liegt bei 500 γ Hormon im Kubikzentimeter. Deshalb ist mindestens eine 500fache Anreicherung aus Harn z. B. für Androsteron oder 100fach für Follikelhormon aus Schwangerenharn notwendig. Die Farbe ist von dem vorliegenden Hormon abhängig (violett stichig). Da noch keine *endgültige* Methode angegeben ist, genüge dieser Hinweis anhangsweise.

Positiv reagieren:

Androsteron

α Follikelhormon

Luteosteron D

Pregnandion

keine Färbung gibt

Pregnandiol

IV. Bestimmung der Wasserstoff-Ionen (p_H).

Unter **Wasserstoff-Ionen-Konzentration** versteht man die wirklich in einer Lösung vorhandenen Wasserstoff-Ionen (H˙)[1], bezogen auf das Liter Flüssigkeit, welche ein Maß für den sauren oder alkalischen Charakter der Lösung ist; denn allen Säuren ist die charakteristische Eigenschaft gemeinsam, in Lösung, besonders in wässeriger, H˙ abzuspalten, wie die Basen durch OH′ charakterisiert sind. Die Wasserstoff-Ionen-Konzentration, oder auch *aktuelle* Reaktion genannt, steht im Gegensatz zu der *titrierbaren* Menge einer Säure, welche angibt, wieviel verfügbare H˙ überhaupt vorhanden sind. Wenn nämlich eine Säure durch Lauge titriert wird, so werden die H˙-Ionen unter Bildung von Wasser entfernt, wodurch der bisher nicht dissoziierte Teil der Säure ebenfalls zur Dissoziation gezwungen wird. Deshalb werden bei einer Titration alle H-Atome, die dissoziabel gebunden sind, erfaßt, während bei einer Messung der Menge der H˙ nur *der* Teil, der tatsächlich in Ionenform vorliegt, bestimmt wird. Die Differenz ist eine typische Eigenschaft jeder Säure und abhängig vom Dissoziationsgrad (vgl. Band I, S. 10). Die *Differenz* ist desto stärker, je schwächer die Säure dissoziiert ist und ist gleich 0, wenn eine starke Säure (HCl) in sehr verdünnten Lösungen ($n/100$—$n/500$) vollkommen dissoziiert ist. Im Gegensatz zu den Säuren spalten die Basen Hydroxyl-Ionen —OH′ — ab und eine Lösung ist neutral, wenn gleiche Mengen von H˙ und OH′ vorhanden sind. Auch Wasser selbst ist dissoziiert in sehr geringem Grade, die Dissoziation verläuft nach der reversiblen Gleichung

$$HOH \underset{v_2}{\overset{v_1}{\rightleftarrows}} H˙ + OH',$$

wobei es zu einem Endzustand (Gleichgewicht) kommt, wenn die Reaktionsgeschwindigkeit v_1 der Spaltung in H˙ und OH′-Ionen, gleich der umgekehrten Reaktionsgeschwindigkeit v_2, der Rückverwandlung in undissoziierte Wassermoleküle ist.

Nach dem Massenwirkungsgesetz ergibt sich hieraus, unter Berücksichtigung der Tatsache, daß die Menge der Ionen in *wirklich reinem Wasser*, gemessen an der Leitfähigkeit, verschwindend klein im Verhältnis zur Menge des Wassers ist, daß das Produkt aus den Ionen

$[H˙] \times [OH'] = K_w = 10^{-14}$ für $22°C$ ist.
Die genaue Zahl ist $10^{-14,14}$.

---

[1] [H] bedeutet Konzentration im Liter.

Weil bei neutraler Reaktion [H˙]=[OH′], so ergibt sich durch Umrechnung [H˙]² = 10^{-14}

$$[H˙] = \sqrt{10^{-14}} = 10^{-7} = \frac{1}{10^7} = 1/10 \text{ Millionstel g H˙ im Liter.}$$

Da nach den Naturgesetzen das Ionen*produkt* niemals in wässeriger Lösung bei 22⁰ größer oder kleiner als $10^{-14} = \frac{1}{10^{14}}$ sein kann, so folgt ohne weiteres, daß einer *Vermehrung* der H˙ eine *Verminderung* der OH′ folgen muß.

H > = 10^{-7} saure   Reaktion z. B. 10^{-6}.
H < = 10^{-7} alkalische   ,,   z. B. 10^{-8}.

Wenn (H˙) = 10^{-6} ist, so muß (OH˙) = 10^{-8} sein usw., denn nach mathematischen Regeln werden 2 Potenzen miteinander multipliziert, indem man die Exponenten addiert.

Nimmt man eine *theoretische* 100%ige Dissoziation an, so ergeben sich folgende Zahlen:

$n/_{10000}$-Säure = 0,0001 g Äquivalent (H˙) = 10^{-4}
$n/_{1000}$ - ,,   = 0,001 ,,   ,,   ,, = 10^{-3}
$n/_{100}$ -   ,,   = 0,01 ,,   ,,   ,, = 10^{-2}
$n/_{10}$ -   ,,   = 0,1   ,,   ,,   ,, = 10^{-1} = $1/_{10}$
$n/_{1}$ -   ,,   = 1,0   ,,   ,,   ,, = 10^{-0} = 1.

Multipliziert mit dem Dissoziationsgrad, ergibt sich die wirkliche Menge an H˙.

Die Menge der H˙-Ionen wird meist nicht in direkter Zahl, sondern als negativer Logarithmus mit dem Symbol p_H angegeben. (Der Logarithmus einer Potenz ist gleich dem Exponenten.) Allgemein gilt also $p_H = -\log(H˙)$ und p_H 3 entspricht also 10^{-3} H˙

Wird eine vollkommene Dissoziation angenommen, so ist:

$n/_{200}$ HCl = 0,005 n = 5 × 0,001 n = 5 × 10^{-3} H˙
$p_H = -\log(5 \times 10^{-3}) = -\log 5 + 3.$ $\log 5 = 0,699$
$p_H = -0,699 + 3 = 2,301 \sim 2,30 = \frac{5}{1000}$ g H˙ im Liter
(bei 100% Dissoziation).

Für eine $n/_{500}$ Säure ergibt sich folgende Berechnung:

$n/_{500} = 2 \times 0,001 = 2 \times 10^{-3}$ H˙
$p_H = -\log 2 + 3 = -0,301 + 3 = 2,70 = \frac{2}{1000}$ g im Liter
H˙ = $6,2 \times 10^{-5}$; $p_H = -\log 6,2 + 5 = -0,792 + 5 = 4,208$.

Eine Änderung des p_H um 1,0 bedeutet eine Änderung der $H^·$ um das *Zehnfache* und eine Änderung um 0,01 p_H ist gleich der noch eben meßbaren $H^·$-Änderung um 2,3%.

Die Umrechnung von p_H in $H^·$ gestaltet sich folgendermaßen: z. B. p_H 6,30 ist entstanden aus $-0,7+7,0 = -$ lg $[H^·]$
lg $[H^·] = -6,30 = 0,7 - 7,00$

$$H^· = \frac{\text{num } 0,7}{\text{num } 7,0} = \frac{5}{10^7} = 5 \cdot 10^{-7} = 10^{-6,3}$$

oder p_H 4,70 = $H^·$ = $10^{-4,70}$
lg $[H^·] = 0,3 - 5,00$
$H^·$ = num $0,3 \times 10^{-5} = 2,10^{-5}$

p_H 9,19   lg $[H^·] = 0,81 - 10,00$
$H^· = 6,45 \times 10^{-10}$

Änderung des Exponenten um 1,0 bedeutet Konzentrationsänderung um das Zehnfache.

Diese Beispiele, die für saure Reaktion durchgerechnet sind, gelten natürlich ebenso für alkalische Reaktion. Da ferner, wie oben gezeigt, eine genau definierte zahlenmäßige Abhängigkeit der $H^·$ und OH' voneinander besteht, wird im allgemeinen auch eine alkalische Reaktion durch die Menge der $H^·$ bestimmt. Je größer der negative Exponent der $H^·$, desto kleiner ist in Wirklichkeit der Wert und die Reaktion einer Lösung ist alkalisch, d. h. die Menge der OH' überwiegt die Menge der $H^·$, wenn der negative Exponent von H größer als 7 ist.

p_H 8 bedeutet also alkalische Reaktion, denn die $[H^·]$ ist $\frac{1}{10^8}$ und die $[OH'] = \frac{1}{10^6}$, letztere Zahl ist größer. Und wenn wir angeben $p_H = 9,19$ ist gleichzeitig $p_{OH} = 4,81$. Die Umrechnung erfolgt wie weiter oben angegeben. Der physiologische Bereich im Gewebe und Blut der $H^·$ liegt von p_H 7,1—7,5, also immer in der Nähe des Neutralpunktes und eine Übersicht gibt die nachstehende Skizze.

Zur *Messung der $H^·$-Ionen* in biologischem Material stehen 3 Methoden zur Verfügung:

1. Die gasanalytische Methode, die auf der Berechnung der $H^·$ nach der HASSELBALCHschen Formel beruht, sie ist besonders geeignet für undurchsichtige Flüssigkeiten oder solche die ihre $(H^·)$ durch Änderung des O_2-Gehaltes ändern.

2. Die colorimetrische Methode, die auf der abgestuften Farbänderung bestimmter Indikatoren beruht. Sie ist nur brauchbar für klare, wenig gefärbte Lösungen.

3. Die elektrometrische Messung, die auf der NERNSTschen Gleichung fußt und nur in O_2-freien Lösungen gebraucht werden kann.

Bei der gasanalytischen Methode ist es notwendig, den Kohlensäuregehalt der Flüssigkeit zu bestimmen, sei es, daß man arterielles oder venöses Blut, Plasma oder Serum verwendet, sei

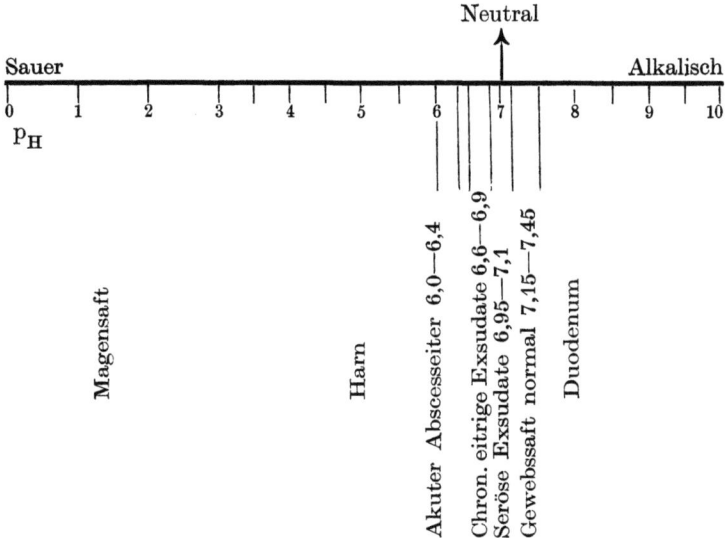

es, daß man die H˙-Konzentration bei einer bestimmten CO_2-Spannung ermitteln will. Die Technik der Untersuchung ist S. 24 ff. beschrieben, einschließlich der Manipulationen zur Blutsättigung bei einer bestimmten CO_2-Spannung.

HASSELBALCH [Biochem. Z. 78, 112 (1917)] hat die (H˙) im Blut und Serum, die im wesentlichen von dem Verhältnis der als Natriumbicarbonat vorhandenen CO_2 zur physikalisch gelösten CO_2 abhängt, berechnet. Die gegenseitige Beziehung ist ausgedrückt durch die Gleichung

$$p_H = p_K + \log \delta + \log \frac{NaHCO_3 \ (Vol\%)}{H_2CO_3 \ (Vol\%)}$$

Der Wert $(p_K + \log \delta)$ kann zusammengezogen werden zu der konstanten Größe 6,10; die Menge $NaHCO_3$ ergibt sich aus der gefundenen Menge der Gesamtkohlensäure, vermindert um den physikalisch gelösten Anteil, der im Nenner steht. Dieser ist abhängig von dem Absorptionskoeffizienten α (bei 38^0 für

Serum $= 0{,}541$, Blut $0{,}511$) und dem Partialdruck p der Kohlensäure in mm Hg.

Es ergibt sich die vereinfachte Formel

$$p_H = 6{,}10 + \log \frac{\text{Vol \% } CO_2 - \frac{\alpha \cdot p}{760}}{\frac{\alpha \cdot p}{760}}$$

$$\frac{0{,}541}{760} = 0{,}071; \quad \frac{0{,}511}{760} = 0{,}067$$

für Blut $p_H = 6{,}10 + \log \dfrac{\text{Vol \% } CO_2 - 0{,}067 \times p}{0{,}067 \times p}$

für Serum oder Plasma $p_H = 6{,}10 + \log \dfrac{\text{Vol \% } CO_2 - 0{,}071 \times p}{0{,}071 \times p}$

Zur Bestimmung muß man also kennen die Kohlensäure*spannung*, unter der das Blut steht und den Kohlensäure*gehalt*. Erstere wird für arterielles Blut aus der Alveolarluft bestimmt, für venöses Blut aus einer *CO_2-Bindungskurve*, aus welcher aus der gefundenen CO_2-Menge die Spannung abgelesen werden kann. Für jedes Blut bzw. Plasma existiert eine besondere Kurve. Die CO_2-Menge ist durch Analyse nach VAN SLYKE zu ermitteln.

Z. B. es sei gefunden im Plasma:

ges. $CO_2 = 44{,}0$ Vol \% CO_2; Spannung $= 42{,}5$ mm

$$p_H = 6{,}10 + \log \frac{44 - 0{,}071 \times 42{,}5}{0{,}071 \times 42{,}5} = 6{,}10 + \log \frac{44 - 3{,}02}{3{,}02}$$

$$6{,}10 + \log \frac{40{,}98}{3{,}02} = 6{,}10 + \log 13{,}56 = 6{,}10 + 1{,}132 = 7{,}232.$$

Die *Bindungskurve* für Kohlensäure braucht natürlich nur für einen kurzen Intervall bestimmt zu werden. Man sättigt z. B. Serum mit CO_2 bei einer Spannung von 40 und 46 mm Hg CO_2 und findet dabei einen Gehalt von 43,00 bzw. 45,25 Vol.-% CO_2 (vgl. Abb. 39). Dann ergibt sich aus dem gezeichneten Kurvenstück, welches für diesen Abschnitt als Gerade angenommen werden kann, bei der im nativen Serum gefundenen Kohlensäure-Menge von 44,0 Vol.-% CO_2 eine Spannung von 42,5 mm, wie in vorstehendem Beispiel angenommen.

Wird Vollblut analysiert, so ist auf den Sauerstoffgehalt Rücksicht zu nehmen und entweder 2 Bindungskurven anzulegen für vollständig mit Sauerstoff gesättigtes (oxydiertes) und sauerstoffreies (reduziertes) Blut. Die Lage aller Kurven für teilweise mit Sauerstoff gesättigtes Blut ist aus den extremen Fällen leicht zu interpolieren, da z. B. eine Kurve für Blut mit 50% O_2-Sättigung genau in der Mitte zwischen der oxydierten und reduzierten Kurve liegt.

Für die *praktischen Bedürfnisse* genügt in den meisten Fällen die „reduzierte" Wasserstoffzahl nach HASSELBALCH, d. h. das p_H des Serums oder Plasmas bei einer konstanten Spannung von 40 mm Hg CO_2, die als mittlere CO_2-Spannung der Alveolarluft angenommen wird.

Die Genauigkeit der gasanalytischen Methode ist $\pm 0{,}03$ p_H, das ist nach S. 140 etwa $\pm 7\%$.

Auch die Alkalireserve wird meist in Vol.-% CO_2 bei einer CO_2-Spannung von 40 mm Hg angegeben.

Die *colorimetrische Messung* der *Wasserstoff-Ionen-Konzentration* beruht auf der Tatsache, daß ein Indikator nie plötzlich seine Farbe ändert, sondern kontinuierlich innerhalb eines bestimmten Bereiches. Ebenso hat jeder Indikator zwei charakteristische Farben für den sauren und alkalischen Bereich, oder der Indikator ist sauer farblos und alkalisch gefärbt. So ist z. B. Phenolrot bei p_H 6,8 maximal gelb, bei p_H 8,4 maximal rot und bei 7,6 sind je 50% der gelben und roten Komponente vorhanden, während bei p_H 7,0 etwa 90% der gelben Komponente vorhanden sind usw.

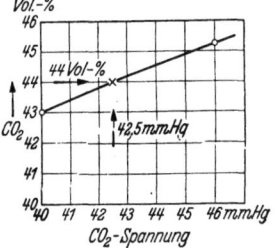

Abb. 39. CO_2-Bindungskurve im Serum.

Jeder Indikator hat sein typisches Umschlaggebiet (vgl. Band I, S. 14 ff.) und ferner ist auf die Möglichkeit Rücksicht zu nehmen, daß der Umschlagpunkt durch neutrale Salze und Eiweiß verschoben werden kann (Eiweißfehler). Deshalb ist für die colorimetrische p_H-Bestimmung eine besondere Auswahl des oder der Indikatoren nötig, die diesen Fehler nicht zeigen.

Eine angenäherte Bestimmung läßt sich auch mit einer sogenannten Tüpfelapparatur ausführen. Man gibt auf eine Porzellanplatte je 1 Tropfen des Indikators und der Versuchslösung und vergleicht die entstandene Färbung mit einer Tabelle. Die Werte sind roh und höchstens auf 0,1—0,2 p_H genau, gestatten aber besonders bei der Herstellung von Pufferlösungen oder der Kontrolle von Arzneien u. dgl. eine schnelle Übersicht.

Als Indikatoren benutzt man z. B.:

Bromphenolblau ... 0,04% für p_H 2,8—4,6
Methylrot ...... 0,02% ,, ,, 4,4—6,3
Bromthymolblau ... 0,04% ,, ,, 5,8—7,6
Kresolrot ...... 0,02% ,, ,, 7,1—8,8.

Derartige Zusammenstellungen werden fertig geliefert z. B. von Ströhlein u. Co., Düsseldorf 39 und E. Leitz, Berlin NW 7, Luisenstr. Eine genaue Anleitung liegt jeder Apparatur bei.

Genauere Resultate erhält man durch Vergleich mit abgestuften Pufferlösungen von bekanntem p_H, denen man den Indikator ebenso wie der Probe zusetzt. Man sucht dann die Pufferlösung aus, die dieselbe Farbe wie die Probe hat und ersieht hieraus das p_H der Probe. Derartige Indikatorreihen sind für einen großen p_H-Bereich aufgestellt, für die Zwecke der p_H-Messung im Serum genügt z. B. Phenolrot. Dabei ist man auf eigene Herstellung einer Indikatorreihe angewiesen, während man die Indikatorreihe nach MICHAELIS fertig kaufen kann. Blut bzw. Serum muß ohne Verlust von CO_2 aufgefangen werden; mit der colorimetrischen Methode findet man in normalem venösem Serum Werte von p_H 7,3—7,4 mit einer Genauigkeit von 0,02.

Für die Zwecke der Klinik genügt der Bereich von p_H 6,8 bis 8,4, wie sie in der käuflichen Dauerreihe von MICHAELIS mit m-Nitrophenol festgelegt ist. Die gleich starken zugeschmolzenen Gläser sind mit wechselnden Mengen einer 0,03%igen Indikatorlösung und $n/_{10}$-Soda beschickt. Die Farbe nimmt von farblos bis gelb zu. Jedes Röhrchen trägt ein Etikett mit der betreffenden p_H-Bezeichnung.

Zum Versuch verdünnt man je 2 ccm Serum mit 4 ccm CO_2-freier 0,85%iger NaCl-Lösung in 2 Reagensgläsern, die denselben Durchmesser wie die Dauerreihe haben. In das eine Reagensglas kommt noch 1 ccm NaCl-Lösung, in das andere 1 ccm einer 0,3%igen wässerigen Lösung von m-Nitrophenol. Dann wird das letzte Röhrchen in die Öffnung 2 des WALPOLEschen Komparators (vergl. Abb. 40) gesteckt, das andere kommt in Öffnung 3. In die Bohrung 4 kommen der Reihe nach die Gläschen der Dauerreihe, in 5 nur Kochsalzlösung. Wenn man jetzt durch die Öffnungen 8 und 9 sieht (die Löcher 7—9 gehen durch den Holzblock vollkommen durch, Nr. 1—6 in den Löchern 7—9 endigend), kann man unter Vertauschen des Röhrchens in 4 jenes finden, welches mit der Farbe 2—5 übereinstimmt, oder wenigstens zwei, deren Färbungen stärker bzw. schwächer sind, wodurch man zwischen zwei Standardlösungen interpolieren kann. Wenn man hinter den Block eine Blauscheibe hält, sind die Unterschiede deutlicher.

Wird Harn untersucht, so verdünnt man mit 2% NaCl, hier ist besonders die Ausschaltung der Eigenfarbe notwendig. Auch muß man in diesem Falle die von HAMÄLEINEN, LEIKOLA und AIRILA [Skand. Arch. Physiol. (Berl. u. Lpz.) **43**, 244 (1923)] angegebene Indikatorreihe, die einen größeren Meßbereich hat, verwenden.

Eine Methode, um die $H^{\cdot}$ mit dem Stufenphotometer unter Zusatz von Indikatoren messen zu können, ist von JANKE und SEKERA [Biochem. Z. **245**, 362 (1932)] angegeben worden. Ist ein Stufenphotometer vorhanden, so ist dies die einfachste colorimetrische Methode, weil damit auch die Kompensation der Eigenfarbe gewährleistet ist.

Die *elektrometrische Bestimmung* der $[H^{\cdot}]$ ist zweifelsohne die genaueste. Der Messung liegt die NERNSTsche Formel für die elektromotorische Kraft einer Konzentrationskette zugrunde.

$$E = \frac{RT}{F} \ln \frac{C_1}{C_2}.$$

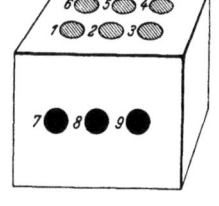

Abb. 40. WALPOLE-Komparator zur p_H-Messung.

Man mißt also nicht eine absolute Spannung, sondern eine Spannungsdifferenz zwischen zwei Elektroden in Lösungen verschiedener Konzentration, deren eine bekannt (C_1), deren andere unbekannt ist und gemessen werden soll. C_1 und C_2 bedeuten die Konzentrationen der $H^{\cdot}$-Ionen, R die Gaskonstante, T die absolute Temperatur von -273^0 an gerechnet und F die Anzahl Coulombs, für ein einwertiges Ion 96540. E ist die elektromotorische Kraft in Volt. Da man bequemer in dekadischen statt in natürlichen Logarithmen rechnet, ändert sich die Formel in

$$E = \frac{RT}{F} \cdot 0{,}4343 \log \frac{C_1}{C_2}$$

worin weiter für die konstante Größe

$$\frac{R}{F} \cdot 0{,}4343 = 0{,}0001983 \text{ eingesetzt wird.}$$

Als bekannte Konzentration nimmt man eine n-Wasserstoffelektrode (Bezugselektrode), die also 1 g $H^{\cdot}$ im Liter enthält, z. B. 1,25 n-HCl, und verwendet zur Messung platinierte Platinelektroden in reinem Wasserstoff, die sich wie metallischer Wasserstoff verhalten. Ist also $C_1 = 1$, so ergibt sich

$$E = 0{,}0001983 \cdot T \cdot \log \frac{1}{C_2}$$
$$= -0{,}0001983 \cdot T \cdot \log C_2$$
$$\log C_2 = -\frac{E}{0{,}0001983 \cdot T}$$
$$p_H = -\log C_2 = \frac{E}{0{,}0001983 \cdot T}.$$

Da nun die genau n-Wasserstoffelektrode nicht gut reproduzierbar ist, verwendet man als Bezugselektrode die gesättigte Kalomelelektrode (KE), die nach Abb. 41 zusammengesetzt ist. Derartige Elektroden sind käuflich. Das elektrische Potential ist 250,3 Millivolt $= E_1$ kleiner gegenüber der KE als gegenüber der n H·-Elektrode. Somit ergibt sich

$$p_H = \frac{E - E_1}{0{,}0001983 \cdot T \cdot 1000}$$

(E und E_1 in Millivolt ausgedrückt).

Der Wert des Nenners ist für verschiedene Temperaturen bekannt und beträgt:

bei 18⁰ C = 57,7	bei 27⁰ C = 59,5
19⁰ C = 57,9	29⁰ C = 59,9
20⁰ C = 58,1	30⁰ C = 60,07
21⁰ C = 58,3	32⁰ C = 60,47
22⁰ C = 58,5	34⁰ C = 60,86
23⁰ C = 58,7	36⁰ C = 61,25
24⁰ C = 58,9	37⁰ C = 61,45
25⁰ C = 59,1	38⁰ C = 61,64.

Da E direkt gemessen wird, ist das p_H der Lösung unmittelbar berechenbar.

Das Schema der Schaltung ist in Abb. 42 dargestellt. Durch den variablen Widerstand R wird die elektromotorische Kraft des Akkumulators A so weit abgedrosselt, daß sich an den Enden D und B des Meßdrahtes noch eine Spannung von genau 1,000 Volt befindet. Ist der Meßdraht nicht in 1000, sondern z. B. 1110 Teile geteilt, so wird auch die Spannung nur bis 1,110 Volt reduziert. 1 Teil immer 1 Millivolt. C ist ein beweglicher Kontakt, der auf alle Stellen des Meßdrahtes gebracht werden kann und mit dem negativen Pol des Elementes E verbunden ist, während der positive Pol fest an dem Ende D hängt. G ist ein sehr empfindliches Galvanometer und F ein pH elektrometrisch.

kurz und schnell zu schließender Kontakt. Wenn der Strom des Akkumulators den Meßdraht durchfließt, so fällt die Spannung proportional der Länge des Drahtes ab und es besteht z. B. zwischen D ($=0$) und $500 = 0,5$ Volt
D und $700 = 0,7$ Volt
Spannungsdifferenz usw.

Angenommen die Spannung des Elementes E betrage 0,650 Volt und der Kontakt C befinde sich bei 500. Dann wird ein Teil des Stromes des Elements E noch durch das Stück DC fließen, weil die von dem Akkumulator entgegengeschaltete Spannung nur 0,5 Volt = 500 Millivolt beträgt, und das Galvanometer wird nach rechts ausschlagen. Rückt man den Kontakt C auf 800, so über-

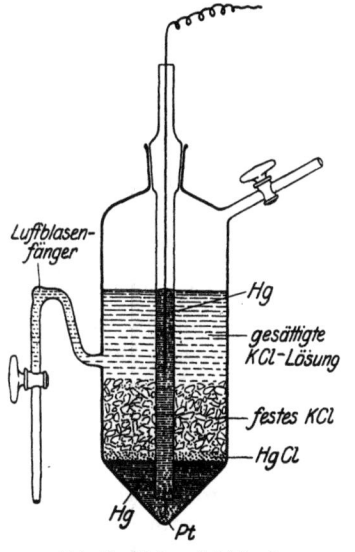

Abb. 41. Kalomelelektrode.

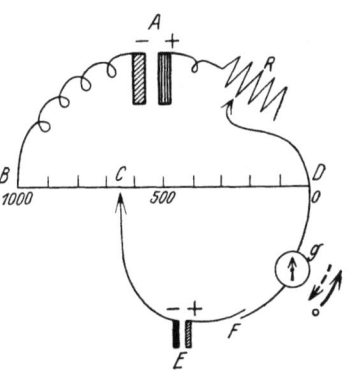

Abb. 42. Spaltungsschema zur elektrometrischen p_H-Messung.

wiegt in diesem Abschnitt die elektromotorische Kraft des Akkumulators, es fließt noch ein Teil des Akkumulator-Stromes durch das Element im entgegengesetzten Sinne, das Instrument G schlägt nach links aus; erst wenn C bei genau 650 angelangt ist, wird das Galvanometer keinen Ausschlag zeigen, da in den Abschnitten des Meßdrahtes die Spannung des Akkumulators und des Elementes gleich sind. In einer Formel ausgedrückt ergibt sich:

$$\frac{\varepsilon_e}{\varepsilon_A} = \frac{650}{1000} \qquad \varepsilon_e = \frac{6,50 \cdot \varepsilon_A}{1000}$$

ε_e = elektromotorische Kraft des Elementes
$\varepsilon_A =$,, ,, ,, Akkumulators $= 1$.
Folglich $\varepsilon_e = 0,650$ Volt $= 650$ Milivolt.

Ist ε_e nicht bekannt, so kann man an der Stellung des Kontaktes C, wenn G stromlos ist, sofort seine elektromotorische Kraft ablesen.

Als Element E_e wird die Kombination ges. Kalomelelektrode—KCl-Lösung unbekannter H˙-Ionenlösung genommen, wobei durch die unbekannte Lösung reiner H_2 perlt und die Ableitung des Stromes mit Hilfe einer Elektrode nach Abb. 43 erfolgt. Das Schaltungsschema ist folgendes (Abb. 44):

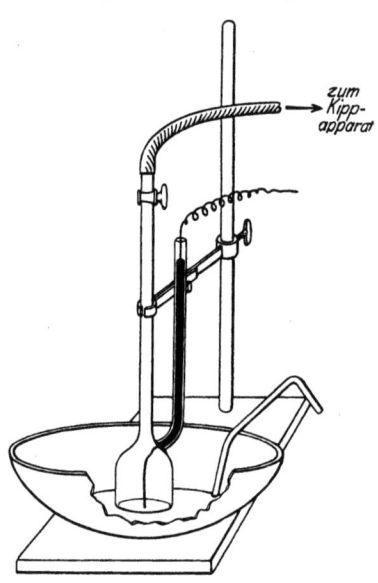

Abb. 43. Glockenelektrode.

Der Agarheber wird aus Glasröhrchen hergestellt, die in der gewünschten Form gebogen sind. Man füllt sie mit einer warmen dickflüssigen Masse aus 3 g Agar in 100 ccm Wasser kochend, gelöst, + 40 g KCl. Die Röhrchen erkalten in einer gesättigten KCl-Lösung und werden auch darin aufbewahrt. Neuerdings kommen von Leitz, Berlin auch Agarheber in den Handel, die an den Enden zugeschmolzen und lange lagerfähig sind, ohne daß sie in KCl-Lösung aufbewahrt werden müssen (vgl. AMMON und SOSNOWSKI).

Die Elektroden haben die verschiedenste Form bekommen, je nach dem Zweck der Verwendung. Besonders zu erwähnen sind noch die U-Elektrodengefäße, mit denen nicht im strömenden Wasserstoff gemessen wird, sondern mit einer H_2-Blase, die sich im oberen Teil des Gefäßes befindet, was besonders bei konstantem Kohlensäuredruck notwendig ist (Abb. 45). Man füllt das Gefäß mit der zu messenden Flüssigkeit, so daß sich im rechten Schenkel E kein Gas mehr befindet. Dann füllt man mit einer Capillare reinstes H_2 ein, bis der platinierte Pt-Draht eben noch eintaucht. Der Stopfen V wird blasenfrei eingesetzt und die Elektrode 50mal so gedreht, daß die Wasserstoffblase die ganze Flüssigkeit durchläuft. Dann wird der Stopfen V entfernt und mit einem Agarheber über eine KCl-Wanne zur Kalomelelektrode abgeleitet. Der Fehler, der durch die geringe Abnahme der CO_2 in der Flüssigkeit entsteht, kann vernachlässigt werden und wird durch den CO_2-Gehalt der Wasserstoffblase teilweise kompensiert.

Der Wasserstoff wird aus einer Bombe oder einem KIPPschen Apparat (As freies Zink und Schwefelsäure!) entnommen und wird durch eine alkalische Permanganat- und Sublimatlösung gewaschen. Auch elektrolytisch dargestellter H_2 ist brauchbar.

Besondere Sorgfalt ist dem Platinieren der Platindrähte zu widmen. Man verbindet sie mit dem negativen Pol einer Batterie von 3—4 Volt und taucht sie in eine 3% $PtCl_4$-Lösung, die auf je 30 ccm einige Milligramm Bleiacetat enthält und mit dem positiven Pol der Batterie verbunden ist. Die Platinierung

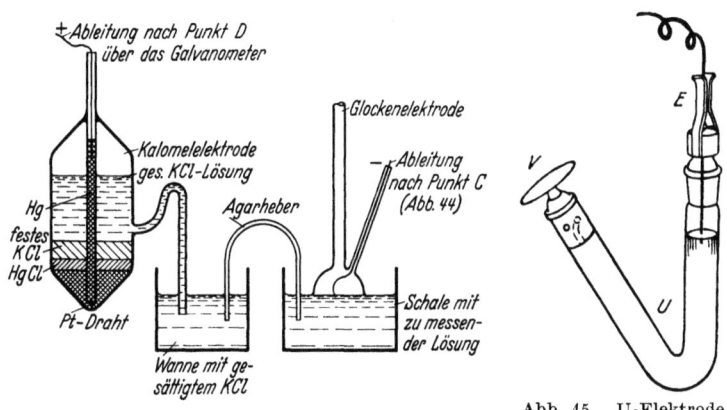

Abb. 44. Schaltungsschema.

Abb. 45. U-Elektrode nach MICHAELIS.

ist in ca. 1 Minute beendet, der Pt-Draht muß schwarz aussehen. Haftet das Pt-Schwarz nicht fest, so wird in einem Bunsenbrenner kurz ausgeglüht und neu platiniert.

Diese ursprüngliche Form der „Meßbrücke" wird heute nicht mehr gebraucht, statt dessen sind Potentiometer und Ionometer im Gebrauch, welche die ganze Apparatur in einem kleinen Kasten vereinigen, gut arbeiten und einfach zu bedienen sind. Sie arbeiten alle nach demselben, eben erläuterten Prinzip. Es erübrigt sich, diesen oder jenen Apparat zu beschreiben, es wird ihnen stets eine ausführliche Gebrauchsanweisung beigegeben. Der Meßdraht ist durch zwei Drehrheostaten, fein und grob, ersetzt und ist in 1100 Teile aufgeteilt. Die elektromotorische Kraft des Akkumulators wird entweder direkt durch ein sehr empfindliches Zeigerinstrument gemessen oder besser gegen ein Normalelement von 1,018 Volt eingestellt, was leicht gelingt, wenn das Normalelement an Stelle von E gesetzt wird und der Kontakt C durch Drehen der Rheostate auf 1018 Teile eingestellt wird. Durch Verstellen des Vorschaltwiderstandes R (Abb. 42) wird die EMK des Akkumulators so reguliert, daß das Galvanometer stromlos bleibt. Dann ist 1 Teil der Brücke BD = 1 Millivolt.

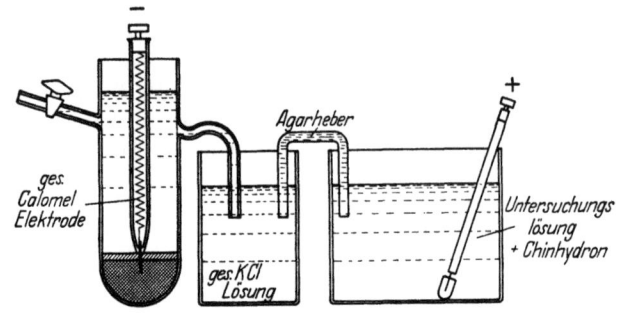

Abb. 46. Meßanordnung mit der Chinhydronelektrode.

Die Apparatur kann leicht mit einer sogenannten Standardacetatlösung kontrolliert werden, die aus

50 ccm n.-NaOH
100 ,, n.-Essigsäure $\Big\}$ CO_2 frei
350 ,, destilliertem Wasser   im Meßkolben bereiten

besteht und ein p_H von **4,62** hat.

Man muß dabei messen:

bei 18^0 517,4 Millivolt.
20^0 517,8 ,,
22^0 518,3 ,,
37^0 520,4 ,,

wenn die Apparatur fehlerfrei arbeitet.

Beispiele;

1. Man messe mit der Glocken- oder U-Elektrode E = 695 Millivolt. t = 20^0 = 293^0 abs. Es ist dann nach der Formel Seite 146

$$p_H = \frac{695 - 250,3}{58,1} = \frac{444,7}{58,1} = 7,66$$

oder aus der Tabelle, Seite 170, ergibt sich bei 695 Millivolt direkt ein p_H von 7,68.

2. Gemessen mit der Chinhydron-Elektrode E_1 = 0,049 Volt, t = 20^0. Daraus berechnet sich nach der folgenden Formel:

$$p_H = \frac{0{,}4541 - 0{,}00033\,(20-18) - 0{,}049}{0{,}0577 + 0{,}0002\,(20-18)} =$$

$$p_H = \frac{0{,}4541 - 0{,}00066 - 0{,}049}{0{,}0577 + 0{,}0004} = \frac{0{,}45344 - 0{,}049}{0{,}0581} = \frac{0{,}40444}{0{,}0581} = 6{,}94$$

oder nach Seite 154 aus der Tabelle $p_H = 6{,}97$.

Auch kann das p_H aus den beiliegenden Tabellen (Seite 152—156), die von Prof. Dr. ARVO YLPPÖ berechnet sind, entnommen werden.

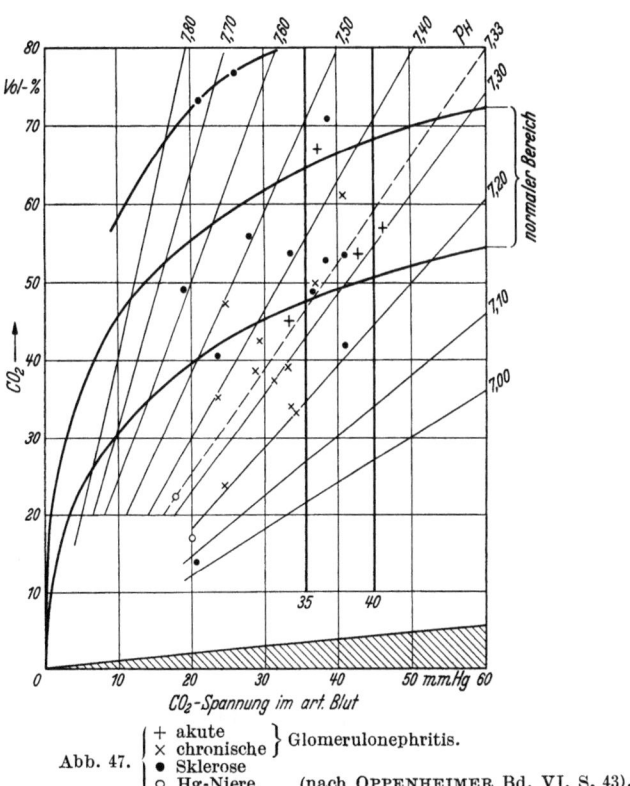

Abb. 47. + akute ⎫
 × chronische ⎬ Glomerulonephritis.
 • Sklerose
 ○ Hg-Niere. (nach OPPENHEIMER Bd. VI, S. 43).

Eine weitere Vereinfachung stellt die Verwendung von Chinhydron an Stelle von Wasserstoff dar, wobei man mit blanken oder vergoldeten Platinelektroden messen kann.

Die Meßanordnung ist dann folgende (Abb. 46):

Die ges. Kalomelelektrode bildet den negativen Pol der Kette. Das p_H berechnet sich aus folgender Formel für alle Temperaturen:

$$p_H = \frac{0{,}4541 - 0{,}00033\,(t-18) - E_1}{0{,}0577 + 0{,}0002\,(t-18)},$$

Bestimmung der Wasserstoff-Ionen (pH).

pH-Tabelle nach DDr. A. Hock für die Gaskette

Millivolt ▼	18°										pH
	0	1	2	3	4	5	6	7	8	9	
330	15	13	12	10	08	06	05	03	01	00	2
320	32	31	29	27	25	24	22	20	19	17	
310	50	48	46	45	43	41	39	38	36	34	
300	67	65	64	62	60	58	57	55	53	51	
290	84	83	81	79	77	76	74	72	71	69	
280	02	00	98	97	95	93	91	90	88	86	
270	19	17	16	14	12	10	09	07	05	03	3
260	36	35	33	31	29	28	26	24	23	21	
250	54	52	50	49	47	45	43	42	40	38	
240	71	69	68	66	64	62	61	59	57	55	
230	88	87	85	83	81	80	78	76	75	73	
220	06	04	02	01	99	97	95	94	92	90	
210	23	21	20	18	16	14	13	11	09	07	4
200	40	39	37	35	33	32	30	28	27	25	
190	58	56	54	53	51	49	47	46	44	42	
180	75	73	72	70	68	66	65	63	61	59	
170	92	91	89	87	85	84	82	80	78	77	
160	10	08	06	04	03	01	99	98	96	94	
150	27	25	24	22	20	18	17	15	13	11	5
140	44	43	41	39	37	36	34	32	30	29	
130	62	60	58	56	55	53	51	50	48	46	
120	79	77	76	74	72	70	69	67	65	63	
110	96	95	93	91	89	88	86	84	82	81	
100	14	12	10	08	07	05	03	02	00	98	
90	31	29	28	26	24	22	21	19	17	15	6
80	48	47	45	43	41	40	38	36	34	33	
70	66	64	62	60	59	57	55	54	52	50	
60	83	81	80	78	76	74	73	71	69	67	
50	00	99	97	95	93	92	90	88	86	85	
40	18	16	14	12	11	09	07	06	04	02	7
30	35	33	32	30	28	26	25	23	21	19	
20	52	51	49	47	45	44	42	40	38	37	
10	70	68	66	64	63	61	59	58	56	54	
0	87	85	84	82	80	78	77	75	73	71	
Millivolt	0	1	2	3	4	5	6	7	8	9	pH

Tabelle nach HOCK.

„*Chinhydron-gesättigte Kalomelelektrode.*"

19°										
0	1	2	3	4	5	6	7	8	9	p_H
14	13	11	09	07	06	04	02	00	—	2
32	30	28	26	25	23	21	20	18	16	
49	47	45	44	42	40	39	37	35	33	
66	64	63	61	59	58	56	54	52	51	
83	82	80	78	77	75	73	71	70	68	
01	99	97	96	94	92	90	89	87	85	
18	16	15	13	11	09	08	06	04	02	3
35	34	32	30	28	27	25	23	21	20	
53	51	49	47	46	44	42	40	39	37	
70	68	66	65	63	61	59	58	56	54	
87	85	84	82	80	78	77	75	73	72	
04	03	01	99	97	96	94	92	91	89	
22	20	18	16	15	13	11	10	08	06	4
39	37	35	34	32	30	29	27	25	23	
56	54	53	51	49	48	46	44	42	41	
73	72	70	68	67	65	63	61	60	58	
91	89	87	86	84	82	80	79	77	75	
08	06	05	03	01	99	98	96	94	92	
25	24	22	20	18	17	15	13	11	10	5
43	41	39	37	36	34	32	30	29	27	
60	58	56	55	53	51	49	48	46	44	
77	75	74	72	70	68	67	65	63	62	
94	93	91	89	87	86	84	82	81	79	
12	10	08	06	05	03	01	00	98	96	
29	27	25	24	22	20	19	17	15	13	6
46	44	43	41	39	38	36	34	32	31	
63	62	60	58	57	55	53	51	50	48	
81	79	77	76	74	72	70	69	67	65	
98	96	95	93	91	89	88	86	84	82	
15	14	12	10	08	07	05	03	01	00	7
33	31	29	27	26	24	22	20	19	17	
50	48	46	45	43	41	39	38	36	34	
67	65	64	62	60	58	57	55	53	52	
84	83	81	79	77	76	74	72	71	69	
0	1	2	3	4	5	6	7	8	9	p_H

Fortsetzung

Millivolt ▼	20°										p_H
	0	1	2	3	4	5	6	7	8	9	
330	13	12	10	09	07	05	03	01	00	—	2
320	31	29	27	25	24	22	20	19	17	15	
310	48	46	45	43	41	39	38	36	34	33	
300	65	64	62	60	58	57	55	53	51	50	
290	82	81	79	77	76	74	72	70	69	67	
280	00	98	96	94	93	91	89	88	86	84	
270	17	15	13	12	10	08	07	05	03	01	3
260	34	32	31	29	27	25	24	22	20	19	
250	51	50	48	46	44	43	41	39	38	36	
240	68	67	65	63	62	60	58	56	55	53	
230	86	84	82	81	79	77	75	74	72	70	
220	03	01	99	98	96	94	93	91	89	87	
210	20	18	17	15	13	12	10	08	06	05	4
200	37	36	34	32	30	29	27	25	24	22	
190	55	53	51	49	48	46	44	43	41	39	
180	72	70	68	67	65	63	61	60	58	56	
170	89	87	86	84	82	80	79	77	75	73	
160	06	04	03	01	99	98	96	94	92	91	
150	23	22	20	18	17	15	13	11	10	08	5
140	41	39	37	35	34	32	30	29	27	25	
130	58	56	54	53	51	49	47	46	44	42	
120	75	73	72	70	68	66	65	63	61	60	
110	92	91	89	87	85	84	82	80	78	77	
100	09	08	06	04	03	01	99	97	96	94	
90	27	25	23	22	20	18	16	14	13	11	6
80	44	42	40	39	37	35	34	32	30	28	
70	61	59	58	56	54	52	51	49	47	45	
60	78	77	75	73	71	70	68	66	64	63	
50	96	94	92	90	89	87	85	83	82	80	
40	13	11	09	07	06	04	02	01	99	97	
30	30	28	26	25	23	21	20	18	16	14	7
20	47	45	44	42	40	39	37	35	33	32	
10	64	63	61	59	57	56	54	52	51	49	
0	82	80	78	76	75	73	71	70	68	66	
Millivolt	0	1	2	3	4	5	6	7	8	9	p_H

Tabelle nach Hock.

21°										p_H
0	1	2	3	4	5	6	7	8	9	
13	11	09	07	06	04	02	00	—	—	2
30	28	26	25	23	21	19	18	16	14	
47	45	43	42	40	38	37	35	33	31	
64	62	61	59	57	55	54	52	50	49	
81	79	78	76	74	73	71	69	67	66	
98	97	95	93	91	90	88	86	85	83	
15	14	12	10	09	07	05	03	02	00	3
33	31	29	27	26	24	22	21	19	17	
50	48	46	45	43	41	39	38	36	34	
67	65	63	62	60	58	57	55	53	51	
84	82	81	79	77	75	74	72	70	69	
01	99	98	96	94	93	91	89	87	86	
18	17	15	13	11	10	08	06	05	03	4
35	34	32	30	29	27	25	23	22	20	
53	51	49	47	46	44	42	41	39	37	
70	68	66	65	63	61	60	58	56	54	
87	85	84	82	80	78	77	75	73	72	
04	02	01	99	97	96	94	92	90	89	
21	20	18	16	14	13	11	09	08	06	5
38	37	35	33	32	30	28	26	25	23	
56	54	52	50	49	47	45	44	42	40	
73	71	69	68	66	64	62	61	59	57	
90	88	86	85	83	81	80	78	76	74	
07	05	04	02	00	98	97	95	93	92	
24	22	21	19	17	16	14	12	10	09	6
41	40	38	36	34	33	31	29	28	26	
58	57	55	53	52	50	48	46	45	43	
76	74	72	70	69	67	65	64	62	60	
93	91	89	88	86	84	82	81	79	77	
10	08	07	05	03	01	00	98	96	94	
27	25	24	22	20	19	17	15	13	12	7
44	43	41	39	37	36	34	32	30	29	
61	60	58	56	55	53	51	49	48	46	
79	77	75	73	72	70	68	67	65	63	
0	1	2	3	4	5	6	7	8	9	p_H

Bestimmung der Wasserstoff-Ionen (p$_H$).

Fortsetzung.

Millivolt ▼	22°										p$_H$
	0	1	2	3	4	5	6	7	8	9	
330	12	10	08	07	05	03	01	—	—	—	2
320	29	27	25	24	22	20	18	17	15	13	
310	46	44	42	41	39	37	36	34	32	30	
300	63	61	60	58	56	54	53	51	49	48	
290	80	78	77	75	73	71	70	68	66	65	
280	97	95	94	92	90	89	87	85	83	82	
270	14	13	11	09	07	06	04	02	01	99	
260	31	30	28	26	24	23	21	19	18	16	3
250	48	47	45	43	42	40	38	36	35	33	
240	66	64	62	60	59	57	55	54	52	50	
230	83	81	79	77	76	74	72	71	69	67	
220	00	98	96	95	93	91	90	88	86	84	
210	17	15	13	12	10	08	07	05	03	01	4
200	34	32	30	29	27	25	24	22	20	18	
190	51	49	48	46	44	42	41	39	37	36	
180	68	66	65	63	61	60	58	56	54	53	
170	85	83	82	80	78	77	75	73	71	70	
160	02	01	99	97	95	94	92	90	89	87	
150	19	18	16	14	13	11	09	07	06	04	5
140	36	35	33	31	30	28	26	24	23	21	
130	54	52	50	48	47	45	43	42	40	38	
120	71	69	67	66	64	62	60	59	57	55	
110	88	86	84	83	81	79	77	76	74	72	
100	05	03	01	00	98	96	95	93	91	89	
90	22	20	19	17	15	13	12	10	08	07	6
80	39	37	36	34	32	30	29	27	25	24	
70	56	54	53	51	49	48	46	44	42	41	
60	73	71	70	68	66	65	63	61	60	58	
50	90	89	87	85	83	82	80	78	77	75	
40	07	06	04	02	01	99	97	95	94	92	
30	24	23	21	19	18	16	14	13	11	09	7
20	42	40	38	36	35	33	31	30	28	26	
10	59	57	55	54	52	50	48	47	45	43	
0	76	74	72	71	69	67	66	64	62	60	
Millivolt	0	1	2	3	4	5	6	7	8	9	

Auszug aus der Tabelle von F. u. M. LAUTENSCHLÄGER G. m. b. H., München 2, SW 6.

dabei wird E_1 gemessen; 0,4541 stellt die konstante, in diesem Falle positive Differenz gegenüber der ges. Kalomelelektrode dar.

Auch diese Werte können bequemerweise aus einer Tabelle entnommen werden. Die Messungen sind nur gültig für den p_H-Bereich bis max. 7,5. Im allgemeinen sind besonders jenseits p_H 7,5 die mit der Wasserstoffelektrode gefundenen Werte zuverlässiger.

Eine Übersicht über die normalen und pathologischen p_H-Werte im arteriellen Blut gibt die Abb. 47 nach STRAUB und MEIER. Die stark ausgezogenen Kurven stellen die beiden extremen

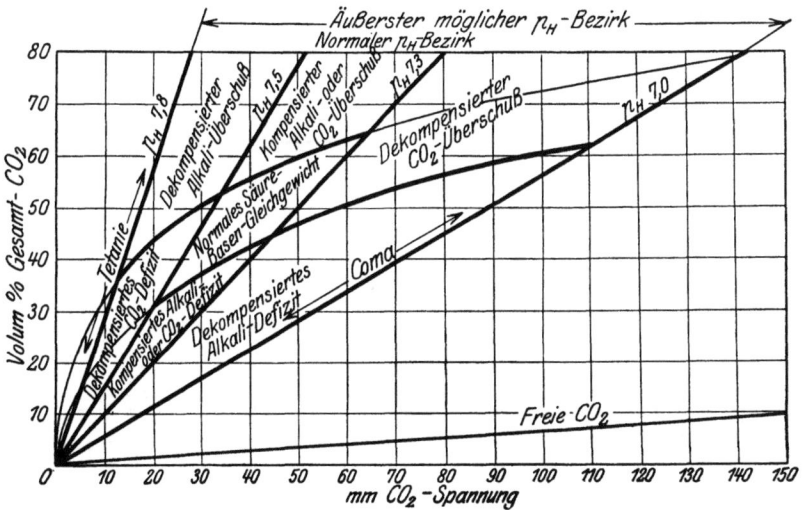

Abb. 48. p_H und CO_2-Gehalt des normalen und pathologischen Blutes.

noch normalen Bindungskurven dar, während das Viereck, welches durch die CO_2-Spannung von 35 und 40 mm Hg daraus abgegrenzt wird, den normalen arteriellen Bereich bezeichnet. Die schwach ausgezogenen Linien verbinden Punkte gleichen p_H und man erkennt, daß dies normal zwischen 7,25—7,45 schwankt. Das schraffierte Dreieck am unteren Ende der Abb. 47 stellt die physikalisch gelöste CO_2 dar. Schwere Veränderungen sowohl im CO_2-Gehalt wie beim p_H zeigen sich bei chronischer Glomerulonephritis, Sklerose und Quecksilbervergiftung. Je nachdem ob das p_H noch konstant, und nur die CO_2 abgesunken ist, oder ob schon beides verändert, spricht man von einer kompensierten oder unkompensierten Acidosis. Die genauere schematische Einteilung geht aus der Abb. 48 hervor.

Gehaltstabelle der Bestandteile:

	in 100 ccm		Harnausscheidung pro Tag	Bemerkungen: verm. = vermindert erh. = erhöht
	Blut	Serum oder Plasma		
Chlor.............	—	320—400 mg	6,2—9,3 g	(10—15 g NaCl pro die).
Brom.............	1,5—2,0 mg	—	—	
Jod...............	12—14 γ	—	—	Hypophyse 15 mg·%.
Phosphor anorg....	3 mg	5—7 mg	—	erh. Basedow, verm. Myxödem.
„ säurelöslich	24 „	3 „	—	verm. Rachitis, erh. Niereninsuff.
„ Lipoid P. ..	10 „	3 „	—	erh. D-Hypervitaminose.
„ Gesamt P. ...	37 „	13 „	—	
Bicarbonat als CO_2	—	55—65 Vol.-%	—	verm. Coma diab., Azidosis.
Sauerstoff total. Kap.	ca. 20 Vol.-%	—	—	art. 95%, venös 60—70% gesätt.
p_H.............	—	7,38—7,40	—	Coma diab. bis 7,20.
Natriumchlorid	—	520—650 mg	—	Aussch. verm. Pneumonie, Ödembildung.
Natrium...........	170—200 mg	280—320 „	3,8—5,8 g	Aussch. verm. Icterus catarrh. card. Decomp. seröser Entzündung.
Kalium............	—	16—18 „	—	verm. Tetanie, Rachitis, Nephritiden, Vit. D-Mangel.
Calcium...........	—	8—12 „	—	erh. Vit. D-Hypervitaminose.
Magnesium........	4 mg	2—3 „	—	
Eisen.............	50 „	—	—	= 100% Hgb.
Hgb.	16 g	—	—	1 g Hgb. = 1,34 $cm^3 O_2$ (760 mm u. 0°C).
Eiweiß. Albumin...	—	4,5—5,5 g	—	ges. Eiw. 6—8% (Alb./Glob. 1,5—2,5. verm. Nephritis). Fibr. verm. bei Leberinsuff.
Globulin...	—	1,5—3,0 „	—	
Fibrinogen	—	0,2—0,4 „	—	
Rest N............	—	25—40 mg	—	erh. Nephr. Urämie.
Harnstoff..........	—	30—50 „	25—30 g	erh. Niereninsuff.
Harnsäure.........	—	2—4 „	700 mg	erh. Gicht, Herzinsuff., Leukämie, beg. Niereninsuff.

Gehaltstabelle der Bestandteile.

Bilirubin	—	0,2—0,8 mg	—	erh. Icterus u. pern. Anämie.
Serumfarbwert	—	0,5—1,0 Einh.	—	erh. bei Ikterus.
Indikan	—	0,1 mg	—	Coma Urämie bis 3,0, erh. Niereninsuff.
Ammoniak	—	0,02—0,04 mg	—	erh. Azidosis.
Aminosäuren N.	—	5—8 mg	1,5—2,5% des ges. N.	erh. b. Schäd. des Leberparenchyms. 10—15 mg %. Eklampsie 6—12 mg %.
Kreatin	—	3—6 mg	1,5 g	} erh. b. Niereninsuff.
Kreatinin	—	—	20 mg	
Ges. Urobilinogen	—	—	—	bis 1000 mg bei Lebererkrankung.
Glycogen	—	—	—	Leber 2—4% (Mast 18%). Muskel 0,3—0,9%.
Blutzucker	80—120 mg	—	bei Diab. †	bei Diab. bis 600 mg - %.
Milchsäure	10—12 mg	150—200 mg	—	erh. bei Herzinsuff.
Cholesterin gesamt	—	—	—	erh. Diab., Nephrcsen, Arteriosklerose, Gravidität.
,, freies	—	60 mg	—	verm. Lebererkrankung
,, -Ester	—	140 ,,	—	erh. Lipämie, Diab. u. Nephritis.
Gesamt Fette	—	0,3—0,6 g	—	erh. Diabetische Azidose.
Acetonkörper	—	1—2 mg	—	Einheiten bei Männern.
Harnfarbwert	—	—	9,2—16,0	erh. ,, ,, Frauen.
,,	—	—	6,5—12,8	erh. bei starkem Blutzerfall u. Leberschädigung. Medikamente!
Alkohol	0,1—6,0 mg	—	—	
Phosphatase	5—11 Einh.	—	—	Erwach=ene } erh. Rachitis bis 20 mal, Kinder } Ostitis, Osteomalacie.
,,	8,5—17 Einh.	—	—	verm. Myxödem, Skorbut, Achondroplasie.
Lipase	1 Einh.	—	—	Pankreaslipase, Atoxylfest Leberlipase Chinininfest. (Serumlipase durch beide gehemmt).
Sulfate/Estersulfate	—	—	10:1 normal	erh. Darmstauung, diffus. Peritonitis. tub. Enteritis.

Alphabetisches Sachverzeichnis.

Acetanilid 112.
Alkohol im Blut 108.
— in Organen 111.
Alkaptonurie 96
Alveolarluft 47.
Aminosäuren 74—79.
Anorgan. Bestandteile 1.
Antipyrin 112.
Arginin 81.
Atemventil nach Mobitz 48.
Atoxyl 128.

Barbitursäure 112.
Blutgasanalyse 24.
Brom 15.

Chinhydronelektrode 150.
Chinin 129.
Cholesterin 102.
— in Gallensteinen 121.
Cerebroside 199.
Cystin 82, 123.

Dextrine 53.

Einstellmarke, bewegliche 40.
Eisen 10.
Eiweiß, fraktioniert 59.
— refratometrisch 62.
— im Liquor nach Kafka 73.
Entgasen von Lösungen 32.

Fermente 124.
Fette 98.
Fettsäuren in Fäces 106.
Fibrinogen-Schätzung 67.
Fruktose 50.

Galaktose 50.
Gallensteine 121.
Gärprobe nach Schmidt 53.
Gasanalyse im Blut 24.
— nach Haldane 38.

Gasmischvorrichtung 27.
Gasrezipienten 43.
Globulin im Liquor 70.
Glykogenolyse 85.
Glykogen 81.
Glockenelektrode 148.
Glucuronsäure 57.
Goldsol 71.
Grundumsatzbestimmung nach Douglas 43.
— nach Krogh 45.
— nach Read 44.

Harnfarbe 94.
Harnsteine 122.
Hippursäure 90.
Hormone 124.

Indikan 91.

Jod 11.
Jodbindung 104.
Jodzahl 104.

Kalium 5.
— nach Rappaport 7.
Kalomelelektrode 147.
Katalase 132.
Kephalin 99.
Kohlehydrate 49.
Kohlenoxyd 24.
Kohlensäure im Blut 24, 151.
— pathologisch 157.
Kohlensäuredissoziationskurven 26.
Kreatin. Kreatinin 83.
Kreatinphosphorsäure 84.

Lecithin 98, 106.
Leucin 82.
Lipase 126.
Lipoide 98, 100.
Lipoidphosphor 22.
Liquor cerebrospinalis 49.

Alphabetisches Sachverzeichnis.

Magnesium, kolorimetrisch 8.
— als Phosphat 9.
Mastix 72.
Medikamente im Harn 112.
Melanin 96.
Milchsäure, titrimetrisch 54.
— kolorimetrisch 57.

Natrium nach Kramer Gittlemann 1.
— nach Folling 3.

Organische Bestandteile 49.
Oxydasen 132.
Oxydationsquotient 121.

Pepsin 129.
Peroxydasen 132.
Phenazetin 97.
Phosphatase 124.
Phosphagen 84.
Phosphatkreislauf 85.
Phosphorsäure 18.
— anorganisch 20.
— säurelösliche 21.
— Gesamt 21.
Porphyrin 97.
Pyramidon 113.

Quecksilberreinigung 38.
Quecksilbertropfer 31.

Readsche Formel 44.
Reduktionsfaktor zur Blutgasanalyse 36.
Rest-Kohlenstoff 115.

Salycilsäure 114.
Saughaken 3.
Sauerstoff im Blut 24.
Sauerstoffdissoziationskurven 26, 29.

Schwefel 24.
Serumfarbstoffe 97.
Sexualhormone 137.
Sphingomyelin 99.
Stärke in Fäces 53.
Stickstoff im Blut 24.
Sulfate 22.

Tabelle der Blut- und Harnbestandteile 158.
— nach Hock ⎫ zur p_H-Messung
— — Ylppö ⎭
152—156.
Takata-Reaktion im Serum 68.
Tonometer 27.
Trypsin 131.
Tyrosin 82.

U-Elektrode 149.
Urobilin, Urobilinogen 87.
Uroroseinprobe 96.

Van Slyke-Apparat 29.
Van Slyke-Hilfsapparate 31.
Vakat-Sauerstoff 119.
Viscosität 65.
Vitamine 124.
Vitamin A 133.
Vitamin B 134.
Vitamin C 135.
Vitamin D 136.

Wassergehalt 48.
Wasserstoff-Ionen 138.
— gasanalytisch 141.
— elektrometrisch 145.
— kolorimetrisch 143.
— Umrechnung 139.

Xanthin 123.

Hinsberg, Bestimmungsmethoden, II.

Carl Ritter G. m. b. H., Wiesbaden.

Entnommen aus:

Ylppö, Arvo, Helsingfors, **P$_H$-Tabellen** enthaltend ausgerechnet die Wasserstoffexponentwerte, die sich aus gemessenen Millivoltzahlen bei bestimmten Temperaturen ergeben. Gültig für die gesättigte Kalomel-Elektrode. 2. unveränderte Auflage. Berlin: Verlag von Julius Springer 1922.

Werte:

$18-24^0$ und $37-38^0$

18°

M.V.	P_H	M.V.	P_H	M.V.	P_H	M.V.	P_H
300	0,86	325	1,29	350	1,73	375	2,16
1	0,88	6	1,31	1	1,74	6	2,18
2	0,90	7	1,33	2	1,76	7	2,20
3	0,91	8	1,35	3	1,78	8	2,21
4	0,93	9	1,36	4	1,80	9	2,23
305	0,95	330	1,38	355	1,81	380	2,25
6	0,97	1	1,40	6	1,83	1	2,27
7	0,98	2	1,42	7	1,85	2	2,28
8	1,00	3	1,43	8	1,87	3	2,30
9	1,02	4	1,45	9	1,88	4	2,32
310	1,03	335	1,47	360	1,90	385	2,33
1	1,05	6	1,49	1	1,92	6	2,35
2	1,07	7	1,50	2	1,94	7	2,37
3	1,09	8	1,52	3	1,95	8	2,39
4	1,10	9	1,54	4	1,97	9	2,40
315	1,12	340	1,55	365	1,99	390	2,42
6	1,14	1	1,57	6	2,01	1	2,44
7	1,16	2	1,59	7	2,02	2	2,46
8	1,17	3	1,61	8	2,04	3	2,47
9	1,19	4	1,62	9	2,06	4	2,49
320	1,21	345	1,64	370	2,07	395	2,51
1	1,23	6	1,66	1	2,09	6	2,53
2	1,24	7	1,68	2	2,11	7	2,54
3	1,26	8	1,69	3	2,13	8	2,56
4	1,28	9	1,71	4	2,14	9	2,58

18°

M.V.	P_H	M.V.	P_H	M.V.	P_H	M.V.	P_H
400	2,59	425	3,03	450	3,46	475	3,89
1	2,61	6	3,05	1	3,48	6	3,91
2	2,63	7	3,06	2	3,50	7	3,93
3	2,65	8	3,08	3	3,51	8	3,95
4	2,66	9	3,10	4	3,53	9	3,96
405	2,68	430	3,11	455	3,55	480	3,98
6	2,70	1	3,13	6	3,56	1	4,00
7	2,72	2	3,15	7	3,58	2	4,02
8	2,73	3	3,17	8	3,60	3	4,03
9	2,75	4	3,18	9	3,62	4	4,05
410	2,77	435	3,20	460	3,63	485	4,07
1	2,79	6	3,22	1	3,65	6	4,08
2	2,80	7	3,24	2	3,67	7	4,10
3	2,82	8	3,25	3	3,69	8	4,12
4	2,84	9	3,27	4	3,70	9	4,14
415	2,85	440	3,29	465	3,72	490	4,15
6	2,87	1	3,31	6	3,74	1	4,17
7	2,89	2	3,32	7	3,76	2	4,19
8	2,91	3	3,34	8	3,77	3	4,21
9	2,92	4	3,36	9	3,79	4	4,22
420	2,94	445	3,37	470	3,81	495	4,24
1	2,96	6	3,39	1	3,82	6	4,26
2	2,98	7	3,41	2	3,84	7	4,28
3	2,99	8	3,43	3	3,86	8	4,29
4	3,01	9	3,44	4	3,88	9	4,31

18°

M.V.	P_H	M.V.	P_H	M.V.	P_H	M.V.	P_H
500	4,33	525	4,76	550	5,19	575	5,63
1	4,34	6	4,78	1	5,21	6	5,64
2	4,36	7	4,80	2	5,23	7	5,66
3	4,38	8	4,81	3	5,25	8	5,68
4	4,40	9	4,83	4	5,26	9	5,70
505	4,41	530	4,85	555	5,28	580	5,71
6	4,43	1	4,86	6	5,30	1	5,73
7	4,45	2	4,88	7	5,32	2	5,75
8	4,47	3	4,90	8	5,33	3	5,77
9	4,48	4	4,91	9	5,35	4	5,78
510	4,50	535	4,93	560	5,37	585	5,80
1	4,52	6	4,95	1	5,38	6	5,82
2	4,54	7	4,97	2	5,40	7	5,84
3	4,55	8	4,99	3	5,42	8	5,85
4	4,57	9	5,00	4	5,44	9	5,87
515	4,59	540	5,02	565	5,45	590	5,89
6	4,60	1	5,04	6	5,47	1	5,90
7	4,62	2	5,06	7	5,49	2	5,92
8	4,64	3	5,07	8	5,51	3	5,94
9	4,66	4	5,09	9	5,52	4	5,96
520	4,67	545	5,11	570	5,54	595	5,97
1	4,69	6	5,12	1	5,56	6	5,99
2	4,71	7	5,14	2	5,58	7	6,01
3	4,73	8	5,16	3	5,59	8	6,03
4	4,74	9	5,17	4	5,61	9	6,04

18°

M.V.	P_H	M.V.	P_H	M.V.	P_H	M.V.	P_H
600	6,06	625	6,49	650	6,93	675	7,36
1	6,08	6	6,51	1	6,94	6	7,38
2	6,10	7	6,53	2	6,96	7	7,40
3	6,11	8	6,55	3	6,98	8	7,41
4	6,13	9	6,56	4	7,00	9	7,43
605	6,15	630	6,58	655	7,01	680	7,45
6	6,16	1	6,60	6	7,03	1	7,46
7	6,18	2	6,62	7	7,05	2	7,48
8	6,20	3	6,63	8	7,07	3	7,50
9	6,22	4	6,65	9	7,08	4	7,52
610	6,23	635	6,67	660	7,10	685	7,53
1	6,25	6	6,68	1	7,12	6	7,55
2	6,27	7	6,70	2	7,14	7	7,57
3	6,29	8	6,72	3	7,15	8	7,59
4	6,30	9	6,74	4	7,17	9	7,60
615	6,32	640	6,75	665	7,19	690	7,62
6	6,34	1	6,77	6	7,20	1	7,64
7	6,36	2	6,79	7	7,22	2	7,66
8	6,37	3	6,81	8	7,24	3	7,67
9	6,39	4	6,82	9	7,26	4	7,69
620	6,41	645	6,84	670	7,27	695	7,71
1	6,42	6	6,86	1	7,29	6	7,72
2	6,44	7	6,88	2	7,31	7	7,74
3	6,46	8	6,89	3	7,33	8	7,76
4	6,48	9	6,91	4	7,34	9	7,78

18°

M.V.	P_H	M.V.	P_H	M.V.	P_H	M.V.	P_H
700	7,79	725	8,23	750	8,66	775	9,09
1	7,81	6	8,24	1	8,68	6	9,11
2	7,83	7	8,26	2	8,69	7	9,13
3	7,85	8	8,28	3	8,71	8	9,15
4	7,86	9	8,30	4	8,73	9	9,16
705	7,88	730	8,31	755	8,75	780	9,18
6	7,90	1	8,33	6	8,76	1	9,20
7	7,92	2	8,35	7	8,78	2	9,21
8	7,93	3	8,37	8	8,80	3	9,23
9	7,95	4	8,38	9	8,82	4	9,25
710	7,97	735	8,40	760	8,83	785	9,27
1	7,98	6	8,42	1	8,85	6	9,28
2	8,00	7	8,44	2	8,87	7	9,30
3	8,02	8	8,45	3	8,89	8	9,32
4	8,04	9	8,47	4	8,90	9	9,34
715	8,05	740	8,49	765	8,92	790	9,35
6	8,07	1	8,50	6	8,94	1	9,37
7	8,09	2	8,52	7	8,95	2	9,39
8	8,11	3	8,54	8	8,97	3	9,41
9	8,12	4	8,56	9	8,99	4	9,42
720	8,14	745	8,57	770	9,01	795	9,44
1	8,16	6	8,59	1	9,02	6	9,46
2	8,18	7	8,61	2	9,04	7	9,47
3	8,19	8	8,63	3	9,06	8	9,49
4	8,21	9	8,64	4	9,08	9	9,51
						800	9,53

19°

M.V.	P_H	M.V.	P_H	M.V.	P_H	M.V.	P_H
300	0,87	325	1,30	350	1,74	375	2,17
1	0,89	6	1,32	1	1,75	6	2,18
2	0,91	7	1,34	2	1,77	7	2,20
3	0,92	8	1,36	3	1,79	8	2,22
4	0,94	9	1,37	4	1,80	9	2,24
305	0,96	330	1,39	355	1,82	380	2,25
6	0,98	1	1,41	6	1,84	1	2,27
7	0,99	2	1,42	7	1,86	2	2,29
8	1,01	3	1,44	8	1,87	3	2,31
9	1,03	4	1,46	9	1,89	4	2,32
310	1,04	335	1,48	360	1,91	385	2,34
1	1,06	6	1,49	1	1,93	6	2,36
2	1,08	7	1,51	2	1,94	7	2,37
3	1,10	8	1,53	3	1,96	8	2,39
4	1,11	9	1,55	4	1,98	9	2,41
315	1,13	340	1,56	365	1,99	390	2,43
6	1,15	1	1,58	6	2,01	1	2,44
7	1,17	2	1,60	7	2,03	2	2,46
8	1,18	3	1,61	8	2,05	3	2,48
9	1,20	4	1,63	9	2,06	4	2,50
320	1,22	345	1,65	370	2,08	395	2,51
1	1,23	6	1,67	1	2,10	6	2,53
2	1,25	7	1,68	2	2,12	7	2,55
3	1,27	8	1,70	3	2,13	8	2,56
4	1,29	9	1,72	4	2,15	9	2,58

19°

M.V.	P_H	M.V.	P_H	M.V.	P_H	M.V.	P_H
400	2,60	425	3,03	450	3,46	475	3,90
1	2,62	6	3,05	1	3,48	6	3,91
2	2,63	7	3,07	2	3,50	7	3,93
3	2,65	8	3,08	3	3,51	8	3,95
4	2,67	9	3,10	4	3,53	9	3,96
405	2,69	430	3,12	455	3,55	480	3,98
6	2,70	1	3,13	6	3,57	1	4,00
7	2,72	2	3,15	7	3,58	2	4,01
8	2,74	3	3,17	8	3,60	3	4,03
9	2,75	4	3,19	9	3,62	4	4,05
410	2,77	435	3,20	460	3,64	485	4,07
1	2,79	6	3,22	1	3,65	6	4,08
2	2,81	7	3,24	2	3,67	7	4,10
3	2,82	8	3,26	3	3,69	8	4,12
4	2,84	9	3,27	4	3,70	9	4,14
415	2,86	440	3,29	465	3,72	490	4,15
6	2,88	1	3,31	6	3,74	1	4,17
7	2,89	2	3,32	7	3,76	2	4,19
8	2,91	3	3,34	8	3,77	3	4,21
9	2,93	4	3,36	9	3,79	4	4,22
420	2,94	445	3,38	470	3,81	495	4,24
1	2,96	6	3,39	1	3,83	6	4,26
2	2,98	7	3,41	2	3,84	7	4,27
3	3,00	8	3,43	3	3,86	8	4,29
4	3,01	9	3,45	4	3,88	9	4,31

19°

M.V.	P_H	M.V.	P_H	M.V.	P_H	M.V.	P_H
500	4,33	525	4,76	550	5,19	575	5,62
1	4,34	6	4,78	1	5,21	6	5,64
2	4,36	7	4,79	2	5,22	7	5,66
3	4,38	8	4,81	3	5,24	8	5,67
4	4,40	9	4,83	4	5,26	9	5,69
505	4,41	530	4,84	555	5,28	580	5,71
6	4,43	1	4,86	6	5,29	1	5,73
7	4,45	2	4,88	7	5,31	2	5,74
8	4,46	3	4,90	8	5,33	3	5,76
9	4,48	4	4,91	9	5,35	4	5,78
510	4,50	535	4,93	560	5,36	585	5,79
1	4,52	6	4,95	1	5,38	6	5,81
2	4,53	7	4,97	2	5,40	7	5,83
3	4,55	8	4,98	3	5,41	8	5,85
4	4,57	9	5,00	4	5,43	9	5,86
515	4,59	540	5,02	565	5,45	590	5,88
6	4,60	1	5,03	6	5,47	1	5,90
7	4,62	2	5,05	7	5,48	2	5,92
8	4,64	3	5,07	8	5,50	3	5,93
9	4,65	4	5,09	9	5,52	4	5,95
520	4,67	545	5,10	570	5,54	595	5,97
1	4,69	6	5,12	1	5,55	6	5,98
2	4,71	7	5,14	2	5,57	7	6,00
3	4,72	8	5,16	3	5,59	8	6,01
4	4,74	9	5,17	4	5,60	9	6,03

19°

M.V.	P_H	M.V.	P_H	M.V.	P_H	M.V.	P_H
600	6,05	625	6,49	650	6,92	675	7,35
1	6,07	6	6,50	1	6,93	6	7,37
2	6,09	7	6,52	2	6,95	7	7,38
3	6,11	8	6,54	3	6,97	8	7,40
4	6,12	9	6,55	4	6,99	9	7,42
605	6,14	630	6,57	655	7,00	680	7,44
6	6,16	1	6,59	6	7,02	1	7,45
7	6,17	2	6,61	7	7,04	2	7,47
8	6,19	3	6,62	8	7,06	3	7,49
9	6,21	4	6,64	9	7,07	4	7,50
610	6,23	635	6,66	660	7,09	685	7,52
1	6,24	6	6,68	1	7,11	6	7,54
2	6,26	7	6,69	2	7,13	7	7,56
3	6,28	8	6,71	3	7,14	8	7,57
4	6,29	9	6,73	4	7,16	9	7,59
615	6,31	640	6,74	665	7,18	690	7,61
6	6,33	1	6,76	6	7,19	1	7,63
7	6,35	2	6,78	7	7,21	2	7,64
8	6,36	3	6,80	8	7,23	3	7,66
9	6,38	4	6,81	9	7,25	4	7,68
620	6,40	645	6,83	670	7,26	695	7,69
1	6,42	6	6,85	1	7,28	6	7,71
2	6,43	7	6,87	2	7,30	7	7,73
3	6,45	8	6,88	3	7,31	8	7,75
4	6,47	9	6,90	4	7,33	9	7,76

19°

M.V.	P_H	M.V.	P_H	M.V.	P_H	M.V.	P_H
700	7,78	725	8,21	750	8,64	775	9,08
1	7,80	6	8,23	1	8,66	6	9,09
2	7,82	7	8,25	2	8,68	7	9,11
3	7,83	8	8,26	3	8,70	8	9,13
4	7,85	9	8,28	4	8,71	9	9,15
705	7,87	730	8,30	755	8,73	780	9,16
6	7,88	1	8,32	6	8,75	1	9,18
7	7,90	2	8,33	7	8,77	2	9,20
8	7,92	3	8,35	8	8,78	3	9,22
9	7,94	4	8,37	9	8,80	4	9,23
710	7,95	735	8,39	760	8,82	785	9,25
1	7,97	6	8,40	1	8,83	6	9,27
2	7,99	7	8,42	2	8,85	7	9,28
3	8,00	8	8,44	3	8,87	8	9,30
4	8,02	9	8,45	4	8,89	9	9,32
715	8,04	740	8,47	765	8,90	790	9,34
6	8,06	1	8,49	6	8,92	1	9,35
7	8,07	2	8,51	7	8,94	2	9,37
8	8,09	3	8,52	8	8,96	3	9,39
9	8,11	4	8,54	9	8,97	4	9,40
720	8,13	745	8,56	770	8,99	795	9,42
1	8,14	6	8,58	1	9,00	6	9,44
2	8,16	7	8,59	2	9,02	7	9,46
3	8,18	8	8,61	3	9,04	8	9,47
4	8,20	9	8,63	4	9,06	9	9,49
						800	9,51

169

20°

M.V.	P_H	M.V.	P_H	M.V.	P_H
300	0,88	325	1,31	350	1,74
1	0,90	6	1,33	1	1,76
2	0,92	7	1,35	2	1,78
3	0,93	8	1,36	3	1,79
4	0,95	9	1,38	4	1,81
305	0,97	330	1,40	355	1,83
6	0,98	1	1,41	6	1,85
7	1,00	2	1,43	7	1,86
8	1,02	3	1,45	8	1,88
9	1,04	4	1,47	9	1,90
310	1,05	335	1,48	360	1,91
1	1,07	6	1,50	1	1,93
2	1,09	7	1,52	2	1,95
3	1,11	8	1,54	3	1,97
4	1,12	9	1,55	4	1,98
315	1,14	340	1,57	365	2,00
6	1,16	1	1,59	6	2,02
7	1,17	2	1,60	7	2,03
8	1,19	3	1,62	8	2,05
9	1,21	4	1,64	9	2,07
320	1,23	345	1,66	370	2,09
1	1,24	6	1,67	1	2,10
2	1,26	7	1,69	2	2,12
3	1,28	8	1,71	3	2,14
4	1,29	9	1,72	4	2,15

M.V.	P_H
375	2,17
6	2,19
7	2,21
8	2,22
9	2,24
380	2,26
1	2,27
2	2,29
3	2,31
4	2,33
385	2,34
6	2,36
7	2,38
8	2,40
9	2,41
390	2,43
1	2,45
2	2,46
3	2,48
4	2,50
395	2,52
6	2,53
7	2,55
8	2,57
9	2,59

20°

M.V.	P_H	M.V.	P_H	M.V.	P_H	M.V.	P_H
400	2,60	425	3,03	450	3,46	475	3,89
1	2,62	6	3,05	1	3,48	6	3,91
2	2,63	7	3,07	2	3,50	7	3,93
3	2,65	8	3,08	3	3,51	8	3,94
4	2,67	9	3,10	4	3,53	9	3,96
405	2,69	430	3,12	455	3,55	480	3,98
6	2,71	1	3,14	6	3,57	1	4,00
7	2,72	2	3,15	7	3,58	2	4,01
8	2,74	3	3,17	8	3,60	3	4,03
9	2,76	4	3,19	9	3,62	4	4,05
410	2,77	435	3,20	460	3,64	485	4,07
1	2,79	6	3,22	1	3,65	6	4,08
2	2,81	7	3,24	2	3,67	7	4,10
3	2,83	8	3,26	3	3,69	8	4,12
4	2,84	9	3,27	4	3,70	9	4,13
415	2,86	440	3,29	465	3,72	490	4,15
6	2,88	1	3,31	6	3,74	1	4,17
7	2,90	2	3,33	7	3,76	2	4,19
8	2,91	3	3,34	8	3,77	3	4,20
9	2,93	4	3,36	9	3,79	4	4,22
420	2,95	445	3,38	470	3,81	495	4,24
1	2,96	6	3,39	1	3,82	6	4,25
2	2,98	7	3,41	2	3,84	7	4,27
3	3,00	8	3,43	3	3,86	8	4,28
4	3,02	9	3,45	4	3,88	9	4,31

20°

M.V.	P_H	M.V.	P_H	M.V.	P_H	M.V.	P_H
500	4,32	525	4,75	550	5,18	575	5,61
1	4,34	6	4,77	1	5,20	6	5,63
2	4,36	7	4,79	2	5,22	7	5,65
3	4,38	8	4,81	3	5,24	8	5,67
4	4,39	9	4,82	4	5,25	9	5,68
505	4,41	530	4,84	555	5,27	580	5,70
6	4,43	1	4,86	6	5,29	1	5,72
7	4,44	2	4,87	7	5,30	2	5,73
8	4,46	3	4,89	8	5,32	3	5,75
9	4,48	4	4,91	9	5,34	4	5,77
510	4,50	535	4,93	560	5,36	585	5,79
1	4,51	6	4,94	1	5,37	6	5,80
2	4,53	7	4,96	2	5,39	7	5,82
3	4,55	8	4,98	3	5,41	8	5,84
4	4,56	9	4,99	4	5,43	9	5,86
515	4,58	540	5,01	565	5,44	590	5,87
6	4,60	1	5,03	6	5,46	1	5,89
7	4,62	2	5,05	7	5,48	2	5,91
8	4,63	3	5,06	8	5,49	3	5,92
9	4,65	4	5,08	9	5,51	4	5,94
520	4,67	545	5,10	570	5,53	595	5,96
1	4,69	6	5,12	1	5,55	6	5,98
2	4,70	7	5,13	2	5,56	7	5,99
3	4,72	8	5,15	3	5,58	8	6,01
4	4,74	9	5,17	4	5,60	9	6,03

20°

M.V.	P_H	M.V.	P_H	M.V.	P_H	M.V.	P_H
600	6,04	625	6,48	650	6,91	675	7,34
1	6,06	6	6,49	1	6,92	6	7,35
2	6,08	7	6,51	2	6,94	7	7,37
3	6,10	8	6,53	3	6,96	8	7,39
4	6,11	9	6,54	4	6,97	9	7,40
605	6,13	630	6,56	655	6,99	680	7,42
6	6,15	1	6,58	6	7,01	1	7,44
7	6,17	2	6,60	7	7,03	2	7,46
8	6,18	3	6,61	8	7,04	3	7,47
9	6,20	4	6,63	9	7,06	4	7,49
610	6,22	635	6,65	660	7,08	685	7,51
1	6,23	6	6,66	1	7,09	6	7,52
2	6,25	7	6,68	2	7,11	7	7,54
3	6,27	8	6,70	3	7,13	8	7,56
4	6,28	9	6,72	4	7,15	9	7,58
615	6,30	640	6,73	665	7,16	690	7,59
6	6,32	1	6,75	6	7,18	1	7,61
7	6,34	2	6,77	7	7,20	2	7,63
8	6,35	3	6,78	8	7,22	3	7,65
9	6,37	4	6,80	9	7,23	4	7,66
620	6,38	645	6,82	670	7,25	695	7,68
1	6,40	6	6,84	1	7,27	6	7,70
2	6,42	7	6,85	2	7,28	7	7,71
3	6,44	8	6,87	3	7,30	8	7,73
4	6,46	9	6,89	4	7,32	9	7,75

171

20°

M.V.	P_H	M.V.	P_H	M.V.	P_H	M.V.	P_H
700	7,77	725	8,20	750	8,63	775	9,06
1	7,78	6	8,21	1	8,64	6	9,07
2	7,80	7	8,23	2	8,66	7	9,09
3	7,82	8	8,25	3	8,68	8	9,11
4	7,83	9	8,27	4	8,70	9	9,13
705	7,85	730	8,29	755	8,71	780	9,14
6	7,87	1	8,30	6	8,73	1	9,16
7	7,89	2	8,32	7	8,75	2	9,18
8	7,90	3	8,33	8	8,76	3	9,19
9	7,92	4	8,35	9	8,78	4	9,21
710	7,94	735	8,37	760	8,80	785	9,23
1	7,96	6	8,39	1	8,82	6	9,25
2	7,97	7	8,40	2	8,83	7	9,26
3	7,99	8	8,42	3	8,85	8	9,28
4	8,01	9	8,44	4	8,87	9	9,30
715	8,02	740	8,45	765	8,88	790	9,31
6	8,04	1	8,47	6	8,90	1	9,33
7	8,06	2	8,49	7	8,92	2	9,35
8	8,08	3	8,51	8	8,94	3	9,37
9	8,09	4	8,52	9	8,95	4	9,38
720	8,11	745	8,54	770	8,97	795	9,40
1	8,13	6	8,56	1	8,99	6	9,42
2	8,14	7	8,57	2	9,01	7	9,44
3	8,16	8	8,59	3	9,02	8	9,45
4	8,18	9	8,61	4	9,04	9	9,47
						800	9,49

21°

M.V.	P_H	M.V.	P_H	M.V.	P_H	M.V.	P_H
300	0,89	325	1,32	350	1,75	375	2,17
1	0,91	6	1,33	1	1,76	6	2,19
2	0,92	7	1,35	2	1,78	7	2,21
3	0,94	8	1,37	3	1,80	8	2,23
4	0,96	9	1,39	4	1,81	9	2,24
305	0,97	330	1,40	355	1,83	380	2,26
6	0,99	1	1,42	6	1,85	1	2,28
7	1,01	2	1,44	7	1,87	2	2,30
8	1,03	3	1,45	8	1,88	3	2,31
9	1,04	4	1,47	9	1,90	4	2,33
310	1,06	335	1,49	360	1,92	385	2,35
1	1,08	6	1,51	1	1,93	6	2,36
2	1,09	7	1,52	2	1,95	7	2,38
3	1,11	8	1,54	3	1,97	8	2,40
4	1,13	9	1,56	4	1,99	9	2,42
315	1,15	340	1,57	365	2,00	390	2,43
6	1,16	1	1,59	6	2,02	1	2,45
7	1,18	2	1,61	7	2,04	2	2,47
8	1,20	3	1,63	8	2,05	3	2,48
9	1,21	4	1,64	9	2,07	4	2,50
320	1,23	345	1,66	370	2,09	395	2,52
1	1,25	6	1,68	1	2,11	6	2,54
2	1,27	7	1,69	2	2,12	7	2,55
3	1,28	8	1,71	3	2,14	8	2,57
4	1,30	9	1,73	4	2,16	9	2,59

21°

M.V.	P_H	M.V.	P_H	M.V.	P_H	M.V.	P_H
400	2,60	425	3,03	450	3,46	475	3,89
1	2,62	6	3,05	1	3,48	6	3,91
2	2,64	7	3,07	2	3,50	7	3,93
3	2,66	8	3,08	3	3,51	8	3,94
4	2,67	9	3,10	4	3,53	9	3,96
405	2,69	430	3,12	455	3,55	480	3,98
6	2,71	1	3,14	6	3,56	1	3,99
7	2,72	2	3,15	7	3,58	2	4,01
8	2,74	3	3,17	8	3,60	3	4,03
9	2,76	4	3,19	9	3,62	4	4,04
410	2,78	435	3,20	460	3,63	485	4,06
1	2,79	6	3,22	1	3,65	6	4,08
2	2,81	7	3,24	2	3,67	7	4,10
3	2,83	8	3,26	3	3,68	8	4,11
4	2,84	9	3,27	4	3,70	9	4,13
415	2,86	440	3,29	465	3,72	490	4,15
6	2,88	1	3,31	6	3,74	1	4,16
7	2,90	2	3,32	7	3,75	2	4,18
8	2,91	3	3,34	8	3,77	3	4,20
9	2,93	4	3,36	9	3,79	4	4,22
420	2,95	445	3,38	470	3,80	495	4,23
1	2,96	6	3,39	1	3,82	6	4,25
2	2,98	7	3,41	2	3,84	7	4,27
3	3,00	8	3,43	3	3,86	8	4,28
4	3,02	9	3,44	4	3,87	9	4,30

21°

M.V.	P_H	M.V.	P_H	M.V.	P_H	M.V.	P_H
500	4,32	525	4,75	550	5,18	575	5,61
1	4,34	6	4,77	1	5,19	6	5,62
2	4,35	7	4,78	2	5,21	7	5,64
3	4,37	8	4,80	3	5,23	8	5,66
4	4,39	9	4,82	4	5,25	9	5,67
505	4,40	530	4,83	555	5,26	580	5,69
6	4,42	1	4,85	6	5,28	1	5,71
7	4,44	2	4,87	7	5,30	2	5,73
8	4,46	3	4,89	8	5,31	3	5,74
9	4,47	4	4,90	9	5,33	4	5,76
510	4,49	535	4,92	560	5,35	585	5,78
1	4,51	6	4,94	1	5,37	6	5,79
2	4,52	7	4,95	2	5,38	7	5,81
3	4,54	8	4,97	3	5,40	8	5,83
4	4,56	9	4,99	4	5,42	9	5,85
515	4,58	540	5,01	565	5,43	590	5,86
6	4,59	1	5,02	6	5,45	1	5,88
7	4,61	2	5,04	7	5,47	2	5,90
8	4,63	3	5,06	8	5,49	3	5,91
9	4,64	4	5,07	9	5,50	4	5,93
520	4,66	545	5,09	570	5,52	595	5,95
1	4,68	6	5,11	1	5,54	6	5,97
2	4,70	7	5,13	2	5,55	7	5,98
3	4,71	8	5,14	3	5,57	8	6,00
4	4,73	9	5,16	4	5,59	9	6,02

173

21°

M.V.	P_H	M.V.	P_H	M.V.	P_H
600	6,03	625	6,46	650	6,89
1	6,05	6	6,48	1	6,91
2	6,07	7	6,50	2	6,93
3	6,09	8	6,52	3	6,94
4	6,10	9	6,53	4	6,96
605	6,12	630	6,55	655	6,98
6	6,14	1	6,57	6	6,99
7	6,15	2	6,58	7	7,01
8	6,17	3	6,60	8	7,03
9	6,19	4	6,62	9	7,05
610	6,21	635	6,63	660	7,06
1	6,22	6	6,65	1	7,08
2	6,24	7	6,67	2	7,10
3	6,26	8	6,69	3	7,11
4	6,27	9	6,70	4	7,13
615	6,29	640	6,72	665	7,15
6	6,31	1	6,74	6	7,17
7	6,33	2	6,75	7	7,18
8	6,34	3	6,77	8	7,20
9	6,36	4	6,79	9	7,22
620	6,38	645	6,81	670	7,23
1	6,39	6	6,82	1	7,25
2	6,41	7	6,84	2	7,27
3	6,43	8	6,86	3	7,29
4	6,45	9	6,87	4	7,30
				675	7,32
				6	7,34
				7	7,36
				8	7,37
				9	7,39
				680	7,41
				1	7,42
				2	7,44
				3	7,46
				4	7,48
				685	7,49
				6	7,51
				7	7,53
				8	7,54
				9	7,56
				690	7,58
				1	7,60
				2	7,61
				3	7,63
				4	7,65
				695	7,66
				6	7,68
				7	7,70
				8	7,72
				9	7,73

21°

M.V.	P_H	M.V.	P_H	M.V.	P_H	M.V.	P_H
700	7,75	725	8,18	750	8,61	775	9,04
1	7,77	6	8,20	1	8,62	6	9,05
2	7,78	7	8,21	2	8,64	7	9,07
3	7,80	8	8,23	3	8,66	8	9,09
4	7,82	9	8,25	4	8,68	9	9,10
705	7,84	730	8,26	755	8,69	780	9,12
6	7,85	1	8,28	6	8,71	1	9,14
7	7,87	2	8,30	7	8,73	2	9,16
8	7,89	3	8,32	8	8,74	3	9,17
9	7,90	4	8,33	9	8,76	4	9,19
710	7,92	735	8,35	760	8,78	785	9,21
1	7,94	6	8,37	1	8,80	6	9,22
2	7,95	7	8,38	2	8,81	7	9,24
3	7,97	8	8,40	3	8,83	8	9,26
4	7,99	9	8,42	4	8,85	9	9,28
715	8,01	740	8,44	765	8,86	790	9,29
6	8,02	1	8,45	6	8,88	1	9,31
7	8,04	2	8,47	7	8,90	2	9,33
8	8,06	3	8,49	8	8,92	3	9,34
9	8,08	4	8,50	9	8,93	4	9,36
720	8,09	745	8,52	770	8,95	795	9,38
1	8,11	6	8,54	1	8,97	6	9,40
2	8,13	7	8,56	2	8,98	7	9,41
3	8,14	8	8,58	3	9,00	8	9,43
4	8,16	9	8,59	4	9,02	9	9,45
						800	9,46

22°

M.V.	P_H	M.V.	P_H	M.V.	P_H	M.V.	P_H
300	0,90	325	1,32	350	1,75	375	2,18
1	0,91	6	1,34	1	1,77	6	2,20
2	0,93	7	1,36	2	1,79	7	2,21
3	0,95	8	1,38	3	1,80	8	2,23
4	0,97	9	1,39	4	1,82	9	2,25
305	0,98	330	1,41	355	1,84	380	2,26
6	1,00	1	1,43	6	1,85	1	2,28
7	1,02	2	1,44	7	1,87	2	2,30
8	1,03	3	1,46	8	1,89	3	2,32
9	1,05	4	1,48	9	1,91	4	2,33
310	1,07	335	1,50	360	1,92	385	2,35
1	1,09	6	1,51	1	1,94	6	2,37
2	1,10	7	1,53	2	1,96	7	2,38
3	1,12	8	1,55	3	1,97	8	2,40
4	1,14	9	1,56	4	1,99	9	2,42
315	1,15	340	1,58	365	2,01	390	2,44
6	1,17	1	1,60	6	2,03	1	2,45
7	1,19	2	1,62	7	2,04	2	2,47
8	1,21	3	1,63	8	2,06	3	2,49
9	1,22	4	1,65	9	2,08	4	2,50
320	1,24	345	1,67	370	2,09	395	2,52
1	1,26	6	1,68	1	2,11	6	2,54
2	1,27	7	1,70	2	2,13	7	2,56
3	1,29	8	1,72	3	2,15	8	2,57
4	1,31	9	1,74	4	2,16	9	2,59

22°

M.V.	P_H	M.V.	P_H	M.V.	P_H	M.V.	P_H
400	2,61	425	3,03	450	3,46	475	3,89
1	2,62	6	3,05	1	3,48	6	3,91
2	2,64	7	3,07	2	3,50	7	3,92
3	2,66	8	3,09	3	3,51	8	3,94
4	2,68	9	3,10	4	3,53	9	3,96
405	2,69	430	3,12	455	3,55	480	3,97
6	2,71	1	3,14	6	3,56	1	3,99
7	2,73	2	3,15	7	3,58	2	4,01
8	2,74	3	3,17	8	3,60	3	4,03
9	2,76	4	3,19	9	3,62	4	4,04
410	2,78	435	3,21	460	3,63	485	4,06
1	2,79	6	3,22	1	3,65	6	4,08
2	2,81	7	3,24	2	3,67	7	4,09
3	2,83	8	3,26	3	3,68	8	4,11
4	2,85	9	3,27	4	3,70	9	4,13
415	2,86	440	3,29	465	3,72	490	4,15
6	2,88	1	3,31	6	3,73	1	4,16
7	2,90	2	3,32	7	3,75	2	4,18
8	2,91	3	3,34	8	3,77	3	4,20
9	2,93	4	3,36	9	3,79	4	4,21
420	2,95	445	3,38	470	3,80	495	4,23
1	2,97	6	3,39	1	3,82	6	4,25
2	2,98	7	3,41	2	3,84	7	4,26
3	3,00	8	3,43	3	3,85	8	4,28
4	3,02	9	3,44	4	3,87	9	4,30

22°

M.V.	P_H	M.V.	P_H	M.V.	P_H	M.V.	P_H
500	4,32	525	4,74	550	5,17	575	5,60
1	4,33	6	4,76	1	5,19	6	5,62
2	4,35	7	4,78	2	5,21	7	5,63
3	4,37	8	4,79	3	5,22	8	5,65
4	4,38	9	4,81	4	5,24	9	5,67
505	4,40	530	4,83	555	5,26	580	5,68
6	4,42	1	4,85	6	5,27	1	5,70
7	4,44	2	4,86	7	5,29	2	5,72
8	4,45	3	4,88	8	5,31	3	5,74
9	4,47	4	4,90	9	5,32	4	5,75
510	4,49	535	4,91	560	5,34	585	5,77
1	4,50	6	4,93	1	5,36	6	5,79
2	4,52	7	4,95	2	5,38	7	5,80
3	4,54	8	4,97	3	5,39	8	5,82
4	4,56	9	4,98	4	5,41	9	5,84
515	4,57	540	5,00	565	5,43	590	5,85
6	4,59	1	5,02	6	5,44	1	5,87
7	4,61	2	5,03	7	5,46	2	5,89
8	4,62	3	5,05	8	5,48	3	5,91
9	4,64	4	5,07	9	5,50	4	5,92
520	4,66	545	5,09	570	5,51	595	5,94
1	4,68	6	5,10	1	5,53	6	5,96
2	4,69	7	5,12	2	5,55	7	5,97
3	4,71	8	5,14	3	5,56	8	5,99
4	4,73	9	5,15	4	5,58	9	6,01

22°

M.V.	P_H	M.V.	P_H	M.V.	P_H	M.V.	P_H
600	6,03	625	6,45	650	6,88	675	7,31
1	6,04	6	6,47	1	6,90	6	7,32
2	6,06	7	6,49	2	6,91	7	7,34
3	6,08	8	6,50	3	6,93	8	7,36
4	6,09	9	6,52	4	6,95	9	7,38
605	6,11	630	6,54	655	6,97	680	7,39
6	6,13	1	6,56	6	6,98	1	7,41
7	6,15	2	6,57	7	7,00	2	7,43
8	6,16	3	6,59	8	7,02	3	7,44
9	6,18	4	6,61	9	7,03	4	7,46
610	6,20	635	6,62	660	7,05	685	7,48
1	6,21	6	6,64	1	7,07	6	7,50
2	6,23	7	6,66	2	7,09	7	7,51
3	6,25	8	6,68	3	7,10	8	7,53
4	6,26	9	6,69	4	7,12	9	7,55
615	6,28	640	6,71	665	7,14	690	7,56
6	6,30	1	6,73	6	7,15	1	7,58
7	6,32	2	6,74	7	7,17	2	7,60
8	6,33	3	6,76	8	7,19	3	7,62
9	6,35	4	6,78	9	7,21	4	7,63
620	6,37	645	6,79	670	7,22	695	7,65
1	6,38	6	6,81	1	7,24	6	7,67
2	6,40	7	6,83	2	7,26	7	7,68
3	6,42	8	6,85	3	7,27	8	7,70
4	6,44	9	6,86	4	7,29	9	7,72

22°

M.V.	P_H	M.V.	P_H	M.V.	P_H	M.V.	P_H
700	7,74	725	8,16	750	8,59	775	9,02
1	7,75	6	8,18	1	8,61	6	9,03
2	7,77	7	8,20	2	8,62	7	9,05
3	7,79	8	8,21	3	8,64	8	9,07
4	7,80	9	8,23	4	8,66	9	9,09
705	7,82	730	8,25	755	8,68	780	9,10
6	7,84	1	8,26	6	8,69	1	9,12
7	7,85	2	8,28	7	8,71	2	9,14
8	7,87	3	8,30	8	8,73	3	9,15
9	7,89	4	8,32	9	8,74	4	9,17
710	7,91	735	8,33	760	8,76	785	9,19
1	7,92	6	8,35	1	8,78	6	9,21
2	7,94	7	8,37	2	8,79	7	9,22
3	7,96	8	8,38	3	8,81	8	9,24
4	7,97	9	8,40	4	8,83	9	9,26
715	7,99	740	8,42	765	8,85	790	9,27
6	8,01	1	8,44	6	8,86	1	9,29
7	8,03	2	8,45	7	8,88	2	9,31
8	8,04	3	8,47	8	8,90	3	9,32
9	8,06	4	8,49	9	8,91	4	9,34
720	8,08	745	8,50	770	8,93	795	9,36
1	8,09	6	8,52	1	8,95	6	9,38
2	8,11	7	8,54	2	8,97	7	9,39
3	8,13	8	8,56	3	8,98	8	9,41
4	8,15	9	8,57	4	9,00	9	9,43
						800	9,44

23°

M.V.	P_H	M.V.	P_H	M.V.	P_H	M.V.	P_H
300	0,91	325	1,33	350	1,76	375	2,18
1	0,92	6	1,35	1	1,77	6	2,20
2	0,94	7	1,37	2	1,79	7	2,22
3	0,96	8	1,38	3	1,81	8	2,24
4	0,97	9	1,40	4	1,83	9	2,25
305	0,99	330	1,42	355	1,84	380	2,27
6	1,01	1	1,43	6	1,86	1	2,29
7	1,03	2	1,45	7	1,88	2	2,30
8	1,04	3	1,47	8	1,89	3	2,32
9	1,06	4	1,49	9	1,91	4	2,34
310	1,08	335	1,50	360	1,93	385	2,35
1	1,09	6	1,52	1	1,95	6	2,37
2	1,11	7	1,54	2	1,96	7	2,39
3	1,13	8	1,55	3	1,98	8	2,41
4	1,14	9	1,57	4	2,00	9	2,42
315	1,16	340	1,59	365	2,01	390	2,44
6	1,18	1	1,60	6	2,03	1	2,46
7	1,20	2	1,62	7	2,05	2	2,47
8	1,21	3	1,64	8	2,06	3	2,49
9	1,23	4	1,66	9	2,08	4	2,51
320	1,25	345	1,67	370	2,10	395	2,52
1	1,26	6	1,69	1	2,12	6	2,54
2	1,28	7	1,71	2	2,13	7	2,56
3	1,30	8	1,72	3	2,15	8	2,58
4	1,32	9	1,74	4	2,17	9	2,59

23°

M.V.	P_H	M.V.	P_H	M.V.	P_H	M.V.	P_H
400	2,61	425	3,04	450	3,46	475	3,89
1	2,63	6	3,05	1	3,48	6	3,90
2	2,64	7	3,07	2	3,50	7	3,92
3	2,66	8	3,09	3	3,51	8	3,94
4	2,68	9	3,10	4	3,53	9	3,96
405	2,70	430	3,12	455	3,55	480	3,97
6	2,71	1	3,14	6	3,56	1	3,99
7	2,73	2	3,16	7	3,58	2	4,01
8	2,75	3	3,17	8	3,60	3	4,02
9	2,76	4	3,19	9	3,61	4	4,04
410	2,78	435	3,21	460	3,63	485	4,06
1	2,80	6	3,22	1	3,65	6	4,07
2	2,81	7	3,24	2	3,67	7	4,09
3	2,83	8	3,26	3	3,68	8	4,11
4	2,85	9	3,27	4	3,70	9	4,13
415	2,87	440	3,29	465	3,72	490	4,14
6	2,88	1	3,31	6	3,73	1	4,16
7	2,90	2	3,33	7	3,75	2	4,18
8	2,92	3	3,34	8	3,77	3	4,19
9	2,93	4	3,36	9	3,79	4	4,21
420	2,95	445	3,38	470	3,80	495	4,23
1	2,97	6	3,39	1	3,82	6	4,25
2	2,98	7	3,41	2	3,84	7	4,26
3	3,00	8	3,43	3	3,85	8	4,28
4	3,02	9	3,44	4	3,87	9	4,30

23°

M.V.	P_H	M.V.	P_H	M.V.	P_H	M.V.	P_H
500	4,31	525	4,74	550	5,17	575	5,59
1	4,33	6	4,76	1	5,18	6	5,61
2	4,35	7	4,77	2	5,20	7	5,63
3	4,36	8	4,79	3	5,22	8	5,64
4	4,38	9	4,81	4	5,23	9	5,66
505	4,40	530	4,82	555	5,25	580	5,68
6	4,42	1	4,84	6	5,27	1	5,69
7	4,43	2	4,86	7	5,28	2	5,71
8	4,45	3	4,88	8	5,30	3	5,73
9	4,47	4	4,89	9	5,32	4	5,74
510	4,48	535	4,91	560	5,34	585	5,76
1	4,50	6	4,93	1	5,35	6	5,78
2	4,52	7	4,94	2	5,37	7	5,80
3	4,53	8	4,96	3	5,39	8	5,81
4	4,55	9	4,98	4	5,40	9	5,83
515	4,57	540	4,99	565	5,42	590	5,85
6	4,59	1	5,01	6	5,44	1	5,86
7	4,60	2	5,03	7	5,45	2	5,88
8	4,62	3	5,05	8	5,47	3	5,90
9	4,64	4	5,06	9	5,49	4	5,91
520	4,65	545	5,08	570	5,51	595	5,93
1	4,67	6	5,10	1	5,52	6	5,95
2	4,69	7	5,11	2	5,54	7	5,97
3	4,71	8	5,13	3	5,56	8	5,98
4	4,72	9	5,15	4	5,57	9	6,00

23°

M.V.	P_H	M.V.	P_H	M.V.	P_H	M.V.	P_H
600	6,02	625	6,44	650	6,87	675	7,30
1	6,03	6	6,46	1	6,89	6	7,31
2	6,05	7	6,48	2	6,90	7	7,33
3	6,07	8	6,49	3	6,92	8	7,35
4	6,09	9	6,51	4	6,94	9	7,36
605	6,10	630	6,53	655	6,96	680	7,38
6	6,12	1	6,55	6	6,97	1	7,40
7	6,14	2	6,56	7	6,99	2	7,41
8	6,15	3	6,58	8	7,01	3	7,43
9	6,17	4	6,60	9	7,02	4	7,45
610	6,19	635	6,61	660	7,04	685	7,47
1	6,20	6	6,63	1	7,06	6	7,48
2	6,22	7	6,65	2	7,07	7	7,50
3	6,24	8	6,66	3	7,09	8	7,52
4	6,26	9	6,68	4	7,11	9	7,53
615	6,27	640	6,70	665	7,12	690	7,55
6	6,29	1	6,72	6	7,14	1	7,57
7	6,31	2	6,73	7	7,16	2	7,58
8	6,32	3	6,75	8	7,18	3	7,60
9	6,34	4	6,77	9	7,19	4	7,62
620	6,36	645	6,78	670	7,21	695	7,64
1	6,37	6	6,80	1	7,23	6	7,65
2	6,39	7	6,82	2	7,24	7	7,67
3	6,41	8	6,83	3	7,26	8	7,69
4	6,43	9	6,85	4	7,28	9	7,70

23°

M.V.	P_H	M.V.	P_H	M.V.	P_H	M.V.	P_H
700	7,72	725	8,15	750	8,57	775	9,00
1	7,74	6	8,16	1	8,59	6	9,02
2	7,75	7	8,18	2	8,61	7	9,03
3	7,77	8	8,20	3	8,62	8	9,05
4	7,79	9	8,21	4	8,64	9	9,07
705	7,81	730	8,23	755	8,66	780	9,08
6	7,82	1	3,25	6	8,67	1	9,10
7	7,84	2	8,27	7	8,69	2	9,12
8	7,86	3	8,28	8	8,71	3	9,13
9	7,87	4	8,30	9	8,73	4	9,15
710	7,89	735	8,32	760	8,74	785	9,17
1	7,91	6	8,33	1	8,76	6	9,19
2	7,93	7	8,35	2	8,78	7	9,20
3	7,94	8	8,37	3	8,79	8	9,22
4	7,96	9	8,39	4	8,81	9	9,24
715	7,98	740	8,40	765	8,83	790	9,25
6	7,99	1	8,42	6	8,84	1	9,27
7	8,01	2	8,44	7	8,86	2	9,29
8	8,03	3	8,45	8	8,88	3	9,30
9	8,04	4	8,47	9	8,90	4	9,32
720	8,06	745	8,49	770	8,91	795	9,34
1	8,08	6	8,50	1	8,93	6	9,36
2	8,10	7	8,52	2	8,95	7	9,37
3	8,11	8	8,54	3	8,96	8	9,39
4	8,13	9	8,56	4	8,98	9	9,41
						800	9,42

24°

M.V.	P_H	M.V.	P_H	M.V.	P_H	M.V.	P_H
300	0,91	325	1,34	350	1,76	375	2,19
1	0,93	6	1,35	1	1,78	6	2,20
2	0,95	7	1,37	2	1,79	7	2,22
3	0,96	8	1,39	3	1,81	8	2,24
4	0,98	9	1,40	4	1,83	9	2,25
305	1,00	330	1,42	355	1,85	380	2,27
6	1,01	1	1,44	6	1,86	1	2,29
7	1,03	2	1,46	7	1,88	2	2,30
8	1,05	3	1,47	8	1,90	3	2,32
9	1,06	4	1,49	9	1,91	4	2,34
310	1,08	335	1,51	360	1,93	385	2,35
1	1,10	6	1,52	1	1,95	6	2,37
2	1,12	7	1,54	2	1,96	7	2,39
3	1,13	8	1,56	3	1,98	8	2,40
4	1,15	9	1,57	4	2,00	9	2,42
315	1,17	340	1,59	365	2,02	390	2,44
6	1,18	1	1,61	6	2,03	1	2,46
7	1,20	2	1,62	7	2,05	2	2,47
8	1,22	3	1,64	8	2,07	3	2,49
9	1,23	4	1,66	9	2,08	4	2,51
320	1,25	345	1,68	370	2,10	395	2,52
1	1,27	6	1,69	1	2,12	6	2,54
2	1,29	7	1,71	2	2,13	7	2,56
3	1,30	8	1,73	3	2,15	8	2,58
4	1,32	9	1,74	4	2,17	9	2,59

24°

M.V.	P_H	M.V.	P_H	M.V.	P_H	M.V.	P_H
400	2,61	425	3,03	450	3,46	475	3,88
1	2,63	6	3,05	1	3,48	6	3,90
2	2,64	7	3,07	2	3,49	7	3,92
3	2,66	8	3,08	3	3,51	8	3,93
4	2,68	9	3,10	4	3,53	9	3,95
405	2,69	430	3,12	455	3,54	480	3,97
6	2,71	1	3,14	6	3,56	1	3,98
7	2,73	2	3,15	7	3,58	2	4,00
8	2,75	3	3,17	8	3,59	3	4,02
9	2,76	4	3,19	9	3,61	4	4,04
410	2,78	435	3,20	460	3,63	485	4,05
1	2,80	6	3,22	1	3,65	6	4,07
2	2,81	7	3,24	2	3,66	7	4,09
3	2,83	8	3,25	3	3,68	8	4,10
4	2,85	9	3,27	4	3,70	9	4,12
415	2,86	440	3,29	465	3,71	490	4,14
6	2,88	1	3,31	6	3,73	1	4,15
7	2,90	2	3,32	7	3,75	2	4,17
8	2,92	3	3,34	8	3,76	3	4,19
9	2,93	4	3,36	9	3,78	4	4,21
420	2,95	445	3,37	470	3,80	495	4,22
1	2,97	6	3,39	1	3,81	6	4,24
2	2,98	7	3,41	2	3,83	7	4,26
3	3,00	8	3,42	3	3,85	8	4,27
4	3,02	9	3,44	4	3,87	9	4,29

24°

M.V.	P_H	M.V.	P_H	M.V.	P_H	M.V.	P_H
500	4,31	525	4,73	550	5,16	575	5,58
1	4,32	6	4,75	1	5,17	6	5,60
2	4,34	7	4,77	2	5,19	7	5,61
3	4,36	8	4,78	3	5,21	8	5,63
4	4,38	9	4,80	4	5,22	9	5,65
505	4,39	530	4,82	555	5,24	580	5,67
6	4,41	1	4,83	6	5,26	1	5,68
7	4,43	2	4,85	7	5,28	2	5,70
8	4,44	3	4,87	8	5,29	3	7,72
9	4,46	4	4,88	9	5,31	4	5,73
510	4,48	535	4,90	560	5,33	585	5,75
1	4,49	6	4,92	1	5,34	6	5,77
2	4,51	7	4,94	2	5,36	7	5,78
3	4,53	8	4,95	3	5,38	8	5,80
4	4,54	9	4,97	4	5,39	9	5,82
515	4,56	540	4,99	565	5,41	590	5,84
6	4,58	1	5,00	6	5,43	1	5,85
7	4,60	2	5,02	7	5,44	2	5,87
8	4,61	3	5,04	8	5,46	3	5,89
9	4,63	4	5,05	9	5,48	4	5,90
520	4,65	545	5,07	570	5,50	595	5,92
1	4,66	6	5,09	1	5,51	6	5,94
2	4,68	7	5,11	2	5,53	7	5,95
3	4,70	8	5,12	3	5,55	8	5,97
4	4,71	9	5,14	4	5,56	9	5,99

24°

M.V.	P_H	M.V.	P_H	M.V.	P_H	M.V.	P_H
600	6,01	625	6,43	650	6,85	675	7,28
1	6,02	6	6,45	1	6,87	6	7,30
2	6,04	7	6,46	2	6,89	7	7,31
3	6,06	8	6,48	3	6,90	8	7,33
4	6,07	9	6,50	4	6,92	9	7,35
605	6,09	630	6,51	655	6,94	680	7,36
6	6,11	1	6,53	6	6,96	1	7,38
7	6,12	2	6,55	7	6,97	2	7,40
8	6,14	3	6,57	8	6,99	3	7,41
9	6,16	4	6,58	9	7,01	4	7,43
610	6,17	635	6,60	660	7,02	685	7,45
1	6,19	6	6,62	1	7,04	6	7,47
2	6,21	7	6,63	2	7,06	7	7,48
3	6,23	8	6,65	3	7,07	8	7,50
4	6,24	9	6,67	4	7,09	9	7,52
615	6,26	640	6,68	665	7,11	690	7,53
6	6,28	1	6,70	6	7,13	1	7,55
7	6,29	2	6,72	7	7,14	2	7,57
8	6,31	3	6,74	8	7,16	3	7,58
9	6,33	4	6,75	9	7,18	4	7,60
620	6,34	645	6,77	670	7,19	695	7,62
1	6,36	6	6,79	1	7,21	6	7,63
2	6,38	7	6,80	2	7,23	7	7,65
3	6,40	8	6,82	3	7,24	8	7,67
4	6,41	9	6,84	4	7,26	9	7,69

24°

M.V.	P_H	M.V.	P_H	M.V.	P_H
700	7,70	725	8,13	750	8,55
1	7,72	6	8,14	1	8,57
2	7,74	7	8,16	2	8,59
3	7,75	8	8,18	3	8,60
4	7,77	9	8,20	4	8,62
705	7,79	730	8,21	755	8,64
6	7,80	1	8,23	6	8,65
7	7,82	2	8,25	7	8,67
8	7,84	3	8,26	8	8,69
9	7,86	4	8,28	9	8,70
710	7,87	735	8,30	760	8,72
1	7,89	6	8,31	1	8,74
2	7,91	7	8,33	2	8,76
3	7,92	8	8,35	3	8,77
4	7,94	9	8,37	4	8,79
715	7,96	740	8,38	765	8,81
6	7,97	1	8,40	6	8,82
7	7,99	2	8,42	7	8,84
8	8,01	3	8,43	8	8,86
9	8,03	4	8,45	9	8,87
720	8,04	745	8,47	770	8,89
1	8,06	6	8,48	1	8,91
2	8,08	7	8,50	2	8,93
3	8,09	8	8,52	3	8,94
4	8,11	9	8,53	4	8,96

M.V.	P_H
775	8,98
6	8,99
7	9,01
8	9,03
9	9,04
780	9,06
1	9,08
2	9,10
3	9,11
4	9,13
785	9,15
6	9,16
7	9,18
8	9,20
9	9,21
790	9,23
1	9,25
2	9,26
3	9,28
4	9,30
795	9,32
6	9,33
7	9,35
8	9,37
9	9,38
800	9,40

37°

M.V.	P_H	M.V.	P_H	M.V.	P_H	M.V.	P_H
300	1,05	325	1,46	350	1,86	375	2,27
1	1,07	6	1,47	1	1,88	6	2,28
2	1,08	7	1,49	2	1,89	7	2,30
3	1,10	8	1,50	3	1,91	8	2,32
4	1,11	9	1,52	4	1,93	9	2,33
305	1,13	330	1,54	355	1,94	380	2,35
6	1,15	1	1,55	6	1,96	1	2,37
7	1,16	2	1,57	7	1,98	2	2,38
8	1,18	3	1,59	8	1,99	3	2,40
9	1,20	4	1,60	9	2,01	4	2,41
310	1,21	335	1,62	360	2,02	385	2,43
1	1,23	6	1,63	1	2,04	6	2,45
2	1,24	7	1,65	2	2,06	7	2,46
3	1,26	8	1,67	3	2,07	8	2,48
4	1,28	9	1,68	4	2,09	9	2,50
315	1,29	340	1,70	365	2,11	390	2,51
6	1,31	1	1,72	6	2,12	1	2,53
7	1,33	2	1,73	7	2,14	2	2,54
8	1,34	3	1,75	8	2,15	3	2,56
9	1,36	4	1,76	9	2,17	4	2,58
320	1,37	345	1,78	370	2,19	395	2,59
1	1,39	6	1,80	1	2,20	6	2,61
2	1,41	7	1,81	2	2,22	7	2,63
3	1,42	8	1,83	3	2,24	8	2,64
4	1,44	9	1,85	4	2,25	9	2,66

182

37°

M.V.	P_H	M.V.	P_H	M.V.	P_H	M.V.	P_H
400	2,67	425	3,08	450	3,49	475	3,89
1	2,69	6	3,10	1	3,50	6	3,91
2	2,71	7	3,11	2	3,52	7	3,93
3	2,72	8	3,13	3	3,54	8	3,94
4	2,74	9	3,15	4	3,55	9	3,96
405	2,76	430	3,16	455	3,57	480	3,98
6	2,77	1	3,18	6	3,59	1	3,99
7	2,78	2	3,20	7	3,60	2	4,01
8	2,80	3	3,21	8	3,62	3	4,02
9	2,82	4	3,23	9	3,63	4	4,04
410	2,84	435	3,24	460	3,65	485	4,06
1	2,85	6	3,26	1	3,67	6	4,07
2	2,87	7	3,28	2	3,68	7	4,09
3	2,89	8	3,29	3	3,70	8	4,11
4	2,90	9	3,31	4	3,72	9	4,12
415	2,92	440	3,33	465	3,73	490	4,14
6	2,93	1	3,34	6	3,75	1	4,15
7	2,95	2	3,36	7	3,76	2	4,17
8	2,97	3	3,37	8	3,78	3	4,19
9	2,98	4	3,39	9	3,80	4	4,20
420	3,00	445	3,41	470	3,81	495	4,22
1	3,02	6	3,42	1	3,83	6	4,24
2	3,03	7	3,44	2	3,85	7	4,25
3	3,05	8	3,46	3	3,86	8	4,27
4	3,07	9	3,47	4	3,88	9	4,28

37°

M.V.	P_H	M.V.	P_H	M.V.	P_H	M.V.	P_H
500	4,30	525	4,71	550	5,11	575	5,52
1	4,32	6	4,72	1	5,13	6	5,54
2	4,33	7	4,74	2	5,15	7	5,55
3	4,35	8	4,76	3	5,16	8	5,57
4	4,37	9	4,77	4	5,18	9	5,59
505	4,38	530	4,79	555	5,20	580	5,60
6	4,40	1	4,80	6	5,21	1	5,62
7	4,41	2	4,82	7	5,23	2	5,63
8	4,43	3	4,84	8	5,24	3	5,65
9	4,45	4	4,85	9	5,26	4	5,67
510	4,46	535	4,87	560	5,28	585	5,68
1	4,48	6	4,89	1	5,29	6	5,70
2	4,50	7	4,90	2	5,31	7	5,72
3	4,51	8	4,92	3	5,33	8	5,73
4	4,53	9	4,93	4	5,34	9	5,75
515	4,54	540	4,95	565	5,36	590	5,76
6	4,56	1	4,97	6	5,37	1	5,78
7	4,58	2	4,98	7	5,39	2	5,80
8	4,59	3	5,00	8	5,41	3	5,81
9	4,61	4	5,02	9	5,42	4	5,83
520	4,63	545	5,03	570	5,44	595	5,85
1	4,64	6	5,05	1	5,46	6	5,86
2	4,66	7	5,07	2	5,47	7	5,88
3	4,67	8	5,08	3	5,49	8	5,89
4	4,69	9	5,10	4	5,50	9	5,91

183

37°

M.V.	P_H	M.V.	P_H	M.V.	P_H	M.V.	P_H
600	5,93	625	6,33	650	6,74	675	7,15
1	5,94	6	6,35	1	6,76	6	7,16
2	5,96	7	6,37	2	6,77	7	7,18
3	5,98	8	6,38	3	6,79	8	7,20
4	5,99	9	6,40	4	6,80	9	7,21
605	6,01	630	6,41	655	6,82	680	7,23
6	6,02	1	6,43	6	6,84	1	7,24
7	6,04	2	6,45	7	6,85	2	7,26
8	6,06	3	6,46	8	6,87	3	7,28
9	6,07	4	6,48	9	6,89	4	7,29
610	6,09	635	6,50	660	6,90	685	7,31
1	6,11	6	6,51	1	6,92	6	7,33
2	6,12	7	6,53	2	6,93	7	7,34
3	6,14	8	6,54	3	6,95	8	7,36
4	6,15	9	6,56	4	6,97	9	7,37
615	6,17	640	6,58	665	6,98	690	7,39
6	6,19	1	6,59	6	7,00	1	7,41
7	6,20	2	6,61	7	7,02	2	7,42
8	6,22	3	6,63	8	7,03	3	7,44
9	6,24	4	6,64	9	7,05	4	7,46
620	6,25	645	6,66	670	7,07	695	7,47
1	6,27	6	6,67	1	7,08	6	7,49
2	6,28	7	6,69	2	7,10	7	7,50
3	6,30	8	6,71	3	7,11	8	7,52
4	6,32	9	6,72	4	7,13	9	7,54

37°

M.V.	P_H	M.V.	P_H	M.V.	P_H	M.V.	P_H
700	7,55	725	7,96	750	8,37	775	8,77
1	7,57	6	7,98	1	8,38	6	8,79
2	7,59	7	7,99	2	8,40	7	8,80
3	7,60	8	8,01	3	8,41	8	8,82
4	7,62	9	8,02	4	8,43	9	8,84
705	7,63	730	8,04	755	8,45	780	8,85
6	7,65	1	8,06	6	8,46	1	8,87
7	7,67	2	8,07	7	8,48	2	8,89
8	7,68	3	8,09	8	8,50	3	8,90
9	7,70	4	8,11	9	8,51	4	8,92
710	7,72	735	8,12	760	8,53	785	8,93
1	7,73	6	8,14	1	8,54	6	8,95
2	7,75	7	8,15	2	8,56	7	8,97
3	7,76	8	8,17	3	8,58	8	8,98
4	7,78	9	8,19	4	8,59	9	9,00
715	7,80	740	8,20	765	8,61	790	9,02
6	7,81	1	8,22	6	8,63	1	9,03
7	7,83	2	8,24	7	8,64	2	9,05
8	7,85	3	8,25	8	8,66	3	9,07
9	7,86	4	8,27	9	8,67	4	9,08
720	7,88	745	8,28	770	8,69	795	9,10
1	7,89	6	8,30	1	8,71	6	9,11
2	7,91	7	8,32	2	8,72	7	9,13
3	7,93	8	8,33	3	8,74	8	9,15
4	7,94	9	8,35	4	8,76	9	9,16
						800	9,18

38°

M.V.	P_H	M.V.	P_H	M.V.	P_H	M.V.	P_H	M.V.	P_H
300	1,13	325	1,54	350	1,95	375	2,35		
1	1,15	6	1,56	1	1,96	6	2,37		
2	1,17	7	1,57	2	1,98	7	2,39		
3	1,19	8	1,59	3	2,00	8	2,40		
4	1,20	9	1,61	4	2,01	9	2,42		
305	1,22	330	1,62	355	2,03	380	2,44		
6	1,23	1	1,64	6	2,05	1	2,45		
7	1,25	2	1,66	7	2,06	2	2,47		
8	1,27	3	1,67	8	2,08	3	2,48		
9	1,28	4	1,69	9	2,09	4	2,50		
310	1,30	335	1,70	360	2,11	385	2,52		
1	1,31	6	1,72	1	2,13	6	2,53		
2	1,33	7	1,74	2	2,15	7	2,55		
3	1,35	8	1,75	3	2,17	8	2,56		
4	1,36	9	1,77	4	2,18	9	2,58		
315	1,38	340	1,79	365	2,19	390	2,60		
6	1,40	1	1,80	6	2,21	1	2,61		
7	1,41	2	1,82	7	2,22	2	2,63		
8	1,43	3	1,83	8	2,24	3	2,65		
9	1,44	4	1,85	9	2,26	4	2,66		
320	1,46	345	1,87	370	2,27	395	2,68		
1	1,48	6	1,88	1	2,29	6	2,69		
2	1,50	7	1,90	2	2,31	7	2,71		
3	1,51	8	1,91	3	2,32	8	2,73		
4	1,53	9	1,93	4	2,34	9	2,74		

38°

M.V.	P_H	M.V.	P_H	M.V.	P_H	M.V.	P_H
400	2,76	425	3,17	450	3,57	475	3,98
1	2,78	6	3,18	1	3,59	6	3,99
2	2,79	7	3,20	2	3,60	7	4,01
3	2,81	8	3,21	3	3,62	8	4,03
4	2,82	9	3,23	4	3,64	9	4,04
405	2,84	430	3,25	455	3,65	480	4,06
6	2,86	1	3,26	6	3,67	1	4,07
7	2,87	2	3,28	7	3,69	2	4,09
8	2,89	3	3,30	8	3,70	3	4,11
9	2,91	4	3,31	9	3,72	4	4,12
410	2,92	435	3,33	460	3,73	485	4,14
1	2,94	6	3,34	1	3,75	6	4,16
2	2,95	7	3,36	2	3,77	7	4,17
3	2,97	8	3,38	3	3,78	8	4,19
4	2,99	9	3,39	4	3,80	9	4,20
415	3,00	440	3,41	465	3,81	490	4,22
6	3,02	1	3,43	6	3,83	1	4,24
7	3,04	2	3,44	7	3,85	2	4,25
8	3,05	3	3,46	8	3,87	3	4,27
9	3,07	4	3,47	9	3,88	4	4,29
420	3,08	445	3,49	470	3,90	495	4,30
1	3,10	6	3,51	1	3,91	6	4,32
2	3,12	7	3,52	2	3,93	7	4,33
3	3,13	8	3,54	3	3,94	8	4,35
4	3,15	9	3,56	4	3,96	9	4,37

185

38°

M.V.	P_H	M.V.	P_H	M.V.	P_H	M.V.	P_H
500	4,38	525	4,79	550	5,19	575	5,60
1	4,40	6	4,81	1	5,21	6	5,62
2	4,42	7	4,82	2	5,23	7	5,63
3	4,43	8	4,84	3	5,24	8	5,65
4	4,45	9	4,85	4	5,26	9	5,67
505	4,46	530	4,87	555	5,28	580	5,68
6	4,48	1	4,89	6	5,29	1	5,70
7	4,50	2	4,90	7	5,31	2	5,71
8	4,51	3	4,92	8	5,32	3	5,73
9	4,53	4	4,94	9	5,34	4	5,75
510	4,55	535	4,95	560	5,36	585	5,76
1	4,56	6	4,97	1	5,37	6	5,78
2	4,58	7	4,98	2	5,39	7	5,80
3	4,59	8	5,00	3	5,41	8	5,81
4	4,61	9	5,02	4	5,42	9	5,83
515	4,63	540	5,03	565	5,44	590	5,84
6	4,64	1	5,05	6	5,45	1	5,86
7	4,66	2	5,06	7	5,47	2	5,88
8	4,68	3	5,08	8	5,49	3	5,89
9	4,69	4	5,10	9	5,50	4	5,91
520	4,71	545	5,11	570	5,52	595	5,93
1	4,72	6	5,13	1	5,54	6	5,94
2	4,74	7	5,15	2	5,55	7	5,96
3	4,76	8	5,16	3	5,57	8	5,97
4	4,77	9	5,18	4	5,58	9	5,99

38°

M.V.	P_H	M.V.	P_H	M.V.	P_H	M.V.	P_H
600	6,01	625	6,41	650	6,82	675	7,22
1	6,02	6	6,43	1	6,83	6	7,24
2	6,04	7	6,44	2	6,85	7	7,26
3	6,06	8	6,46	3	6,87	8	7,27
4	6,07	9	6,48	4	6,88	9	7,29
605	6,09	630	6,49	655	6,90	680	7,31
6	6,10	1	6,51	6	6,92	1	7,32
7	6,12	2	6,53	7	6,93	2	7,34
8	6,14	3	6,54	8	6,95	3	7,35
9	6,15	4	6,56	9	6,96	4	7,37
610	6,17	635	6,57	660	6,98	685	7,39
1	6,19	6	6,59	1	7,00	6	7,40
2	6,20	7	6,61	2	7,01	7	7,42
3	6,22	8	6,62	3	7,03	8	7,44
4	6,23	9	6,64	4	7,05	9	7,45
615	6,25	640	6,66	665	7,06	690	7,47
6	6,27	1	6,67	6	7,08	1	7,48
7	6,28	2	6,69	7	7,09	2	7,50
8	6,30	3	6,70	8	7,11	3	7,52
9	6,31	4	6,72	9	7,13	4	7,53
620	6,33	645	6,74	670	7,14	695	7,55
1	6,35	6	6,75	1	7,16	6	7,56
2	6,36	7	6,77	2	7,18	7	7,58
3	6,38	8	6,79	3	7,19	8	7,60
4	6,40	9	6,80	4	7,21	9	7,61

38°

M.V.	P_H	M.V.	P_H	M.V.	P_H	M.V.	P_H
700	7,63	725	8,04	750	8,44	775	8,85
1	7,65	6	8,05	1	8,46	6	8,86
2	7,66	7	8,07	2	8,47	7	8,88
3	7,68	8	8,08	3	8,49	8	8,90
4	7,69	9	8,10	4	8,51	9	8,91
705	7,71	730	8,12	755	8,52	780	8,93
6	7,73	1	8,13	6	8,54	1	8,94
7	7,74	2	8,15	7	8,56	2	8,96
8	7,76	3	8,17	8	8,57	3	8,98
9	7,78	4	8,18	9	8,59	4	8,99
710	7,79	735	8,20	760	8,60	785	9,01
1	7,81	6	8,21	1	8,62	6	9,03
2	7,82	7	8,23	2	8,64	7	9,04
3	7,84	8	8,25	3	8,65	8	9,06
4	7,86	9	8,26	4	8,67	9	9,07
715	7,87	740	8,28	765	8,69	790	9,09
6	7,89	1	8,30	6	8,70	1	9,11
7	7,91	2	8,31	7	8,72	2	9,12
8	7,92	3	8,33	8	8,73	3	9,14
9	7,94	4	8,34	9	8,75	4	9,16
720	7,95	745	8,36	770	8,77	795	9,17
1	7,97	6	8,38	1	8,78	6	9,19
2	7,99	7	8,39	2	8,80	7	9,20
3	8,00	8	8,41	3	8,81	8	9,22
4	8,02	9	8,43	4	8,83	9	9,24
						800	9,25

Manuldruck des Tabellenanhanges
von F. Ullmann G. m. b. H., Zwickau Sa.

MIX
Papier aus verantwortungsvollen Quellen
Paper from responsible sources
FSC® C105338

If you have any concerns about our products,
you can contact us on
ProductSafety@springernature.com

In case Publisher is established outside the EU,
the EU authorized representative is:
**Springer Nature Customer Service Center GmbH
Europaplatz 3, 69115 Heidelberg, Germany**

Printed by Libri Plureos GmbH
in Hamburg, Germany